U0257010

**权威·前沿·原创**

皮书系列为
"十二五""十三五"国家重点图书出版规划项目

可持续发展蓝皮书

**BLUE BOOK** OF
SUSTAINABLE DEVELOPMENT

# 中国可持续发展评价报告
# （2019）

EVALUATION REPORT ON THE SUSTAINABLE DEVELOPMENT
OF CHINA (2019)

主　编／中国国际经济交流中心
　　　　美国哥伦比亚大学地球研究院
　　　　阿里研究院

社会科学文献出版社
SOCIAL SCIENCES ACADEMIC PRESS（CHINA）

**图书在版编目（CIP）数据**

中国可持续发展评价报告. 2019 / 中国国际经济交流中心，美国哥伦比亚大学地球研究院，阿里研究院主编. ——北京：社会科学文献出版社，2019.8
（可持续发展蓝皮书）
ISBN 978 – 7 – 5201 – 5240 – 2

Ⅰ.①中…　Ⅱ.①中…②美…③阿…　Ⅲ.①可持续性发展 – 研究报告 – 中国 – 2019　Ⅳ.①X22

中国版本图书馆 CIP 数据核字（2019）第 157755 号

可持续发展蓝皮书
## 中国可持续发展评价报告（2019）

主　　编 / 中国国际经济交流中心
　　　　　美国哥伦比亚大学地球研究院
　　　　　阿里研究院

出 版 人 / 谢寿光
责任编辑 / 陈　颖
文稿编辑 / 桂　芳　薛铭洁

出　　版 / 社会科学文献出版社·皮书出版分社（010）59367127
　　　　　地址：北京市北三环中路甲 29 号院华龙大厦　邮编：100029
　　　　　网址：www.ssap.com.cn
发　　行 / 市场营销中心（010）59367081　59367083
印　　装 / 天津千鹤文化传播有限公司

规　　格 / 开　本：787mm×1092mm　1/16
　　　　　印　张：21　字　数：313 千字
版　　次 / 2019 年 8 月第 1 版　2019 年 8 月第 1 次印刷
书　　号 / ISBN 978 – 7 – 5201 – 5240 – 2
定　　价 / 128.00 元

本书如有印装质量问题，请与读者服务中心（010 – 59367028）联系

# 编　委　会

# CCIEE

## 中国国际经济交流中心
China Center for International Economic Exchanges.

# THE EARTH INSTITUTE
# COLUMBIA UNIVERSITY

阿里研究院

# 主要编撰者简介

**王　军**　经济学博士，研究员。曾供职于中共中央政策研究室，任处长；曾任中国国际经济交流中心信息部部长；现任中国国际经济交流中心学术委员会委员，中原银行首席经济学家。先后在《人民日报》《经济日报》《中国金融》《中国财政》《瞭望》《金融时报》等国家级报刊上发表学术论文300余篇，已出版《中国经济新常态初探》《抉择：中国经济转型之路》《打造中国经济升级版》《资产价格泡沫及预警》等十余部学术著作，多次获省部级科研一、二、三等奖。研究方向：宏观经济理论与政策、金融改革与发展、可持续发展等。在中央政策研究室工作期间，多次参与中央主要领导在重要会议上的讲话以及中央重要文件的起草，多篇研究报告得到中央主要领导的重要批示。在中国国际经济交流中心工作期间，一直负责跟踪研究国内宏观经济运行，对重大宏观经济问题提出分析建议，为中央、国务院决策提供参考。作为主要组织者和参与者，多次主持完成深改办、中财办、中研室、国研室、发改委、财政部、商务部、外交部、国开行、博鳌亚洲论坛秘书处等部委及机构委托重点研究课题40余项。

**郭　栋**　经济学博士，副研究员。现任哥伦比亚大学地球研究院中国项目主任、可持续发展政策及管理研究中心副主任。在哥伦比亚大学国际与公共事务学院担任客座教授，教授微观经济学与定量研究方法等相关硕士课程。毕业于哥伦比亚大学教育学院的经济与教育学博士专业，并获哥伦比亚大学国际与公共事务学院公共管理学硕士及伦敦大学学院经济学学士学位。研究方向包括经济教育学、可持续发展、可持续发展金融、环境认知及政策，并在中国就以上领域进行了多项研究。相关研究成果包括《金融生态圈——金融在推进可持续进程中的作用》《中国学校质量的劳动力市场回报率》《中国高铁规划与运营的环境风险认知及公共信任》《严格污染政策的就业影响：理论与美国经验》《可持续公共认知与看法－中国案例分析》等。

薛　艳　阿里研究院专家、阿里跨境电商研究中心副主任。2008 年加入阿里研究院，从事电子商务、数字经济和跨境电商的研究。主要研究成果包括：《增长极：从新兴市场国家到互联网经济体》（2013 年）、《新基础：消费品流通之互联网转型》（2013 年）、《信息经济：中国经济增长与转型的核心动力》（2015 年）、《涌现与扩展：电子商务 20 年》（2015 年）、《贸易的未来：跨境电商连接世界——2016 中国跨境电商发展报告》（2016 年）、《普惠发展与电子商务：中国实践》（2017 年）、*What Sells In E－Commerce New Evidence from Asian LDCs*（与联合国国际贸易中心合作，2018 年）、《持续开放的巨市场——中国进口消费市场研究报告》（2018 年）、《建设 21 世纪数字丝绸之路——阿里巴巴经济体的实践》（2019 年）等。合著出版了《信息经济与电子商务知识干部读本》、《电子商务服务》、《互联网＋：从 IT 到 DT》等书籍。参与了国家发改委"十三五"规划预研课题《大势：中国信息经济发展趋势与策略选择》。

# 摘　要

本报告基于中国可持续发展评价指标体系的基本框架，对 2018 年中国国家级、省级及 100 个大中城市的可持续发展状况进行全面、系统的数据验证分析并排名。对照联合国 2030 可持续发展议程的 17 项可持续发展目标，详细介绍了中国落实联合国可持续发展目标的进展情况、所采取的重要政策举措及其在经济、社会和环境等方面取得的显著成效，并就进一步落实可持续发展议程提出了若干建议。通过对大量的国际文献进行综述，全面概览了各国际组织及各国政府为推动发展转型而制定的可持续发展指标体系和框架；同时，从发达国家和发展中国家甄选出部分城市，对其可持续发展指标情况进行了比较分析，这些城市包括美国纽约、巴西圣保罗、西班牙巴塞罗那、法国巴黎、新加坡以及中国香港。此外，还进行了案例分析，包括绿色金融、绿色物流、数据智能、智慧城市、发展应用实例，以及河南省济源市的简洁型市级环境性能指标分析。

**关键词：** 可持续发展　可持续发展议程　绿色发展理念　生态环保政策

# 目　录

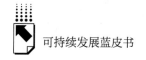

[ 皮书数据库阅读**使用指南** ]

# 总 报 告

**General Report**

## B.1
## 2019年中国可持续发展评价指标体系
## 研究报告

王军 郭栋 张焕波 刘向东*

**摘 要：** 报告基于中国可持续发展评价指标体系的基本框架，对2018
年中国国家级、省级及大中城市可持续发展状况进行了全面、
系统的数据验证分析并排名。国家级可持续发展指标体系数
据验证结果分析显示：中国可持续发展状况稳步得到改善，
可持续发展指标不断上升。省级可持续发展指标体系数据验
证分析显示：4个直辖市及东部沿海省份的可持续发展排名

---

\* 王军，中原银行首席经济学家，中国国际经济交流中心学术委员会委员，研究员，博士，研
究方向：宏观经济、金融、可持续发展；郭栋，美国哥伦比亚大学地球研究院可持续发展政
策与管理研究中心副主任、副研究员，博士，研究方向：可持续发展科学；张焕波，中国国
际经济交流中心美欧研究所负责人、研究员，博士，研究方向：可持续发展，中美经贸关系；
刘向东，中国国际经济交流中心经济研究部副部长、研究员，博士，研究方向：宏观经济、
东亚经济、绿色发展。

比较靠前，北京、上海、浙江、江苏、广东、重庆、天津、山东、湖北、安徽等省市居前 10 位。从经济发展、社会民生、资源环境、消耗排放和环境治理五大分类指标来看，省级区域可持续发展具有明显的不均衡特征。城市可持续发展指标体系数据验证分析显示：作为中国经济最发达地区，深圳、北京、珠江三角洲城市群及东部沿海城市的可持续发展排名依然比较靠前。2018 年可持续发展综合排名前十位的城市分别是：珠海、深圳、北京、杭州、广州、青岛、长沙、南京、宁波和武汉。报告还对照了联合国 2030 可持续发展议程的 17 项可持续发展目标，详细介绍了中国落实联合国可持续发展目标的进展情况，推进可持续发展议程所采取的重要政策举措，以及在经济、社会和环境三方面均取得不同程度的显著成效，并就进一步落实可持续发展议程提出了几点建议。

**关键词：** 可持续发展　评价指标体系　可持续治理　可持续发展排名　均衡程度

随着中国经济逐渐由高速增长阶段转向高质量发展阶段，包括理论界在内的社会各界对于可持续发展重要性的认识越发深刻，对于建立一套科学而又简约的可持续发展评价指标体系的需求也越发强烈和迫切。除了理论上的探索和创新之外，创新和完善可持续发展评价指标体系，其实践意义在于，真正基于可监测、可衡量、可统计的原则，落实中央所确立的"创新、协调、绿色、开放、共享"五大发展理念，并以此作为指引未来中国经济社会发展，特别是作为各级政府开展绩效考核的指挥棒，以期彻底抛弃固守多年、单纯追求经济总量、以 GDP 规模与速度为核心的经济评价体系，实现由僵化追求单一的经济增长目标向构建全面综合反映、科学评判经济转型升级和可持续发展的指标体系转变。总之，我们希望通过这样一个贴近中国国情的评价指标体系对中国可持续发展进行动态监测和评估，能为中国更好地参与全球经济治理提供决策依据，为国家制定宏观经济政策和战略规划提供决策支持，为区域、行业、企业实现转型升级和可持续发展、健全绩效考核制度提供帮助，从而最终有助于推动经济高质量发展。

# 一　中国国家级可持续发展指标体系数据
## 验证结果分析

根据中国可持续发展评价指标体系，我们对初始指标数据进行查找筛选，最终整理了2010～2017年八年的时间序列数据。其中，根据数据的可获得性，对7个指标（即目前难以获得数据，但期望未来加入的指标）进行了剔除，五大类指标共有40个具体初始指标。在计算二级、一级和总指标综合值时，采用简单的等权重办法，减少对各项指标的人为影响。

从总指标的趋势上看，2010～2017年总指标整体上呈现先降低再逐年稳定增长状态，其中2011年达到最低点，并且此后出现持续增长状态，其原因是资源环境、消耗排放、治理保护等方面在2011年后得到重视，可持续发展指标不断上升。其中，2010年总指标数值为32.99，到2017年该指标已上升为83.93（见图1）。从变动幅度看，2011年出现了下降趋势，2011年比2010年降低了30.38%。2012年和2013年改善幅度较大，分别较2011年和2012年提升了79.15%和33.76%，2013年之后可持续发展指数涨幅有所放缓，2014年、2015年和2016年分别为14.98%、18.47%和9.40%。究其原因，2011年可持续发展指数出现下降，主要是由于资源环境、消耗排放、治理保护三个一级指标出现下降。进一步分析，2011年降雨量比往年严重偏少，全国范围内出现大旱，严重影响了水资源、湿地等资源环境生长，导致资源环境指标较低。此外，2011年以前雾霾天气还未引起人们重视，环境污染、生态与气候恶化还未引起全国自上而下的高度重视，经济增长与 GDP 成为政府追求的主要目标，其投入治理、减少排放的措施还未严格实施，出现了消耗排放和治理保护的指标下降。因此，2011年可持续发展指标较低。从实际情况看，2011 年"资源环境"、"消耗排放"和"治理保护"三个一级指标得分均低于 2010 年，整体拉低了总指标的数值，从中可以得出 2011 年的可持续发展面临较大压力，同时 2011 年气候干旱导致生态恶化和环境污染问题集中爆发，致使相应的治理措施和目标难以奏效。可以说，治理保护与消耗排放已经成为这一时期的重要短板，需要政府拿出壮士断腕的勇气和决心，彻底向环境污染宣战，实施最严格的环保制度。

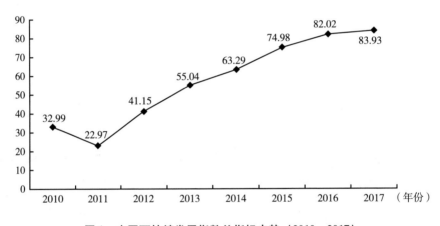

**图 1　中国可持续发展指数总指标走势（2010~2017）**

从一级指标的趋势（见图 2）看，2010~2017 年"社会民生"指标增长最快，其次是"经济发展"指标。"资源环境""消耗排放""治理保护"的指标总体上也呈先下降再上升趋势，其中"治理保护"在 2011 年和 2016年分别相比上年有较明显的下降，"资源环境"在 2011 年和 2017 年分别相比上年有较明显的下降。从总指标构成（见图 3）上看，2017 年，一级指标综合值从大到小依次为"社会民生""经济发展""消耗排放""资源环境""治理保护"。

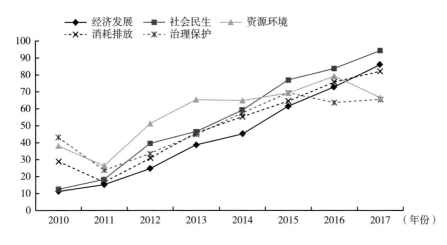

**图2 中国可持续发展指数一级指标走势（2010～2017）**

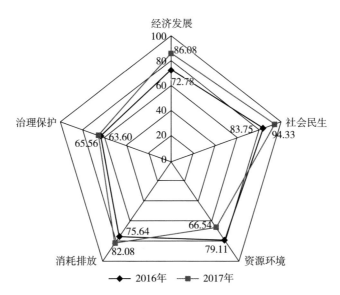

**图3 中国可持续发展指数一级指标构成雷达图（2016～2017）**

具体讲，2017年"社会民生"指标接近100，意味着最近几年社会福利领域逐年改善。相比而言，"资源环境"指标在2016年及之前总体呈现增长较缓慢的态势，2016年"资源环境"指标数值为79.11，而到2017年则下降到66.54，这突出反映了在指标选择上，资源环境主要反映在耕地、湿地、森林、人均水资源等指标上，受气候条件影响较大。总体看，2017 年相比 2016 年，除"资源环境"一级指标有较明显的下降外，其余指标均优于 2016 年。另外，"经济发展""社会民生""消耗排放"指标综合值近两年增长较大，从侧面说明中国经济正在进入中高速增长的新常态，社会民生保障和改善明显，在生态文明建设加紧趋严的背景下，人类对自然环境的影响开始减弱，污染排放不断趋好。从二级指标的构成雷达图（见图 4）看，2017 年的指标值大部分包围住了 2016 年的指标值，但是也有几个指标例外，包括"结构优化""国土资源""水环境""大气环境""工业危险废物产生量""固体废物处理""减少温室气体排放"等。这些指标中后 2 个与"治理保护"相关，"结构优化"属于"经济发展"，而"国土资源""水环境""大气环境"则属于"资源环境"，"工业危险废物产生量"属于"消耗排放"，意味着 2017 年工作并没有做到位，涉及结构优化、环境资源和治理保护等方面的压力依旧较大，面临的资源环境挑战仍然严峻。

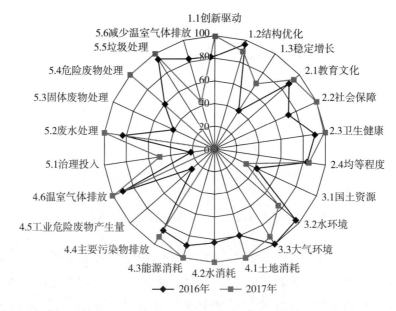

**图 4　中国可持续发展指数二级指标构成雷达图（2016～2017）**

# 二　中国省级可持续发展体系数据验证结果分析

据初步构建的省级可持续发展指标，最终使用 5 大类 26 项初始指标。我们采用 2012～2016 年共计五年的时间序列数据为指标计算权重，同时对 30 个省、自治区、直辖市进行可持续发展评价排名（不含港澳台地区，西藏自治区因数据缺乏未选为研究对象）。

**表 1　CSDIS 省级指标集及权重**

| 类别 | # | 指标 | 权重（%） |
|---|---|---|---|
| 经济发展（20.9%） | 1 | 城镇登记失业率 | 5.64 |
| | 2 | GDP 增长率 | 5.63 |
| | 3 | 第三产业增加值占 GDP 比例 | 5.60 |
| | 4 | 全员劳动生产率 | 2.45 |
| | 5 | 研究与发展经费支出占 GDP 比例 | 1.59 |
| 社会民生（24.4%） | 6 | 城乡人均可支配收入比 | 7.41 |
| | 7 | 每万人拥有卫生技术人员数 | 4.96 |
| | 8 | 互联网宽带覆盖率 | 4.22 |
| | 9 | 财政性教育支出占 GDP 比重 | 3.18 |
| | 10 | 人均社会保障和就业财政支出 | 2.58 |
| | 11 | 公路密度 | 2.08 |
| 资源环境（7.7%） | 12 | 空气质量指数优良天数 | 5.07 |
| | 13 | 人均水资源量 | 1.02 |
| | 14 | 人均绿地（含森林、耕地、湿地）面积 | 0.97 |
| 消耗排放（13.5%） | 15 | 单位二三产业增加值所占建成区面积 | 3.38 |
| | 16 | 单位 GDP 氨氮排放 | 3.17 |
| | 17 | 单位 GDP 化学需氧量排放 | 2.32 |
| | 18 | 单位 GDP 能耗 | 2.17 |
| | 19 | 单位 GDP 二氧化硫排放 | 1.37 |
| | 20 | 每万元 GDP 水耗 | 1.14 |
| 环境治理（33.4%） | 21 | 城市污水处理率 | 14.24 |
| | 22 | 生活垃圾无害化处理率 | 8.97 |
| | 23 | 工业固体废物综合利用率 | 4.25 |
| | 24 | 能源强度年下降率 | 2.39 |
| | 25 | 危险废物处置率 | 1.96 |
| | 26 | 财政性节能环保支出占 GDP 比重 | 1.64 |

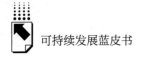

1. 省级可持续发展综合排名

依据5大类指标数值，课题组计算出30个省级可持续发展水平的综合排名。4个直辖市及东部沿海省份的可持续发展排名比较靠前。2018年，北京、上海、浙江、江苏、广东、重庆、天津、山东、湖北、安徽等省市居前10位。北京、上海、浙江、江苏、天津等省市除了在资源环境方面不太占优外，经济社会、环境治理等方面都走在前列。黑龙江、青海、吉林等省份排名较为靠后，可持续发展水平不高。东部地区两个直辖市北京、上海与浙江省分列前三强。中部地区湖北排名最高，该省份从2017年的第11位升至2018年的第9位。西部地区除了重庆排名第6位，其余的省份可持续发展综合排名均在前十名之外。

表2　省级可持续发展综合排名情况

| 省份 | 2017年 | 2018年 | 省份 | 2017年 | 2018年 |
| --- | --- | --- | --- | --- | --- |
| 北京 | 1 | 1 | 江西 | 21 | 16 |
| 上海 | 2 | 2 | 贵州 | 16 | 17 |
| 浙江 | 3 | 3 | 河北 | 19 | 18 |
| 江苏 | 4 | 4 | 云南 | 22 | 19 |
| 广东 | 6 | 5 | 内蒙古 | 14 | 20 |
| 重庆 | 7 | 6 | 陕西 | 15 | 21 |
| 天津 | 5 | 7 | 四川 | 23 | 22 |
| 山东 | 8 | 8 | 辽宁 | 25 | 23 |
| 湖北 | 11 | 9 | 山西 | 24 | 24 |
| 安徽 | 10 | 10 | 宁夏 | 26 | 25 |
| 福建 | 9 | 11 | 甘肃 | 29 | 26 |
| 河南 | 12 | 12 | 新疆 | 30 | 27 |
| 湖南 | 13 | 13 | 黑龙江 | 27 | 28 |
| 海南 | 18 | 14 | 青海 | 28 | 29 |
| 广西 | 17 | 15 | 吉林 | 20 | 30 |

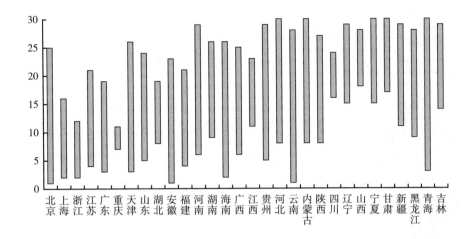

**图5 省级可持续发展均衡程度**

2. 省级可持续发展均衡程度

从经济发展、社会民生、资源环境、消耗排放和环境治理五大分类指标来看，省级区域可持续发展具有明显的不均衡特征。以各地一级指标排名的最大值和最小值差的绝对值衡量不均衡程度：

高度不均衡（差异值＞20）的省级区域有：北京、天津、安徽、河南、海南、贵州、河北、云南、内蒙古和青海；

中等不均衡（10＜差异值≤20）的省级区域有：上海、浙江、江苏、广东、山东、湖北、福建、湖南、广西、江西、陕西、辽宁、山西、宁夏、甘肃、新疆、黑龙江和吉林；

比较均衡（差异值≤10）的省级区域有：重庆、四川。

大部分省级区域在可持续发展方面都存在短板，提高可持续发展水平的空间很大。如北京尽管在经济发展、社会民生和消耗排放指标上高居首位，但在资源环境可持续方面存在短板，排在第25位，比上年上升3名。云南省的资源环境可持续发展指标排名第1，经济发展可持续指标排第10，但社会民生、消耗排放和环境治理指标均存在短板。

## 三 中国100座大中城市可持续发展指标体系数据验证分析

据初步构建的城市可持续发展指标体系，我们最终使用5大类22项初始指标。对2018年100座大中型城市进行可持续发展评价排名。

关于100座城市的选择情况，我们是根据如下标准和依据进行的。首先，我们根据国家统计局公布的"70座大中城市住宅销售价格变动情况"，选择这70座城市。其次，在这一基础上，我们再添加了30座城市，其具体选择标准如下。

第一，为确保各省级行政区的代表性，每个省级行政区至少有两座代表城市。例外的是，西藏自治区因数据获取难度的原因，只选取了拉萨一座城市。

第二，根据《2017年中国统计年鉴》中2-6"分地区年末人口数"，计算出各省级行政区年末人口数占国家年末人口总数比例（除去四个直辖市的年末人口），选取其相应城市数量。例如，河北省人口比例约为5%，所以100座城市中应选取5个河北省的城市。

第三，各省确定应选市数量后，用该数减去原70座城市中各省城市数量，得出各省在另外30座城市中应选市数量。例如，原70座城市中，山西省已有太原1座城市，因山西省总共应选3座城市，所以还需再选另2座城市。

第四，用以上步骤得出各省级行政区在30座城市中的应选城市数量后，需进一步选择各省具体城市。根据"中国10个国家中心城市和100个区域中心城市名单"，我们将已有70座城市排除后，从剩余的城市名单中选择另30座城市。例如，在名单中，山西省的可选城市有大同、长治和运城。

第五，再根据名单中各省剩余城市的人口数量，将名单中各省的可选城市按照年末人口数大小排序，由大到小进行选择。例如：大同 > 运城 > 长治，并且因为山西省需再选2座城市，即选取大同和运城。

第六，原有70座城市加上新选取30座城市共同构成2018年可持续发展指标评价体系中100座城市名单。

表3　CSDIS 100座大中城市指标集及权重

| 类别 | # | 指标 | 权重 |
|---|---|---|---|
| 经济发展<br>（27.49%） | 1 | 人均GDP | 12.55 |
| | 2 | 第三产业增加值占GDP比重 | 6.73 |
| | 3 | 城镇登记失业率 | 3.48 |
| | 4 | 财政性科学技术支出占GDP比重 | 2.95 |
| | 5 | GDP增长率 | 1.78 |
| 社会民生<br>（27.04%） | 6 | 房价-人均GDP比 | 6.44 |
| | 7 | 每万人拥有卫生技术人员数 | 5.90 |
| | 8 | 人均社会保障和就业财政支出 | 5.73 |
| | 9 | 财政性教育支出占GDP比重 | 5.25 |
| | 10 | 人均城市道路面积 | 3.72 |
| 资源环境<br>（11.02%） | 11 | 人均水资源量 | 4.55 |
| | 12 | 每万人城市绿地面积 | 4.52 |
| | 13 | 空气质量指数优良天数 | 1.95 |
| 消耗排放<br>（26.23%） | 14 | 每万元GDP水耗 | 8.04 |
| | 15 | 单位GDP能耗 | 5.80 |
| | 16 | 单位二三产业增加值占建成区面积 | 4.98 |
| | 17 | 单位工业总产值二氧化硫排放量 | 4.63 |
| | 18 | 单位工业总产值废水排放量 | 2.78 |
| 环境治理<br>（8.22%） | 19 | 污水处理厂集中处理率 | 2.54 |
| | 20 | 财政性节能环保支出占GDP比重 | 2.13 |
| | 21 | 工业固体废物综合利用率 | 2.10 |
| | 22 | 生活垃圾无害化处理率 | 1.45 |

1. 城市排名

2018年度排名显示，作为中国经济最发达地区，珠江三角洲城市群及东部沿海城市的可持续发展排名依然比较靠前。2018年可持续发展综合排名前十位的城市分别是：珠海、深圳、北京、杭州、广州、青岛、长沙、南京、宁波和武汉。其中珠海连续两年排名首位。与内陆地区的工业化城市相比，沿海城市有更好的环境质量。在大力快速发展经济的同时，中西部地区城市面临着严峻的环保压力，资源环境、消耗排放、环境治理等指标相对落后，导致他们可持续发展水平排名靠后。

　　表4给出了2017年①中国100座城市的可持续发展综合排名结果和2018年100座城市的可持续发展综合排名的结果。除了珠海保持首位以外，深圳排名较上年有了两位的上升，北京从第2位下降到了第3。宁波从第11位进入了前十，排名第9，而无锡则跌出了前十。昆明、南昌、太原、洛阳、常德、绵阳和许昌等排名变化显著，皆上升了十位或以上；而呼和浩特、宜昌、兰州、吉林等排名皆下降了十位以上。

表4　2017~2018中国城市可持续发展综合排名TOP10

| 城市 | 2017年排名 | 2018年排名 | 城市 | 2017年排名 | 2018年排名 |
| --- | --- | --- | --- | --- | --- |
| 珠海 | 1 | 1 | 烟台 | 20 | 22 |
| 深圳 | 4 | 2 | 三亚 | 22 | 23 |
| 北京 | 2 | 3 | 惠州 | 30 | 24 |
| 杭州 | 3 | 4 | 贵阳 | 28 | 25 |
| 广州 | 5 | 5 | 昆明 | 36 | 26 |
| 青岛 | 6 | 6 | 南昌 | 37 | 27 |
| 长沙 | 8 | 7 | 成都 | 26 | 28 |
| 南京 | 10 | 8 | 温州 | 38 | 29 |
| 宁波 | 11 | 9 | 太原 | 43 | 30 |
| 武汉 | 7 | 10 | 克拉玛依 | 34 | 31 |
| 无锡 | 9 | 11 | 福州 | 25 | 32 |
| 厦门 | 15 | 12 | 包头 | 29 | 33 |
| 上海 | 14 | 13 | 徐州 | 32 | 34 |
| 拉萨 | 13 | 14 | 扬州 | 31 | 35 |
| 济南 | 17 | 15 | 呼和浩特 | 24 | 36 |
| 苏州 | 16 | 16 | 海口 | 39 | 37 |
| 郑州 | 18 | 17 | 金华 | 33 | 38 |
| 天津 | 12 | 18 | 芜湖 | 41 | 39 |
| 合肥 | 21 | 19 | 长春 | 35 | 40 |
| 南通 | 19 | 20 | 大连 | 40 | 41 |
| 西安 | 23 | 21 | 乌鲁木齐 | 42 | 42 |

---

①　各年度的最终排名以最新公布的数据为基础。数据发布通常有一年半到两年的滞后（例如：2019年报告反映的是2018年度排名，这是以2018年底至2019年初发布的2017年数据为基础）。

续表

| 城市 | 2017 年排名 | 2018 年排名 | 城市 | 2017 年排名 | 2018 年排名 |
|------|------------|------------|------|------------|------------|
| 宜昌 | 27 | 43 | 韶关 | 66 | 72 |
| 北海 | 51 | 44 | 吉林 | 59 | 73 |
| 榆林 | 47 | 45 | 桂林 | 73 | 74 |
| 潍坊 | 45 | 46 | 开封 | 78 | 75 |
| 重庆 | 44 | 47 | 怀化 | 80 | 76 |
| 泉州 | 53 | 48 | 大同 | 83 | 77 |
| 南宁 | 50 | 49 | 铜仁 | 81 | 78 |
| 沈阳 | 48 | 50 | 遵义 | 77 | 79 |
| 西宁 | 46 | 51 | 南阳 | 79 | 80 |
| 洛阳 | 62 | 52 | 赣州 | 71 | 81 |
| 常德 | 67 | 53 | 汕头 | 75 | 82 |
| 秦皇岛 | 57 | 54 | 平顶山 | 88 | 83 |
| 石家庄 | 56 | 55 | 泸州 | 86 | 84 |
| 蚌埠 | 54 | 56 | 大理 | 89 | 85 |
| 银川 | 55 | 57 | 湛江 | 82 | 86 |
| 襄阳 | 58 | 58 | 邯郸 | 87 | 87 |
| 九江 | 49 | 59 | 乐山 | 96 | 88 |
| 唐山 | 61 | 60 | 丹东 | 84 | 89 |
| 绵阳 | 72 | 61 | 天水 | 85 | 90 |
| 郴州 | 63 | 62 | 宜宾 | 94 | 91 |
| 兰州 | 52 | 63 | 锦州 | 95 | 92 |
| 许昌 | 74 | 64 | 保定 | 92 | 93 |
| 济宁 | 69 | 65 | 曲靖 | 90 | 94 |
| 临沂 | 65 | 66 | 固原 | 91 | 95 |
| 牡丹江 | 68 | 67 | 齐齐哈尔 | 97 | 96 |
| 哈尔滨 | 60 | 68 | 南充 | 98 | 97 |
| 黄石 | 64 | 69 | 海东 | 93 | 98 |
| 安庆 | 70 | 70 | 渭南 | 99 | 99 |
| 岳阳 | 76 | 71 | 运城 | 100 | 100 |

2. 城市可持续发展均衡程度

与省级可持续发展均衡程度相同，从经济发展、社会民生、资源环境、消耗排放和环境治理五大分类指标来看，城市区域可持续发展同样具有明显的不均衡特征。如图 6 所示的各市指标排名极值，大部分城市区域在可持续

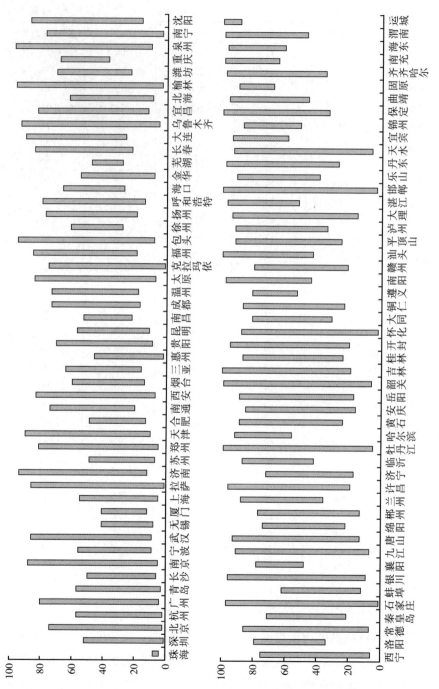

图 6　中国市级可持续发展均衡程度

发展方面都存在短板，提高可持续发展水平的空间很大。如可持续发展综合表现排在第一位的珠海，其五大类发展较为均衡，而排在第二、三位的深圳、北京市在经济发展和消耗排放两大分类中均领先于多数城市，但是，深圳在社会民生方面仍存在短板，北京在资源环境与环境治理方面存在短板。以各城市一级指标排名的最大值和最小值差的绝对值衡量不均衡程度：不均衡度最大的是邯郸市，差异值为97；不均衡度最小的是珠海市，差异值为4。

3. 五大类一级指标各城市主要情况

（1）经济发展：中国东部沿海的主要城市在经济发展方面表现最佳。深圳作为经济特区、国家综合配套改革试验区，在经济表现方面一直是排名前列的城市之一。珠海自改革开放以来，通过政策创新、企业技术创新、加大奖励科技人才，经济发展迅速。

**表5　经济发展质量领先城市**

| 城市 | 2018 年 | 城市 | 2018 年 |
|------|---------|------|---------|
| 深圳 | 1 | 珠海 | 6 |
| 杭州 | 2 | 苏州 | 7 |
| 北京 | 3 | 无锡 | 8 |
| 广州 | 4 | 武汉 | 9 |
| 南京 | 5 | 上海 | 10 |

（2）社会民生：在社会民生方面排名靠前的城市大部分位于内陆。除珠海之外，其他在社会民生方面领先的城市均位于经济发展排名前十开外。表6显示经济发展与社会民生并不同步，说明大量城市在经济高速发展的同时，也产生了很多民生问题。此结果，在一定程度也反映了当前中国发展不平衡、不充分的问题。

（3）资源环境：与普遍认知相同，资源环境较好城市主要集中在广东、广西、江西等南方省份。这些城市生态环境优良，自然景观比较丰富。拉萨由于人口较其他城市更为稀少，因此人均绿地与人均水资源量排名较为靠前。

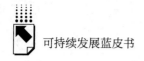
表 6  社会民生保障领先城市

| 城市 | 2018 年 | 城市 | 2018 年 |
|---|---|---|---|
| 克拉玛依 | 1 | 西宁 | 6 |
| 拉萨 | 2 | 太原 | 7 |
| 榆林 | 3 | 包头 | 8 |
| 珠海 | 4 | 银川 | 9 |
| 乌鲁木齐 | 5 | 青岛 | 10 |

表 7  生态环境宜居领先城市

| 城市 | 2018 年 | 城市 | 2018 年 |
|---|---|---|---|
| 拉萨 | 1 | 韶关 | 6 |
| 怀化 | 2 | 九江 | 7 |
| 南宁 | 3 | 珠海 | 8 |
| 惠州 | 4 | 贵阳 | 9 |
| 牡丹江 | 5 | 泉州 | 10 |

（4）消耗排放：在资源有效利用，如水和能源、二氧化硫排放量及废水排放量等指标表现突出的城市多数是一、二线城市。这些拥有重要经济活动的人口中心在人均资源稀缺压力下，在节约及排放控制技术方面也保持前列。

表 8  节能减排效率领先城市

| 城市 | 2018 年 | 城市 | 2018 年 |
|---|---|---|---|
| 深圳 | 1 | 长沙 | 6 |
| 北京 | 2 | 西安 | 7 |
| 青岛 | 3 | 广州 | 8 |
| 珠海 | 4 | 宁波 | 9 |
| 上海 | 5 | 天津 | 10 |

（5）环境治理：环境治理方面排名靠前的城市包括以自然风光旅游业作为重要产业的惠州、珠海、北海等，以及 2018 年环保尤其是空气质量面

对较大压力的中部城市，石家庄、邯郸、郑州等。这些城市在工业转型、空气治理方面普遍加大投入，因此排名靠前。

**表9　环境治理领先城市**

| 城市 | 2018 年 | 城市 | 2018 年 |
|------|---------|------|---------|
| 石家庄 | 1 | 天水 | 6 |
| 惠州 | 2 | 常德 | 7 |
| 邯郸 | 3 | 金华 | 8 |
| 珠海 | 4 | 北海 | 9 |
| 郑州 | 5 | 深圳 | 10 |

# 四　中国落实联合国2030可持续发展议程的政策实践

自2015年9月联合国发展峰会发布2030可持续发展议程后，中国高度重视可持续发展议程的推进落实工作，制定了加快生态文明建设、推进绿色发展和加大生态环保等系列重要举措，对照17项可持续发展目标，中国在经济、社会和环境三方面均取得不同程度的显著成效。我国今后应遵照可持续发展目标要求和国务院做出的总体实施部署，推动各地认真履行可持续发展议程的要求，将其与高质量发展目标有机结合起来，不断探索创新促进经济－社会－环境可持续发展目标实现的途径和模式。

1. 中国落实联合国可持续发展目标的进展情况

中国促进经济高质量发展涉及很多方面和领域。经济层面，中国推进经济高质量发展与联合国提出的促进持久、包容和可持续的增长（目标8）、建造具备抵御灾害能力的基础设施，促进具有包容性的可持续工业化，推动创新（目标9）、减少国家内部和国家之间的不平等（目标10）等子目标基本一致。为努力实现这些目标，中国已做了大量的工作，也取得了明显成效。为了确保经济可持续发展和促进充分就业，中国不仅加快调整经济结构、完善基础设施网络、深入推进两化融合、提升经济发展的支撑能力，还实施就业优先的战略和更加积极的就业政策，把就业创业摆在经济社会发展的优先位置，不断缩短城乡收入差距，稳步提高城乡一体化程度，培育壮大中等收入群体，增进发展的包容性。

在社会层面，中国采取强力措施致力于减贫扶贫事业，促进社会公平公正，解决制约人的全面发展的瓶颈问题。为实现 2020 年全面建成小康社会的总体目标，中国政府积极落实联合国可持续发展减贫和保障民生的相关目标，重点加大精准扶贫减贫力度（目标 1），实现粮食安全，改善农村农业农民的生活环境（目标 2），确保健康的生活方式（目标 3）和公平包容的优质教育（目标 4），保护妇女儿童重点群体的合法权益（目标 5）。全国农村贫困人口大幅减少，贫困发生率显著下降，贫困地区农村居民人均可支配收入快速增长，脱贫攻坚取得显著成效；实施藏粮于地、藏粮于技的战略，确保粮食产量保持稳定和供应安全；基本实现基本医疗保险全覆盖，不断提高全民健康水平，医疗健康保障持续改善；教育普及程度进一步提高，有效保护了妇幼群体权益。

联合国可持续发展议程子目标中与生态环保相关的议题较多，主要包括为所有人提供水和环境卫生并对其进行可持续管理（目标 6）；确保人人获得负担得起、可靠和可持续的现代能源（目标 7）；建设包容、安全、有抵御灾害能力和可持续的城市和人类住区（目标 11）；采取可持续的消费和生产模式（目标 12）；采取紧急行动应对气候变化及其影响（目标 13）；保护和可持续利用海洋和海洋资源以促进可持续发展（目标 14）；保护、恢复和促进可持续利用陆地生态系统，可持续管理森林，防止荒漠化，制止和扭转土地退化，遏制生物多样性的丧失（目标 15）；创建和平、包容的社会以促进可持续发展，让所有人都能诉诸司法，在各级建立有效、负责和包容的机构（目标 16）；加强执行手段，重振可持续发展全球伙伴关系（目标 17）。近年来，中国在防范环境污染、加强生态保护、应对气候变化以及完善相关体制机制等方面做了大量的工作，并取得了显著成效，有助于落实可持续发展议程的相应目标。深入推进打赢蓝天保卫战三年行动计划以及水、土壤污染防治行动，加大生态保护和环境治理等领域的公共投资，生态环境保护取得显著成效；持续推进先进节能环保技术应用，持续提升资源利用效率，推动节能减排工作稳步取得进展；继续推进去产能等供给侧结构性改革，可持续生产和消费取得成效；全国人大会议表决通过宪法修正案，把新发展理念、生态文明和建设美丽中国的要求写入宪法的有关法律法规，推动生态环保体制机制逐步完善；在联合国可持续发展议程下，中国还积极推进生态环保领域的国际合作，引导国际环保合作不断深化。

2. 中国推进可持续发展议程重要政策举措

2018 年以来，中国又陆续出台系列政策措施，短期与长期相结合，继续打好三大攻坚战，加快建设现代化经济体系，着力激发微观主体活力，统筹推进稳增长、促改革、调结构、惠民生、防风险、保稳定工作，保持经济持续健康发展和社会大局稳定，为全面建成小康社会收官打下决定性基础。保持宏观政策连续性稳定性，实施积极的财政政策和稳健的货币政策，强调宏观政策的逆周期调节作用；为了稳定国内有效需求，中国出台了扩大有效投资和稳定消费增长的系列政策措施；深化供给侧结构性改革，加大"破、立、降"力度，不断释放实体经济活力；为降低外部环境变化给就业带来的影响，中国政府及时出台稳就业举措，把就业摆在更加突出位置。稳增长首要是为保就业。

近年来，中国采取了一系列有力措施实施扶贫减贫脱贫行动计划，着力解决农村农民农业的发展问题，推动农业现代化和确保粮食安全，推进公共服务领域补短板、强弱项，全面实施健康中国战略，保护妇幼儿童权益和促进妇幼健康，提供公平优质的教育，改善城乡人居环境，确保维持社会大局稳定。

党的十八大以来，生态文明建设上升为国家战略，成为关系民族存亡的千年大计。近两年，中国政府更是把防范环境污染作为经济工作中要攻克的主要困难之一。为此，中国采取了更严格的保护环境制度，不断巩固污染防治攻坚成果，完善生态环保政策体系，健全生态环保的决策和执行体制机制，推动绿色发展和生态文明建设。

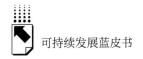

3. 推进落实可持续发展议程取得进展的几点建议

一是持续研究，跟踪分析。每年对外发布《中国落实 2030 可持续发展议程进展报告》，并就报告中下一步工作的落实情况跟踪分析，查找问题及时做出应对，让外界及时看到中国践行 2030 可持续发展议程做出的努力和取得成效，同时也自我加压对照目标加力推进落实，以便取得更大进步。

二是对标联合国 2030 可持续发展目标，进行监测和评估。对标对表联合国 2030 可持续发展目标及子目标，将其与中国提出的新发展理念、高质量发展要求以及现代化经济体系建设等紧密结合起来，制定发布落实 2030 可持续发展议程的监测评估指标体系，对全国 – 省级 – 城市三级主体落实可持续发展议程的进展情况进行监测和评估，特别是国家可持续发展创新示范区也应围绕聚焦的重点领域制定相关监测指标，及时总结可推广的经验做法，定期对外发布创新示范区可持续发展进展情况。

三是设立国家可持续发展创新示范区，探索可持续发展模式。按照《中国落实 2030 年可持续发展议程创新示范区建设方案》要求，2020 年再批复 4 家具有典型意义的国家可持续发展创新示范区，赋予其先行先试的权利和扶持政策措施，围绕特定的可持续发展或绿色发展主题，解决制约当地发展的突出问题，探索符合国际潮流、中国特色和地方特点的可持续发展模式，为国内外同类地区发展做出示范。

四是完善绿色金融体系，解决可持续发展融资问题。在强化绿色债券和绿色信贷宏观审慎政策评估的基础上，鼓励金融机构开发更多绿色金融创新产品，探索可操作的绿色金融指标体系，开展金融机构绿色金融业绩评价，推动浙江省湖州市、衢州市等绿色金融改革创新试验区试点经验进行复制推广，建立差别化的绿色贷款贴息机制和绿色信用贷款风险补偿机制。进一步完善规范绿色金融的内涵、范围和政策体系，制定与国际可持续发展议程相一致的可持续性标准、实施机制，发挥绿色金融在开展基础设施建设和国际产能合作中的重要作用。

五是健全国民动员体系，让绿色发展理念深入人心。在新发展理念下，推出转变观念的全国性运动，推动国民经济各领域落实可持续发展议程，包括国家志向、绿色发展理念、群众运动、工厂计划、干部培训、认证和奖励以及规制建设等，让可持续发展自我实现并深入人心，通过进一步落实完善《绿色产业指导目录》，开发应用新技术和新工艺，推进清洁生产和低碳消费，推进生产领域绿色行动的持续改善制度化，激发民营部门利用先进科技促进可持续发展的积极性，引领整个社会实现绿色化、低碳化、循环化发展，加大对可持续发展议程落实典型案例的宣传指导，加快培养居民垃圾分类的好习惯，让垃圾分类理念深入人心，为改善生活环境作努力。

六是深化绿色国际合作，建立可持续发展全球伙伴关系。依托"一带一路"倡议、构建全球能源互联网等"中国方案"，秉持可持续发展理念，携手合作应对气候变化、海洋污染、生物保护等全球性环境问题；加强与最不发达国家建立良好的伙伴关系，重视生态环境保护，推动最不发达国家的发展；推进"一带一路"绿色发展国际联盟和生态环保大数据服务平台建设，与更多国家签订共同落实可持续发展议程的备忘录，探讨实现联合国2030可持续发展目标的新路径、新模式。

**参考文献**

《习近平在中国共产党第十九次全国代表大会上的报告》，人民网－人民日报，2017年10月28日。

《李克强在第十三届全国人民代表大会第二次会议上的政府工作报告》，中国政府网，2019年3月5日。

联合国：《联合国2030年可持续发展议程》，2015年9月25日。

《中共中央国务院关于加快推进生态文明建设的意见》，2015年4月25日。

中华人民共和国国务院：《大气污染防治行动计划》，2013年9月10日。

中华人民共和国国务院：《水污染防治行动计划》，2015年4月2日。

中华人民共和国国务院：《土壤污染防治行动计划》，2016年5月28日。

中华人民共和国国务院：《关于健全生态保护补偿机制的意见》，2016年5月13日。

中华人民共和国环境保护部：《关于加快推动生活方式绿色化的实施意见》，2015年11月6日。

张大卫：《绿色发展：中国经济的低碳转型之路——在哥伦比亚大学的演讲》，2016

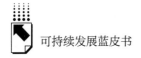

年 4 月 14 日。

王军等：《中国经济发展"新常态"初探》之第十章《新常态下的可持续发展》，社会科学文献出版社，2016。

张大卫：《打造中国经济升级版》，人民出版社，2013。

中国国际经济交流中心、美国哥伦比亚大学地球研究院、阿里研究院编《中国可持续发展评价报告（2018）》，社会科学文献出版社，2018。

王军、张焕波、刘向东、郭栋：《中国可持续发展评价指标体系：框架、验证及其分析》，《中国经济分析与展望（2016~2017）》，社会科学文献出版社，2017。

张焕波：《中国省级绿色经济指标体系》，《中国智库经济观察（2012~2013）》，社会科学文献出版社，2013。

张焕波：《中国省级绿色经济指标体系》，《经济研究参考》2013 年第 1 期。

王军：《准确把握高质量发展的六大内涵》，《证券日报》2017 年 12 月 23 日。

王军：《当前我国迫切需要一个全新的衡量可持续发展的指标体系》，中国发展网，2017 年 12 月 21 日。

王军：《经济高质量发展与增长预期引导》，《上海证券报》2017 年 11 月 8 日。

王军：《如何认识和解决"不平衡不充分的发展"？》，《金融时报》2017 年 10 月 31 日。

王军、郭栋：《如何看新一线城市的竞争》，《财经》2017 年第 22 期。

外交部：《变革我们的世界：2030 年可持续发展议程》，2016 年 1 月，https：//www. fmprc. gov. cn/web/ziliao _ 674904/zt _ 674979/dnzt _ 674981/qtzt/2030kcxfzyc _ 686343/t1331382. shtml。

外交部：《落实 2030 年可持续发展议程中方立场文件》，2016 年 4 月，https：//www. fmprc. gov. cn/web/ziliao _ 674904/zt _ 674979/dnzt _ 674981/qtzt/2030kcxfzyc _ 686343/t1357699. shtml。

外交部：《中国落实 2030 年可持续发展议程国别方案》，2016 年 9 月，https：//www. fmprc. gov. cn/web/ziliao _ 674904/zt _ 674979/dnzt _ 674981/qtzt/2030kcxfzyc _ 686343/P020170414688733850276. pdf。

外交部：《中国落实 2030 年可持续发展议程进展报告》，2017 年 8 月，https：//www. fmprc. gov. cn/web/ziliao _ 674904/zt _ 674979/dnzt _ 674981/qtzt/2030kcxfzyc _ 686343/P020170824519122405333. pdf。

交通运输部：《2018 年交通运输行业发展统计公报》，http：//xxgk. mot. gov. cn/jigou/zhghs/201904/t20190412_ 3186720. html。

工信部：《2018 年电子信息制造业运行情况》，http：//www. miit. gov. cn/n1146312/n1146904/n1648373/c6635637/content. html。

国家统计局：《2018 年国民经济和社会发展统计公报》，http：//www. stats. gov. cn/tjsj/zxfb/201902/t20190228_ 1651265. html。

教育部：《2019年教育新春系列发布会第四场：介绍2018年教育事业发展有关情况》，http：//www.moe.gov.cn/fbh/live/2019/50340/。

国家卫生健康委员会：《中国妇幼健康事业发展报告（2019）》，http：//www.nhc.gov.cn/fys/s7901/201905/bbd8e2134a7e47958c5c9ef032e1dfa2.shtml。

生态环境部：《2018年中国生态环境状况公报》，http：//www.mee.gov.cn/hjzl/zghjzkgb/lnzghjzkgb/201905/P020190529498836519607.pdf。

陈迎：《可持续发展：中国改革开放40年的历程与启示》，《人民论坛》2018年10月。

关婷、薛澜：《世界各国是如何执行全球可持续发展目标（SDGs）的?》，《中国人口·资源与环境》2019年第1期。

《国家卫生健康委员会2018年12月26日新闻发布会文字实录》，http：//www.nhc.gov.cn/xcs/s7847/201812/ea5d9c78003e4fad89373057d35d43aa.shtml。

2013、2014、2015、2016、2017、2018年30个省、自治区、直辖市及100座城市的统计年鉴。

2013、2014、2015、2016、2017、2018年《中国城市统计年鉴》。

2012、2013、2014、2015、2016、2017年《中国城市建设统计年鉴》。

2012、2013、2014、2015、2016、2017年30个省、自治区、直辖市的财政决算公报以及100座城市的财政决算公报。

2012、2013、2014、2015、2016、2017年100座城市的国民经济和社会发展统计公报。

2012、2013、2014、2015、2016、2017年30个省、自治区、直辖市的水资源公报以及100座城市的水资源公报。

2012、2013、2014、2015、2016、2017年中国指数研究院房价数据。

# 分 报 告

**Sub-reports**

## B.2
## 中国国家级可持续发展指标体系
## 数据验证分析

张焕波[*]

**摘　要：** 中国国家级可持续发展指标体系数据验证结果分析显示：中国可持续发展状况稳步得到改善。2010～2017年总指标整体上呈现先降低再逐年稳定增长状态，其中2011年达到最低点，此后出现持续增长状态，其原因是资源环境、消耗排放、治理保护等方面在2011年后得到重视，可持续发展指标不断上升。中国经济发展局面正在不断趋好，从2014年到2017年间，经济发展指标增长速度均在18%以上，这意味着2014年到2017年间中国经济发展出现了趋好反弹迹

---

* 张焕波，中国国际经济交流中心美欧所负责人、研究员、博士，研究方向：可持续发展，中美经贸关系。

象，进一步反映我国经济结构经过前几年调整转型，经济增长新动能得到恢复，说明中国进入新常态后，经济结构与经济增长不断趋好。中国在社会民生方面的进步十分明显。中国资源环境承载能力仍有较大短板。中国经济社会活动的消耗排放影响依然较大。中国治理保护领域治理成效逐渐显现。

**关键词：** 国家级可持续发展评价指标体系　数据分析　可持续发展排名

# 一　中国国家级可持续发展指标体系数据处理

### 1. 数据选取

按照中国可持续发展评价指标体系，在查找筛选初始指标数据之后，整理得到 2010～2017 年 8 年的时序数据。其中，在剔除数据可获得性欠佳（但期望未来加入）的 7 个指标后，得到五大类指标共计 40 个初始指标。关于具体指标的筛选和验证，请参考附录中附表 6 中对指标体系的具体说明。

### 2. 缺失值处理

考虑到统计手段和相关资料不足等因素，部分指标初始数据并不完整，在对数据进行正式分析之前，需要对这些指标某些年份的缺失值加以补充。采用官方普查数据对非统计年度的指标值进行补充，采用相近年份数据对个别年份（通常为近几年）无法获取到的数据进行补充，使数据与最近年份数据保持一致。

### 3. 标准化处理

中国可持续发展评价指标体系中的具体指标除包含绝对量指标外，还包含比率指标，需要对指标进行标准化处理，以便进行比较分析。对此，该部分采用百分制标准化方法，即将 2010～2017 年的指标值统一标准化为 0～100。对正向指标的标准化值，采用公式 B = 100 × （X – Xmin） / （Xmax – Xmin） 计算；对于负向指标的标准化值，采用 B = 100 – 100 × （X – Xmin） / （Xmax – Xmin） 计算。其中，初始指标的实际值用 X 表示，Xmax 和 Xmin 表示所选择时间序列数据的最大值和最小值（这里为 2010～2017 年里的最大值和最小值）。倘若所选定时间序列范围的数据都等值，最大值和最小值的确定，采用对实际值 X 上浮 110% 为最大值，下浮 90% 为最小值。实际值 X 的标准值 B = 50%，既不是 0，也不是 100%，以便影响加权合成指数的大小。

4. 权重设定

为降低人为因素的影响，在对二级、一级以及总指标综合值进行计算时，采用简单的等权重方式进行赋权。

# 二 中国国家级可持续发展指标体系数据验证结果分析

1. 中国可持续发展状况得到稳步改善

就总指标变化趋势而言，2010～2017 年总指标呈现总体下降随后持续稳定上升的趋势，2011 年的指标值达到最低，此后由于资源环境、消耗排放、治理保护等方面的工作得到加强，2011 年之后，可持续发展总指标呈现稳定增长状态。其中，2010 年总指标数值为 32.99，到 2017 年该指标已上升为 83.93（见图 1）。从变动幅度看，2011 年出现了下降趋势，2011 年比 2010 年降低了 30.38%。2012 年和 2013 年改善幅度较大，分别较 2011 年和 2012 年提升了 79.15% 和 33.76%，2013 年之后可持续发展指数涨幅有所放缓，2014 年、2015 年和 2016 年分别为 14.98%、18.47% 和 9.40%。究其原因，2011 年可持续发展指数出现下降，主要是由于资源环境、消耗排放、治理保护三个一级指标出现下降。进一步分析，2011 年降雨量比往年严重偏少，全国范围内出现大旱，严重影响了水资源、湿地等资源环境生长，导致资源环境指标较低。此外，2011 年以前雾霾天气还未引起人们重视，环境污染、生态与气候恶化还未引起全国自上而下的高度重视，经济增长与 GDP 成为政府追求的主要目标，其投入治理、减少排放的措施还未严格实施，出现了消耗排放和治理保护的指标下降。因此，2011 年可持续发展指标较低。从实际情况看，2011 年"资源环境"、"消耗排放"和"治理保护"三个一级指标得分均低于 2010 年，使得总指标整体数值被拉低。此外 2011 年气候干旱引发大规模的生态恶化和环境污染问题，使得环境治理保护的目标难以实现，2011 年可持续发展面临压力较大。这一时期，治理保护和消耗排放是可持续发展的重要短板，需要政府以壮士断腕的决心、破釜沉舟的勇气，着力解决环境污染问题，严格实施环保制度。

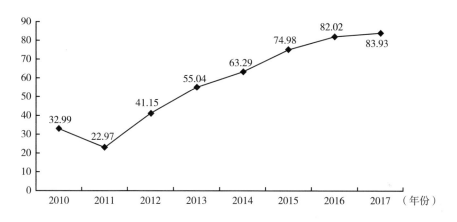

**图 1　中国可持续发展指数总指标走势（2010 ~ 2017）**

从一级指标的趋势（见图 2）上看，2010 ~ 2017 年增长最快的指标是"社会民生"，"经济发展"指标紧随其后。"资源环境""消耗排放""治理保护"这三个指标则在总体上均呈先降后升趋势，三个指标中的"治理保护"在 2011 年和 2016 年分别相比上年有较明显的下降，"资源环境"在 2011 年和 2017 年分别相比上年有较明显的下降。从总指标构成（见图 3）上看，2017 年，一级指标综合值从大到小来看，"社会民生"排名第一，"经济发展"其次，随后依次是"消耗排放"、"资源环境"和"治理保护"。

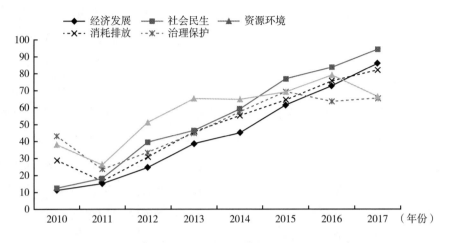

**图2　中国可持续发展指数一级指标走势（2010～2017）**

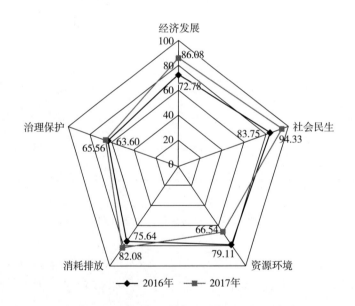

**图3　中国可持续发展指数一级指标构成雷达图（2016～2017）**

　　具体讲，2017年"社会民生"指标接近100，意味着最近几年社会福利领域逐年改善。相比而言，"资源环境"指标在2016年及之前总体呈现增长较缓慢的态势，2016年"资源环境"指标数值为79.11，而到2017年则下降到66.54。总体看，2017年相比2016年，除"资源环境"

一级指标有较明显的下降外，其余指标均优于 2016 年。另外，"经济发展""社会民生""消耗排放"指标综合值近两年增长较大，从侧面说明中国经济正在进入中高速增长的新常态，社会民生保障和改善明显，生态文明建设不断加强，人类活动对于自然环境造成的影响逐步减弱，污染排放不断趋好。从二级指标的构成雷达图（见图 4）看，2017 年的指标值大部分包围住了 2016 年的指标值，但是也有几个指标例外，包括"结构优化""国土资源""水环境""大气环境""工业危险废物产生量""固体废物处理""减少温室气体排放"等。这些指标中后 2 个与"治理保护"相关，"结构优化"则属于"经济发展"，而"国土资源""水环境""大气环境"则属于"资源环境"，"工业危险废物产生量"属于"消耗排放"，意味着 2017 年工作并没有做到位，涉及结构优化、环境资源和治理保护等方面的压力依旧较大，面临的资源环境的挑战仍然严峻。

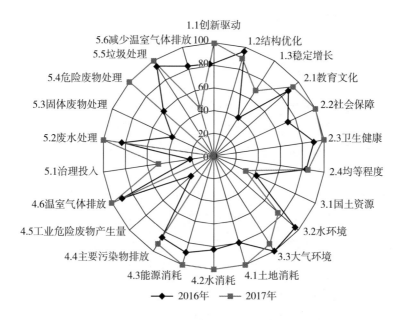

图 4　中国可持续发展指数二级指标构成雷达图（2016～2017）

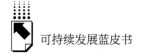

### 2. 中国经济发展局面正逐步趋好

经济发展一级指标的综合值在 2010～2012 年上升趋势明显，指标值快速增长，2013 年到 2014 年间则增长趋势稍缓，仅增长了 16.5%，而在随后的 2014～2017 年，指标值的增长速度均高于 18%，说明中国经济发展呈现趋好反弹迹象，这也反映出前几年中国经济结构的转型调整出现积极的成效，经济发展动力转向新的增长点，表明经济发展进入中高速增长新常态后，经济结构不断优化，经济增长不断趋好。

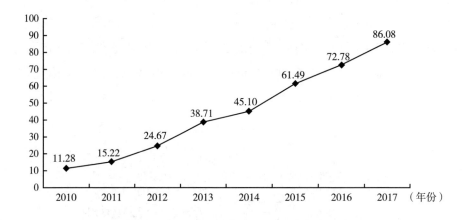

**图 5 "经济发展"一级指标增长趋势 (2010～2017)**

"经济发展"一级指标包含 3 项二级指标，分别是"创新驱动"、"结构优化"和"稳定增长"等。从一级指标"经济发展"项下的 3 个二级指标综合值走势可以对 2016 年和 2017 年"经济发展"综合值的发展状况有更加直观的了解。从 2010 年至 2017 年的分项趋势看，"创新驱动"二级指标综合值增幅居首，其增长趋势近似为直线，反映出中国经济潜在活力较大，且在创新创业方面的支持投入取得的成效明显。"结构优化"二级指标综合值的增幅也很大，增幅总量与"创新驱动"接近，但"结构优化"指标从 2010 年到 2011 年间增长较慢，2016 年到 2017 年间有所下降，说明经济结构调整具有一定波动性，受政策影响较大，但总体来看我国推动经济结构转型升级不断趋好。显然，"稳定增长"一项指标综合值从 2010 到 2017 年间先呈现下降、急剧增长，再下降、接着快速增长的态势。前几年我国发展态势出现了下降的风险，而"创新驱动""结构优化"政策的实施，催生了经济稳定增长的动力，随着经济结构转型与创新驱动能力不断增加，稳定经济增长指标也不断提高。其中，"稳定增长"二级指标主要侧重于经济增长、城镇登记失业率和全员劳动生产率提高等情况，在这些方面 2012 年与 2014 年增速均出现了小幅下滑，反映在合成指标数值上 2012 年较 2011 年出现下降，2014 年较 2013 年出现下降。"结构优化"二级指标则与信息等新兴产业、高技术产业在国民经济结构中所占比重相关。近几年我国经济结构优化较为明显，如 2013 年的该项指标综合值较 2010 年的综合值提高了 40.60。总体而言，我国经济发展呈现出创新驱动、结构优化的特点，同时经济发展可能必须面临结构调整阵痛的挑战，因为结构调整不仅与国际经济环境相关，更受到创新驱动的能力及方向的影响。令人欣喜的是，"创新驱动"这项综合指标表现不错，需要我国进一步发挥创新创业的积极作用，促进经济增长和结构优化，使"经济发展"这一一级指标实现稳定增长，增强经济发展的可持续能力。

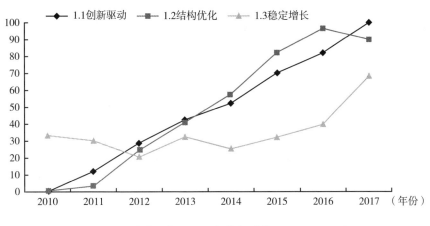

图 6  "经济发展"项下二级指标趋势（2010～2017）

### 3. 中国在社会民生方面的进步十分明显

社会民生一级指标走势几乎呈现直线上升态势。以 2010 年的 12.50 为起点，直升至 2017 年的 94.33，由此看出社会民生每年都有所进步，且每年递增幅度大致相似。

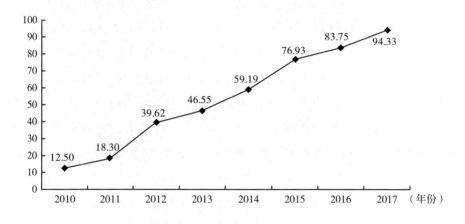

**图 7　"社会民生"一级指标趋势（2010～2017）**

"社会民生"指标下共包括 4 个二级指标（"教育文化""社会保障""卫生健康""均等程度"），由图 8 可见，4 个二级指标 2010～2017 年总体均呈现增长趋势。其中"卫生健康"和"社会保障"二项指标在 2010～2015 年逐年增长，几乎成为一条直线，年增长幅度几乎相等，但"教育文化"和"均等程度"走势出现明显波动，并且两者波动周期几乎相反，2010 年到 2011 年，社会均等程度下降明显，而教育文化增长明显，从 2011 年到 2015 年，均等程度上升，社会贫富差距不断缩小。相反，2010 年到 2012 年，教育文化明显上升，而 2012 年到 2013 年出现明显下降趋势。2016 年，均等程度出现小幅下降，教育文化则仍是上升趋势，2017 年两者则均呈现上升趋势。但总体而言，教育文化和均等程度均表现出优化增长的势头，正是这四个领域的发展提升使得"社会民生"一级指标在 2010～2017 年实现了快速增长。

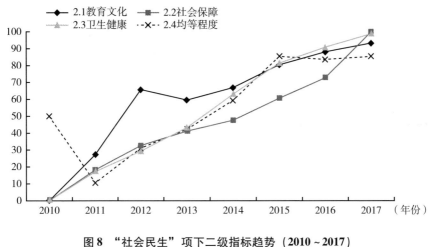

**图8 "社会民生"项下二级指标趋势（2010～2017）**

4. 中国资源环境承载能力短板仍有待补齐

观察"资源环境"一级指标走势可以发现，指标值在2011年、2014年和2017年三个年份有不同程度下跌，其余年份指标值则基本表现为持续上升态势。2010年"资源环境"一级指标值为38.01，2011年则下降至26.26。而随着2012年资源治理力度加大，环境保护工作加强，再加上年降雨量相比2011年显著增大，2012年"资源环境"一级指标值增大至51.29，超过2010年的指标值水平。2013年该指标继续增长，相比2012年增加了13.98，达到65.27。2014年，该指标综合值出现微小幅度下降，达到64.77。此后两年，该指标持续上升，2016年达79.11。其中2016年极端天气气候多，全国降水量为历史最多，而2017年降水量相比2016年有明显下降，资源环境指标也相应下降明显，仅为66.54。该项指标的走势表明我国资源环境保护正在越发受到重视，资源环境状况有所改善。

一级指标"资源环境"项下共包含3项二级指标，分别为"大气环境"、"国土资源"和"水环境"。这3项指标各年的涨跌趋势表现并不统一，其中"大气环境"二级指标综合值在2010～2016年持续上升，且在2016年达到六年内的峰值100，2017年受不利气象条件等的影响，该项指标略有下降。"大气环境"指标的总体上升意味着各座城市都非常重视城市环境

**图9 "资源环境"一级指标趋势（2010~2017）**

的改善，并在几年内取得不错的成效。"国土资源"二级指标综合值呈现下降、增长、再下降的缓慢下降趋势，2010~2012年国土资源持续下降，从2010年的67.51降低到2012年的48.35，降低了19.16，主要原因是2011年出现全国范围内的气候干旱，导致人均水资源量和人均湿地面积呈现显著下降趋势，并且影响森林面积等，这一影响一直持续到2012年。2013年该指标回升至72.89，随后又出现持续性下降，2017年该指标降至30.81。因此，国土资源指标综合值受气候等影响较大，波动性较强。"水环境"指标综合值在2011年陷入最低点后又迅速上升，其中2010年水环境指标综合值为46.53，2011年最低点为4.51，降低了42.02。但2012年又迅猛上升到73.43，主要是2012年降雨量比2011年增加许多，导致水环境指标改变较大。此后三年，水环境指标一直徘徊在65~75，2016年由于降水量高于往年，该指标达到最高值96.31，2017年降水量相比2016年下降明显，该指标有所下降，为76.34，与2015年接近，说明总体来看，水环境指标整体稳定，并且有向好的趋势，同时受气候条件影响较大，2011年出现下降主要是气候干旱导致。从资源利用和环境保护这两个侧面可以看出当前我国资源节约利用和环境保护进一步改善，但仍需要重视。

5. 中国经济社会活动的消耗排放影响依然较大

从"消耗排放"一级指标看，2011年达到最低点16.66，此后几年，

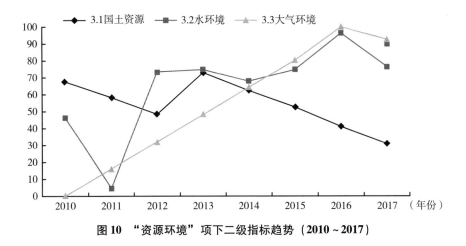

**图10 "资源环境"项下二级指标趋势（2010～2017）**

人类对自然的影响有所改善，说明人类对环境的排放影响逐渐减缓，并且增速较为平稳，2017年达到82.08。相比而言，2017年"消耗排放"一级指标表现比较理想，但仍然具有一定提升空间。

**图11 "消耗排放"一级指标趋势（2010～2017）**

一级指标"消耗排放"项下共有6项二级指标，分别为"土地消耗"、"水消耗"、"能源消耗"、"主要污染物排放"、"温室气体排放"及"工业危险废物产生量"。其中"土地消耗""水消耗""能源消耗"指标综合值均逐年改善，由于这三个指标是负向指标，其越大说明越好，即单位土地经济效益越高，单位GDP水耗量越少，单位GDP能源消耗量越少。因此，土地、水资源和能源的集约化利用越来越好，单位资源经济效益越来越显著。这三个指标 2010～2017 年均表现为持续增长，但涨幅有逐渐降低的趋势，意味着我国能源消耗增速减慢，这一方面说明中国经济增速减慢带来能源消耗增速的下滑，另一方面也反映出中国经济结构进入加速调整期，以往依赖高能源消耗以支撑经济增长的模式已逐渐被舍弃，此外也表明土地资源与水资源管理均向着集约化方向进步。其余二级指标中，"温室气体排放"和"主要污染物排放"指标值变化趋势反映出二者治理卓有成效，两者在 2011 年下降到最低点后，此后一直保持快速上升，改善成果显著。2017 年达到了最高值，分别为 100 和 92.48，说明"温室气体排放"和"主要污染物排放"消耗排放治理成效非常好。但"工业危险废物产生量"却出现了明显的波折，其从 2010 年的 100，降低到 2011 年的低谷 30.23，此后至 2013 年连续上升至 67.84，2013 年之后出现下降，2017年降至最低值 0，表明需要今后着重加大该方面治理。总体看，"消耗排放"这一二级指标综合值近年来在某些方面有些改善，但在工业危险废物产生量排放方面表现并不如意，仍需要加强对工业危险废物产生量的治理。

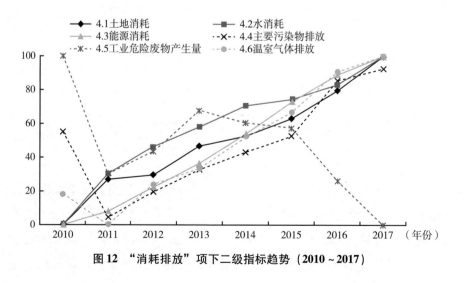

图 12 "消耗排放"项下二级指标趋势（2010～2017）

6. 中国治理保护领域治理成效逐渐显现

从对环境污染和生态恶化的治理修复过程看，2011 年之后，该指标基本呈现上升趋势，2015 年该指标达到最高值 69.35，相比该指标在 2011 年的最低值 23.59 上升了 45.76，2016 年略有下降，指标值为 63.60，2017 年恢复上升趋势，指标值达 65.56。这表明近几年治理保护效果比较明显，我国治理保护的难度降低，效果开始逐步显现，说明当前环境污染治理和生态修复过程已经到了一个关键时期，尽管持续改善空间不大，但需要加大治理保护的实施力度，并把治理保护目标作为硬约束目标，维持对目标规划实施的强度。随着中国生态文明建设的顶层设计逐渐进入更为关键的落地实施阶段，预计未来我国在治理保护领域会有较大进步空间，治理保护成效将逐渐显现。

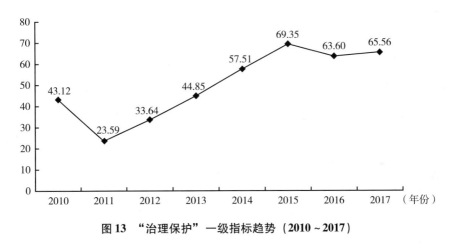

**图 13 "治理保护"一级指标趋势（2010～2017）**

"治理保护"一级指标共包括 6 项二级指标，分别为"治理投入"、"废水处理"、"固体废物处理"、"危险废物处理"、"垃圾处理"和"减少温室气体排放"。6 项二级指标中，仅"废水处理"和"垃圾处理"两项二级指标在 2010～2017 年表现为逐年改善，且在 2017 年得分达 100，说明我国在废水处理和垃圾处理方面取得的成效显著。但是其他 4 项二级指标走势则不容乐观。其中"治理投入"在 2010 年达到最高分 94.08，但 2011 年和 2012 年出现大幅下滑，之后在 2013 年与 2014 年呈现小幅上升，2015 年改善幅度较大，达到 48.32，但随后在 2016 年再次出现明显下降，降至 21.52，2017 年治理投入增加明显，达 50.00。这说明治理投入波动较明显，无论是财力、物力还是人力方面，都需要加大可持续治理的投入力度。相比而言，危险废物处理虽然经过较大波折，但在 2017 年达到满分 100。说明前几年由于投入、设施、技术改进等措施的不断应用，虽然前几年出现明显下降，但近两年迅速上升，并达到满分，说明前几年的治理成效显著。在减少温室气体排放方面，呈现波动上升趋势，2015 年达到最高点 100，2016 年和2017 年下降明显，2017 年指标值仅为 43.33，表明在温室气体上虽然前期治理成效明显，但近两年治理效果不佳，后续仍需着力提高对温室气体治理的力度。固体废物处理方面出现了波动下降的趋势，虽然 2010 年达到最高点，但 2011 年急剧降低到 48.42。此后几年缓慢上升，但上升幅度不大，2013 年达到 67.96，之后几年连续下降，2017 年降至最低点 0。表明当前治理任务尚未全面完成，"固体废物处理"指标有极度恶化的趋势，需要国家和社会加强重视，切实付诸行动，履行固体废物治理责任。今后，我国治理能力的现代化将会需要治理能力方面的显著提升。当前"治理保护"指标变化趋势折射出的信号是，我国在治理保护方面的效果逐渐开始显现。

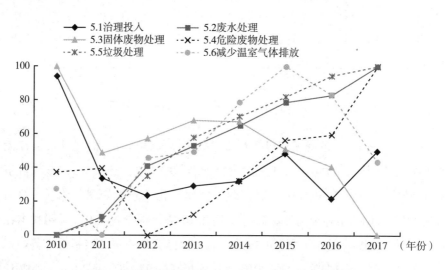

**图 14 "治理保护"项下二级指标趋势（2010～2017）**

## 参考文献

《习近平在中国共产党第十九次全国代表大会上的报告》，人民网－人民日报，2017年10月28日。

《李克强在第十三届全国人民代表大会第二次会议上的政府工作报告》，中国政府网，2019年3月5日。

联合国：《联合国2030年可持续发展议程》，2015年9月25日。

《中共中央国务院关于加快推进生态文明建设的意见》，2015年4月25日。

中华人民共和国国务院：《大气污染防治行动计划》，2013年9月10日。

中华人民共和国国务院：《水污染防治行动计划》，2015年4月2日。

中华人民共和国国务院：《土壤污染防治行动计划》，2016年5月28日。

中华人民共和国国务院：《关于健全生态保护补偿机制的意见》，2016年5月13日。

中华人民共和国环境保护部：《关于加快推动生活方式绿色化的实施意见》，2015年11月6日。

张大卫：《绿色发展：中国经济的低碳转型之路——在哥伦比亚大学的演讲》，2016。

王军等：《中国经济发展"新常态"初探》之第十章《新常态下的可持续发展》，社会科学文献出版社，2016。

张大卫：《打造中国经济升级版》，人民出版社，2013。

中国国际经济交流中心、美国哥伦比亚大学地球研究院、阿里研究院编《中国可持续发展评价报告（2018）》，社会科学文献出版社，2018。

王军、张焕波、刘向东、郭栋：《中国可持续发展评价指标体系：框架、验证及其分析》，载《中国经济分析与展望（2016～2017）》社会科学文献出版社，2017。

# B.3
# 中国省级可持续发展指标体系
# 数据验证分析

张焕波 郭栋 王佳 马雷*

**摘　要：** 中国省级可持续发展指标体系数据验证分析显示：4个直辖市及东部沿海省份的可持续发展排名比较靠前。北京、上海、浙江、江苏、广东、重庆、天津、山东、湖北、安徽等省市居前10位。北京、上海、浙江、江苏、天津等省市除了在资源环境方面不太占优势外，经济社会、环境治理等方面都走在前列。黑龙江、吉林、青海等省份排名较为靠后，可持续发展水平不高。东部地区两个直辖市北京、上海与浙江省分列前三强。中部地区湖北排名最高，该省份从2017年的第11位升至2018年的第9位。西部地区除了重庆排名第6位外，其余省份可持续发展综合排名均在前十名之外。从经济发展、社会民生、资源环境、消耗排放和环境治理五大分类指标来看，省级区域可持续发展具有明显的不均衡特征。以各地一级指标排名的最大值和最小值差的绝对值衡量不均衡程度：高度不均衡（差异值＞20）的省级区域有：北京、天津、安徽、河南、海南、贵州、河北、云南、内蒙古和青海；中等不均衡（10＜差异值≤20）的省级区域有：上海、浙江、江

---

\* 张焕波，中国国际经济交流中心美欧所负责人、研究员、博士，研究方向：可持续发展，中美经贸关系；郭栋，美国哥伦比亚大学地球研究院可持续发展政策与管理研究中心副主任、副研究员、博士，研究方向：可持续发展科学；王佳，中国国家开放大学研究实习员，研究方向：统计学；马雷，美国哥伦比亚大学地球研究院可持续发展政策与管理研究中心中国项目官员，研究方向：可持续发展科学。

苏、广东、山东、湖北、福建、湖南、广西、江西、陕西、辽宁、山西、宁夏、甘肃、新疆、黑龙江和吉林；比较均衡（差异值≤10）的省级区域有：重庆、四川。大部分省级区域在可持续发展方面都存在短板，提高可持续发展水平的空间很大。

**关键词：** 省级可持续发展评价指标体系　可持续发展排名　可持续发展均衡程度

# 一　中国省级可持续发展指标体系数据处理

据课题组构建的省级可持续发展指标，我们使用5大类26项初始指标（其中，资源环境类包含3个初始指标，其余4类都由多个初始指标构成）。课题组在省级排名中使用了城市排名体系中不可用的6项指标。这些指标包括："互联网宽带覆盖率"、"城乡人均可支配收入比"、"危险废物处置率"、"单位GDP化学需氧量排放"、"单位GDP氨氮排放"及"能源强度年下降率"。与大多数城市不同，绝大多数省份的地理覆盖面积大。因此，与城市地理范围相比，省级范围更有可能涉及各种城乡区域、一系列土地使用类型及各种各样的生态区。所以，城乡人均可支配收入比、人均水资源量等指标也被纳入省级排名体系中。此外，我们还对"人均绿地面积"和"研究与发展经费支出占GDP比例"这两个指标做出了调整，以反映省级地理范围。由于北京、上海、天津和重庆4个直辖市被视为省级行政区，所以也被列入省级排名，以及之前的城市排名中①。

我们的加权策略具有创新性，根据各省指标的稳定性来计算初始权重。

---

① 城市和省级边界之间的性质差异以及各组成指标之间的差异意味着城市排名与省份排名之间不具有直接可比性。

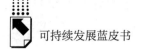

具体而言，根据 26 个指标中的每个指标 $X_i$（其中，$i = 1 \sim 26$）在 30 个省、直辖市、自治区的绝对值，按如下公式计算第 $i$ 项指标第 $y$ 年的变异系数 $CV_{yi}$（其中，$y$ 表示年份，$y = 1 \sim 5$；$p$ 表示省份，$p = 1 \sim 30$）：

$$CV_{yi} = \frac{\sigma_{yi}}{\mu_{yi}} = \frac{\sqrt{\dfrac{\sum_{p=1}^{30} (x_{yip} - \mu_{yi})^2}{30}}}{\mu_{yi}}$$

接下来，利用下列公式获得每项指标 5 年的平均变异系数 $CV_i$：

$$CV_i = \frac{\sum_{y=1}^{5} CV_{yi}}{5} = \frac{\sum_{y=1}^{5} \dfrac{\sigma_{yi}}{\mu_{yi}}}{5}$$

如果 $CV_i$ 的数值较大，则表示该指标在这些省份的波动很大。

最后，取变异系数 $CV_i$ 的倒数，用其除以所有变异系数倒数的和，按如下公式，计算出每个指标的权重（其中，$W_i$ 是指标 $i$ 的权重）：

$$W_i = \frac{1 / CV_i}{\sum_{i=1}^{26} 1 / CV_i}$$

指标波动性越小，权重就越高。表 1 列出了 5 个类别、26 个指标的权重。

据此课题组采用 2012 ~ 2016 年共计五年的时间序列数据为指标计算权重，同时对 30 个省、直辖市、自治区进行可持续发展评价排名（不含港澳台地区，西藏自治区因数据缺乏未选为研究对象）。

**表 1　CSDIS 省级指标集及权重**

| 类别 | 序号 | 指标 | 权重 |
|---|---|---|---|
| 经济发展(20.9%) | 1 | 城镇登记失业率 | 5.64 |
| | 2 | GDP 增长率 | 5.63 |
| | 3 | 第三产业增加值占 GDP 比例 | 5.60 |
| | 4 | 全员劳动生产率 | 2.45 |
| | 5 | 研究与发展经费支出占 GDP 比例 | 1.59 |

| 类别 | 序号 | 指标 | 权重 |
|---|---|---|---|
| 社会民生（24.4%） | 6 | 城乡人均可支配收入比 | 7.41 |
| | 7 | 每万人拥有卫生技术人员数 | 4.96 |
| | 8 | 互联网宽带覆盖率 | 4.22 |
| | 9 | 财政性教育支出占 GDP 比重 | 3.18 |
| | 10 | 人均社会保障和就业财政支出 | 2.58 |
| | 11 | 公路密度 | 2.08 |
| 资源环境（7.7%） | 12 | 空气质量指数优良天数 | 5.07 |
| | 13 | 人均水资源量 | 1.02 |
| | 14 | 人均绿地（含森林、耕地、湿地）面积 | 0.97 |
| 消耗排放（13.5%） | 15 | 单位二、三产业增加值所占建成区面积 | 3.38 |
| | 16 | 单位 GDP 氨氮排放 | 3.17 |
| | 17 | 单位 GDP 化学需氧量排放 | 2.32 |
| | 18 | 单位 GDP 能耗 | 2.17 |
| | 19 | 单位 GDP 二氧化硫排放 | 1.37 |
| | 20 | 每万元 GDP 水耗 | 1.14 |
| 环境治理（33.4%） | 21 | 城市污水处理率 | 14.24 |
| | 22 | 生活垃圾无害化处理率 | 8.97 |
| | 23 | 工业固体废物综合利用率 | 4.25 |
| | 24 | 能源强度年下降率 | 2.39 |
| | 25 | 危险废物处置率 | 1.96 |
| | 26 | 财政性节能环保支出占 GDP 比重 | 1.64 |

# 二　中国省级可持续发展体系数据验证结果分析

## 1. 省级可持续发展综合排名

根据我们评估体系的五大类指标数值，课题组计算出 30 个省级可持续发展水平的综合排名，其中，4 个直辖市以及东部沿海省份的可持续发展排名整体上看比较靠前。2018 年，北京、上海、浙江、江苏、广东、重庆、天津、山东、湖北、安徽等省、直辖市的排名位居前十。北京、上海、浙江、江苏、天津等省、直辖市除了在资源环境方面不太占优势外，经济社会、环境治理等方面都位居前列。黑龙江、青海、吉林等省份排名相对较为靠后，可持续发展水平相对较低。北京、上海与浙江省分列前三位。中部地区中，湖北省排名最高，该省从2017年的第11位上升两位，2018年为第9位。西部地区除了重庆排名第6位外，其余省份可持续发展综合排名均在前十名之外。

表2　省级可持续发展综合排名情况

| 省份 | 2017 年 | 2018 年 | 省份 | 2017 年 | 2018 年 |
|---|---|---|---|---|---|
| 北京 | 1 | 1 | 江西 | 21 | 16 |
| 上海 | 2 | 2 | 贵州 | 16 | 17 |
| 浙江 | 3 | 3 | 河北 | 19 | 18 |
| 江苏 | 4 | 4 | 云南 | 22 | 19 |
| 广东 | 6 | 5 | 内蒙古 | 14 | 20 |
| 重庆 | 7 | 6 | 陕西 | 15 | 21 |
| 天津 | 5 | 7 | 四川 | 23 | 22 |
| 山东 | 8 | 8 | 辽宁 | 25 | 23 |
| 湖北 | 11 | 9 | 山西 | 24 | 24 |
| 安徽 | 10 | 10 | 宁夏 | 26 | 25 |
| 福建 | 9 | 11 | 甘肃 | 29 | 26 |
| 河南 | 12 | 12 | 新疆 | 30 | 27 |
| 湖南 | 13 | 13 | 黑龙江 | 27 | 28 |
| 海南 | 18 | 14 | 青海 | 28 | 29 |
| 广西 | 17 | 15 | 吉林 | 20 | 30 |

2. 省级可持续发展均衡程度

从五大分类指标来看，在经济发展、社会民生、资源环境、消耗排放和环境治理等五个方面，省级可持续发展具有明显的不均衡特征。如果以各地一级指标排名的最大值和最小值差的绝对值衡量不均衡程度，我们做如下设定：差异值>20为高度不均衡，10<差异值≤20为中等不均衡，差异值≤10为比较均衡。

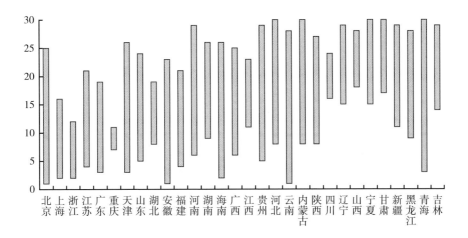

**图1  省级可持续发展均衡程度**

高度不均衡的省级区域有：北京、天津、安徽、河南、海南、贵州、河北、云南、内蒙古和青海；

中等不均衡的省级区域有：上海、浙江、江苏、广东、山东、湖北、福建、湖南、广西、江西、陕西、辽宁、山西、宁夏、甘肃、新疆、黑龙江和吉林；

比较均衡的省级区域有：重庆、四川。

据此我们看到，大部分省级区域在可持续发展方面都存在一定的短板，未来提高可持续发展水平的空间较大。例如，北京尽管在经济发展、社会民生和消耗排放等指标上高居首位，但在资源环境方面则存在短板，排在第25位，比上年上升3名。云南省的资源环境可持续发展指标排名第一，经济发展可持续发展指标排第十，但社会民生、消耗排放和环境治理指标均存在短板。

3. 五大类一级指标各省主要情况

（1）经济发展

从五项主要反映经济增速和创新发展的指标看，经济结构调整较早、较快、成效较显著的东部地区的经济发展与前几年的排名结果类似，仍然处于全国的领先地位，中西部和东北地区经济发展仍然相对滞后。一座城市的失业率是劳动市场反映出来的经济活动最广泛的指标。该指标能表示人口或劳动力的经济活跃程度及能力，可作为与可持续发展相关的重要的社会经济变量。考虑到经济发展的可持续性在很大程度上依赖创新驱动以及全要素生产率的提升，因此，在反映经济发展综合情况的初始指标中，我们把研究与发展经费支出占 GDP 比例与全员劳动生产率等 2 项指标纳入其中，以反映经济发展中的创新要素，同时，我们还以第三产业增加值占 GDP 的比重来反映经济结构调整的情况。再考虑到经济增长情况，由此合成计算的一级指标可以反映一个地区未来经济发展的可持续性。以 2018 年为例，北京、上海、广东、浙江、江苏、海南、重庆、湖北、贵州、云南等省市位居前列，而东北地区经济发展的可持续性相对就较差一些，近些年辽宁、内蒙古等省份的经济发展后劲明显不足。

表3　省级经济发展类分项排名情况

| 城市 | 2018 年<br>单项指标排名 | 城市 | 2018 年<br>单项指标排名 |
|---|---|---|---|
| 北京 | 1 | 江西 | 16 |
| 上海 | 2 | 陕西 | 17 |
| 广东 | 3 | 山西 | 18 |
| 浙江 | 4 | 天津 | 19 |
| 江苏 | 5 | 青海 | 20 |
| 海南 | 6 | 福建 | 21 |
| 重庆 | 7 | 湖南 | 22 |
| 湖北 | 8 | 四川 | 23 |
| 贵州 | 9 | 宁夏 | 24 |
| 云南 | 10 | 甘肃 | 25 |
| 新疆 | 11 | 黑龙江 | 26 |
| 广西 | 12 | 河北 | 27 |
| 安徽 | 13 | 吉林 | 28 |
| 山东 | 14 | 辽宁 | 29 |
| 河南 | 15 | 内蒙古 | 30 |

（2）社会民生

从六项考核社会民生发展水平的指标看，直辖市和东中部大省的社会发展水平较高，少数民族地区的民生改善空间较大。这说明很多医疗、教育等社会资源在持续向大城市及特大城市集中，少数民族地区的医疗卫生、文化教育及社会保障水平仍相对较低，有待进一步提高。从 2018 年的社会民生综合排名看，北京、浙江、上海、江苏、天津、海南、重庆、湖北、福建和河南等省份居该分项指标排名的前 10 位，而西部地区的云南、贵州、甘肃等省份则排名相对靠后，其社会发展水平较其他地区明显滞后。这也是这些地区今后需重点补齐的短板之一。

**表 4　省级社会民生类分项排名情况**

| 城市 | 2018 年<br>单项指标排名 | 城市 | 2018 年<br>单项指标排名 |
|---|---|---|---|
| 北京 | 1 | 四川 | 16 |
| 浙江 | 2 | 青海 | 17 |
| 上海 | 3 | 辽宁 | 18 |
| 江苏 | 4 | 广东 | 19 |
| 天津 | 5 | 黑龙江 | 20 |
| 海南 | 6 | 吉林 | 21 |
| 重庆 | 7 | 安徽 | 22 |
| 湖北 | 8 | 山西 | 23 |
| 福建 | 9 | 陕西 | 24 |
| 河南 | 10 | 广西 | 25 |
| 江西 | 11 | 湖南 | 26 |
| 河北 | 12 | 内蒙古 | 27 |
| 新疆 | 13 | 云南 | 28 |
| 山东 | 14 | 贵州 | 29 |
| 宁夏 | 15 | 甘肃 | 30 |

（3）资源环境

从空气质量指数优良天数，人均水资源使用量和森林、耕地、湿地覆盖率等指标看，生态资源条件较好的多为地广人稀的西部及东北各省。以

2018 年为例,资源环境一级指标排名显示,云南、海南、青海、福建、贵州、广西、广东、内蒙古、黑龙江和重庆位居前十,这说明,这些地区生态资源条件较好,生态资源整体的可承载力较高,对自然生态的保护相对比较到位。而人口密度较高和城市化程度较高的省份,如河南、河北等,人类活动对自然环境的影响较大,在资源环境方面的指标表现就相对较差。未来要增加生态环境的承载力,人均水资源量及绿地覆盖率需要保持较高水平,不能太少,否则就会对自然生态造成挤占或破坏,也会使居民的生活质量下降,不能维持良性健康的经济社会运行状态。

表5　省级资源环境类分项排名情况

| 城市 | 2018 年<br>单项指标排名 | 城市 | 2018 年<br>单项指标排名 |
| --- | --- | --- | --- |
| 云南 | 1 | 上海 | 16 |
| 海南 | 2 | 四川 | 17 |
| 青海 | 3 | 新疆 | 18 |
| 福建 | 4 | 湖北 | 19 |
| 贵州 | 5 | 甘肃 | 20 |
| 广西 | 6 | 江苏 | 21 |
| 广东 | 7 | 宁夏 | 22 |
| 内蒙古 | 8 | 安徽 | 23 |
| 黑龙江 | 9 | 山东 | 24 |
| 重庆 | 10 | 北京 | 25 |
| 江西 | 11 | 天津 | 26 |
| 浙江 | 12 | 陕西 | 27 |
| 湖南 | 13 | 山西 | 28 |
| 吉林 | 14 | 河南 | 29 |
| 辽宁 | 15 | 河北 | 30 |

（4）消耗排放

从对主要污染物排放的控制情况看,相比中西部,东部地区消耗排放方面做得更好。以 2018 年为例,北京、上海、天津、江苏、浙江、山东、福建、陕西、河南和广东位列前十名。其中,除陕西和河南两省外,其余均处于东部地区，经济发展水平较高，多数已将资源消耗较大的产业转移出去，或者通过技术改造很好地降低了消耗排放，单位产值消耗的能源、水资源以及占用的土地资源均相对较少，生产的集约化程度普遍较高。同时，单位产值污染物排放量也比较低。相对来看，经济发展模式较为粗放，仍旧依靠资源密集型或劳动密集型产业的中西部地区，其面临的资源消耗和污染物排放压力较大，这必然会给生态环境的可持续性带来较大压力，从而使其经济发展的可持续性有所降低。

表6　省级消耗排放类分项排名情况

| 城市 | 2018 年<br>单项指标排名 | 城市 | 2018 年<br>单项指标排名 |
|------|------|------|------|
| 北京 | 1 | 内蒙古 | 16 |
| 上海 | 2 | 安徽 | 17 |
| 天津 | 3 | 四川 | 18 |
| 江苏 | 4 | 海南 | 19 |
| 浙江 | 5 | 山西 | 20 |
| 山东 | 6 | 辽宁 | 21 |
| 福建 | 7 | 云南 | 22 |
| 陕西 | 8 | 江西 | 23 |
| 河南 | 9 | 广西 | 24 |
| 广东 | 10 | 贵州 | 25 |
| 重庆 | 11 | 黑龙江 | 26 |
| 湖北 | 12 | 甘肃 | 27 |
| 湖南 | 13 | 青海 | 28 |
| 吉林 | 14 | 新疆 | 29 |
| 河北 | 15 | 宁夏 | 30 |

（5）环境治理

从2018年的指标排名看，治理保护水平方面表现优良的大多是经济较发达的省份，其中排在前十位的省份分别是：安徽、北京、上海、江苏、山东、河南、浙江、河北、湖南、重庆。而经济欠发达省份如黑龙江、吉林、青海等，其环境治理保护的水平较低。一方面，京津冀、长三角地区这几年非常重视环保投入和节能降耗，表现在各种资源利用率和废弃物处理率的提升上；另一方面，这些省份的财政收入较高，有条件拿出较多的财政资金投入环境治理方面，从而治理保护的投入和产出效果就比较好。相对来看，西部欠发达地区的财政资金较为有限，能源资源相对丰富，因此在节能降耗和环保投入方面，很难与发达地区相比。总体上看，省级环境治理水平与其经济发展水平和城市管理水平有很强的关系，同时也和各省份的产业结构有很强的关联。凡是依赖资源消耗的省份，面临的治理保护难度都比较大，即使在环境治理方面加大投入，也不一定能获得较高的环境治理水平。

**表7 省级环境治理类分项排名情况**

| 城市 | 2018年单项指标排名 | 城市 | 2018年单项指标排名 |
| --- | --- | --- | --- |
| 安徽 | 1 | 广西 | 16 |
| 北京 | 2 | 甘肃 | 17 |
| 上海 | 3 | 江西 | 18 |
| 江苏 | 4 | 福建 | 19 |
| 山东 | 5 | 宁夏 | 20 |
| 河南 | 6 | 辽宁 | 21 |
| 浙江 | 7 | 陕西 | 22 |
| 河北 | 8 | 云南 | 23 |
| 湖南 | 9 | 四川 | 24 |
| 重庆 | 10 | 山西 | 25 |
| 广东 | 11 | 海南 | 26 |
| 天津 | 12 | 新疆 | 27 |
| 内蒙古 | 13 | 黑龙江 | 28 |
| 湖北 | 14 | 吉林 | 29 |
| 贵州 | 15 | 青海 | 30 |

**参考文献**

《习近平在中国共产党第十九次全国代表大会上的报告》，人民网－人民日报，2017年10月28日。

《李克强在第十三届全国人民代表大会第二次会议上的政府工作报告》，中国政府网，2019 年 3 月 5 日。

联合国：《联合国 2030 年可持续发展议程》，2015 年 9 月 25 日。

《中共中央国务院关于加快推进生态文明建设的意见》，2015 年 4 月 25 日。

中华人民共和国国务院：《大气污染防治行动计划》，2013 年 9 月 10 日。

中华人民共和国国务院：《水污染防治行动计划》，2015 年 4 月 2 日。

中华人民共和国国务院：《土壤污染防治行动计划》，2016 年 5 月 28 日。

中华人民共和国国务院：《关于健全生态保护补偿机制的意见》，2016 年 5 月 13 日。

中华人民共和国环境保护部：《关于加快推动生活方式绿色化的实施意见》，2015 年 11 月 6 日。

中国国际经济交流中心、美国哥伦比亚大学地球研究院、阿里研究院编《中国可持续发展评价报告（2018）》，社会科学文献出版社，2018。

王军、张焕波、刘向东、郭栋：《中国可持续发展评价指标体系：框架、验证及其分析》，载《中国经济分析与展望（2016～2017）》，社会科学文献出版社，2017。

张焕波：《中国省级绿色经济指标体系》，载《中国智库经济观察（2012～2013）》，社会科学文献出版社，2013。

张焕波：《中国省级绿色经济指标体系》，《经济研究参考》2013 年第 1 期。

2013、2014、2015、2016、2017、2018 年 30 个省、自治区、直辖市的统计年鉴。

United Nations. (2007). Indicators of Sustainable Development: Guidelines and Methodologies. Third Edition.

United Nations. (2017). Sustainable Development Knowledge Platform. Retrieved from UN Website https://sustainabledevelopment. un. org/sdgs.

Jiang, X. (Ed). (2004). Service Industry in China: Growth and Structure. Beijing: Social Sciences Documentation Publishing House.

Apergis, Nicholas, and Ilhan Ozturk. "Testing Environmental Kuznets Curve Hypothesis in Asian Countries." Ecological Indicators 52 (2015): 16 – 22. Arcadis. (2015). Sustainable Cities Index 2015. Retrieved from https://s3. amazonaws. com/arcadis – whitepaper/arcadis – sustainable – cities – indexreport. pdf.

International Labour Office (ILO). 2015. Universal Pension Coverage: People's Republic of China. Retrieved from http://www. social – protection. org/gimi/gess/Ressource PDF. action? ressource. ressourceId = 51765.

Zhang, D., K. Aunan, H. Martin Seip, S. Larssen, J. Liu and D. Zhang (2010). "The Assessment of Health Damage Caused by Air Pollution and Its Implication for Policy Making in Taiyuan, Shanxi, China." Energy Policy 38 (1): 491 – 502.

Chen, H., Jia, B., & Lau, S. S. Y. (2008). Sustainable Urban form for Chinese Compact Cities: Challenges of a Rapid Urbanized Economy. Habitat International, 32 (1), 28 – 40.

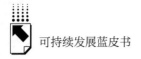
Li, X. & Pan, J. (Eds.) (2012). China Green Development Index Report 2012. Springer Current Chinese Economic Report Series.

Lee, V., Mikkelsen, L., Srikantharajah, J. & Cohen, L. (2012). "Strategies for Enhancing the Built Environment to Support Healthy Eating and Active Living". Prevention Institute. Retrieved 29 April 2012.

Tamazian, A., Chousa, J. P., &Vadlamannati, K. C. (2009). Does Higher Economic and Financial Development Lead to Environmental Degradation: Evidence from BRIC Countries. Energy Policy, 37 (1), 246 – 253.

Gregg, Jay S., Robert J. Andres, and Gregg Marland. "China: Emissions Pattern of the World Leader in $CO_2$ Emissions from Fossil Fuel Consumption and Cement Production." Geophysical Research Letters 35. 8 (2008).

Steemers, Koen. "Energy and the City: Density, Buildings and Transport." Energy and buildings 35. 1 (2003): 3 – 14.

He, W., et al. (2006). WEEE Recovery Strategies and The WEEE Treatment Status in China. Journal of Hazardous Materials, 136 (3), 502 – 512.

Duan, H., et al. (2008). Hazardous Waste Generation and Management in China: A review. Journal of Hazardous Materials, 158 (2), 221 – 227.

Liu, Tingting, et al. "Urban Household Solid Waste Generation and Collection in Beijing, China." Resources, Conservation and Recycling, 104 (2015): 31 – 37.

# B.4
# 中国100座大中城市可持续发展指标
# 体系数据验证分析

郭 栋　Kelsie DeFrancia　马 雷　王 佳　王安逸\*

**摘　要：**　2018 年中国 100 座大中城市可持续发展指标体系数据验证分析显示，作为中国经济最发达地区，珠江三角洲城市群及东部沿海城市的可持续发展排名依然比较靠前。2018 年可持续发展综合排名前十位的城市分别是：珠海、深圳、北京、杭州、广州、青岛、长沙、南京、宁波和武汉。其中珠海连续两年排名首位。与内陆地区的工业化城市相比，沿海城市有更好的环境质量。在大力高质量发展经济的同时，中西部地区城市面临严峻的环保压力，资源环境、消耗排放、环境治理等指标相对落后，导致他们可持续发展水平排名靠后。

**关键词：**　城市可持续发展评价指标体系　数据分析　可持续发展排名　可持续发展均衡程度

---

\*　郭栋，美国哥伦比亚大学地球研究院可持续发展政策与管理研究中心副主任，副研究员，博士，研究方向：可持续发展科学；Kelsie DeFrancia：美国哥伦比亚大学地球研究院可持续发展政策与管理研究中心助理主任，硕士，研究方向：可持续发展科学；马雷：美国哥伦比亚大学地球研究院可持续发展政策与管理研究中心中国项目官员，硕士，研究方向：可持续发展科学；王佳：中国国家开放大学研究实习员，硕士，研究方向：统计学；王安逸，美国哥伦比亚大学地球研究院可持续发展政策与管理研究中心博士后研究员，研究方向：可持续发展教育、环境支付意愿、环保行为。

# 一　引言

促进可持续发展是解决复杂及相互关联的全球问题的一种方式，是目前全球各国公认的发展目标。减少排放、促进全球环境的可持续发展是各国的共同责任，并且中国的贡献尤为重要。尽管中国政府已致力于制定可持续发展策略，但快速发展的中国经济使得可持续发展成为难题。为严谨评估中国的经济发展进程，需要制订标准化体系来衡量和管理可持续发展。为实现该需求，我们有必要根据中国独特的经济发展状态建立新的可持续发展指标框架。

我们根据前述中国可持续发展指标体系（CSDIS，China Sustainable Development Indicator System），综合多种方法，设计了一套稳健的对中国城市发展的可持续发展表现进行比较的指标框架及指标集。该指标集按主题范围将指标分类并同时考虑各领域间的因果关系，其内容涵盖中国城市可持续发展的经济、环境、社会和制度等方面。研究团队把对中国和国际现有框架的研究和比较分析也包含在内，制定出一个由5个主题组成的框架：经济发展、社会民生、资源环境、消耗排放、环境治理。根据这些类别中的22个指标，我们对中国100座大中型城市的可持续发展表现进行排名。

构建这样一个指标体系，我们希望达到三个方面的目标。一是能够支撑中国参与全球可持续发展的国际承诺，为中国更好地参与全球环境治理提供决策依据。二是对中国宏观经济发展的可持续程度进行监测和评估，为其制定宏观经济政策和战略规划提供决策支持。三是对省级和市级的可持续发展状况进行考察和考核，为健全政绩考核制度提供帮助。

# 二　背景：可持续发展指标体系

可持续发展概念正式提出三十年来，其内涵不断丰富，许多机构都提出了自己的看法，并设计了可持续发展指标体系，但目前仍然缺乏一套具有广泛共识的可持续发展指标体系。由于可持续发展指标定义广泛，决策者在确定如何衡量、管理及提高可持续性表现时会面临诸多困难。从长远来看，我们希望将可持续发展指标纳入地方政府、企业绩效考核系统。但是，在此之前，必须就一套可持续性指标体系达成共识。

尽管可持续发展的观念在中国得到了广泛认可，但可持续发展指标的应用仍然处于早期阶段。与美国的情况类似，由于缺少对可持续发展指标数量及适用性的明确定义，政府、企业及社会组织在选择指标方面的随意性很强，不利于对可持续发展进行有意义的比较。这样，决策者在评估和比较不同组织的可持续发展表现及提供明确的标准化政策时就会变得越发困难。因此，我们需要一套标准化且成熟的可持续发展指标及监管框架来跟踪、衡量及报告可持续发展进程。

可持续发展指标不仅可以引导中国经济发展，还可促进环境政策的执行。可持续发展指标能够定义质量，评估可持续发展政策的影响及挑战，同时实现跨城市和地区的比较。城市在实现国家环保可持续目标方面发挥着不可或缺的作用。一方面，市级政府在制定法规时遇到的阻碍相对较少，另一方面，城市的公民会更积极地参与和支持他们所居住城市的可持续发展，因为他们切身感受当地环境的影响。关于为何城市在实现可持续发展方面发挥重要作用，最令人信服的理由就是城市对我们今天看到的环境问题负主要责任。城市的快速发展（包括城市人口及规模）导致庞大的生态足迹产生。本文描述的框架就是基于我们持有的信念：实现国家可持续发展目标最合理的方式是从城市开始。

## 三 中国城市可持续发展指标体系

中国可持续发展指标体系（CSDIS）根据 2018 年中国 100 座城市的可持续发展表现，对这些城市进行排名。我们的框架包括 22 项指标，代表可持续发展的五大类别：1）经济发展；2）社会民生；3）资源环境；4）消耗排放；5）环境治理。

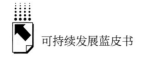
我们所采用的方法基于下列原理。

第一，透明性：记录所有指标、来源及加权方法，以保持最严格、科学的可复制性标准。

第二，基于规范的数据完整性检查：所有源数据都要进行统计学审查，查看数据波动是否存在异常。同时从多个数据来源渠道对所有数据的重要部分进行人工检查。当存在数据完整性问题时，排名体系中将不再包含该问题指标和/或城市。

第三，基于实证的加权法：不预先对指标和各分类指标指定任何权重。每个指标的权重通过该指标 5 年内的纵向稳定性来确定。对于在一段时期内各城市排名相对稳定的指标，我们分配较高的统计权重。相应的，年与年之间城市排名有普遍显著差异的指标，在指数组成中被赋予较低权重，因为这些指标中城市排名的大幅波动可能反映的是指标本身统计口径或方法的变化，因而降低了它的纵向可比性。我们的加权算法可以被视为对原始指标数据基于其稳定性进行的修正，以最大限度地保存最终指标集的纵向可比性。

第四，排名次序：排名系统并未向任何城市分配综合得分，也并未有意暗示城市 A 在可持续发展表现方面是城市 B 的 1.5 倍。

第五，非参数法：如有可能，我们的方法避开了对指标联合分布的先验假设。

1. 框架建立

在建立 CSDIS 时，我们首先对选定的多边机构、非政府组织及私营企业（参见附件一）提出的现有国际上主要的多种可持续发展表现指标框架展开全方位评估。

这些框架的汇总方法在分数分配基数、不同类别指标对应的权重以及对目标衡量的重点强调上存在很大差异。许多指标体系在所使用的权重方面并不透明；即使是透明的，权重的选择也缺乏依据。另外，许多排名体系并不限于排名，还主张对城市打分，因此在城市比较中潜在地宣传了一种未经试验的距离指标。此处以被赋予分数（分数为城市在多个类别下表现的总得分）的城市可持续发展指标为例。由于每座城市都会获得一个分数，则暗示得分为 1500 的城市比得分为 1000 的城市要表现优异 50%。但是，得分是一种具有潜在可变性及所选择指数呈现横向分布的人为假象。如果增加横向标准偏差比较高的指数权重，就会扩大综合分数的范围，并使排名发生改变。因此，使用一种透明方法来确保统计学上干扰较多的指数在整体指数组成中保持较低权重是十分重要的。其他框架假设每个类别/每个指数获得的权重相同。尽管这种方法似乎未对可持续发展的各方面做人为的权衡，但实际上，对类别和/或指标的选取即决定了权重，并且无任何科学依据。此外，一些框架并不能揭示潜在权重，只是简单列出了类别范围及组成指标。

我们的方法及基本原理旨在通过建立创新指标体系来解决上述问题。该体系考虑到随时间和地理位置变化而造成的数据波动性，而现有的大多数可持续发展指标体系都没能做到这一点。

在定义我们所采用框架的指标类别（经济发展；社会民生；资源环境；消耗排放；环境治理）时，我们首先从大多数体系使用的公认的经济、社会和环境"三重底线"的分类开始。但是，我们也认为，鉴于中国面临的各种各样的环境问题，了解可用环境资源和这些资源流向以及它们在消耗排放方面的影响是非常重要的。由于中国制定了宏伟的环境保护目标且付出极大努力来应对环境恶化问题，所以我们特地另外增加了第五大类，即环境治理。

2. 数据采集

我们为 CSDIS 采集了 87 个候选指标数据，代表可持续发展的各种最常用要素。2017 年，年我们采集了中国国家统计局和其他国家机构定期报告的表现数据中 70 座大中型城市 2012 年~2015 年的数据。这些城市人口从 75 到 3016 万人不等。

2018 年，我们又获取了 2016 年的数据，并把城市数量增加至 100 座。今年（2019 年），我们又新增了 100 座大中型城市 2017 年的数据。

这些指标数据是我们从中国知网（CNKI）、CEIC 中国数据库、经济预测系统（EPS）、中国指数研究院，以及国家、省与市的各种统计年鉴、与各类公报中所获取的。

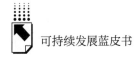
### 3. 数据合成

在完成第一轮数据采集之后，我们对 87 个候选指标进行了提炼，建立了更为一致的指标体系，该体系根据外源性情景因素（包括环境危机及自然灾害的干扰）进行了调整。而且，我们采纳了经过认证的专家的意见来选取能够反映城市发展过程中最常见问题的指标，包括环境退化、严重依赖自然资源、可承受性、拥堵程度等。我们还根据数据可用性和数据源的可靠性对指标集进行了提炼。

最终，我们的框架采用了 22 项指标，且共分为五类：1）经济发展；2）社会民生；3）资源环境；4）消耗排放；5）环境治理，如表 1 所示。附录二给出了每项指标的完整定义及其计算、数据源和政策相关性。

我们总共针对 100 座城市建立一个综合数据库，包含与 2012～2016 年官方年鉴中可提供数据的 22 项指标相关的可行数据。为避免报告错误，我们通过计算两个连续年度间的差异，检查了数据系列的波动情况。如果差距超出上年数值的 50% 以上，则在第二轮中对原始数据进行验证。如果不同的数据源报告的数据有差异，则研究团队要对这个数据进行调整。

**表 1　CSDIS 市级指标集（参见附录三中的完整定义）**

| 类别 | 指标* | |
|---|---|---|
| 经济发展 | • 人均 GDP<br>• 城镇登记失业率<br>• GDP 增长率 | • 第三产业增加值占 GDP 比重<br>• 财政性科学技术支出占 GDP 比重 |
| 社会民生 | • 房价收入比<br>• 人均社会保障和就业财政支出<br>• 人均城市道路面积 | • 每万人拥有卫生技术人员数<br>• 财政性教育支出占 GDP 比重 |
| 资源环境 | • 人均水资源量<br>• 空气质量指数优良天数 | • 每万人城市绿地面积 |
| 消耗排放 | • 每万元 GDP 水耗<br>• 单位二三产业增加值所占建成区面积<br>• 单位工业总产值废水排放量 | • 单位 GDP 能耗<br>• 单位工业总产值二氧化硫排放量 |
| 环境治理 | • 污水处理厂集中处理率<br>• 工业固体废物综合利用率 | • 财政性节能环保支出占 GDP 比重<br>• 生活垃圾无害化处理率 |

4. 加权策略

我们的加权策略具有创新性，主要在于根据城市各年度指标的平均稳定性来计算初始权重。城市指标的加权方法与省级指标的算法有所不同。由于地理范围的缩小，城市指标较省级指标而言更具体，因而也表现出更多的变动。

因此城市指标的权重分配主要基于指标的纵向稳定性。具体是指随时间推移，一座城市指定指标排名的波动性很小。也就是说，在五年时间内城市排名标准差较小的指标就不太容易产生数据误差。这里选用指标的排名而非绝对值来计算方差，一方面避免了使用其他标准化方法潜在的弊端（后文赘述），同时也有利于降低指标极端值对计算权重的影响。如此计算并分配每一指标的权重能使这些指标更准确代表一座城市的可持续发展表现。例如，排名纵向波动最小的指标"城市人均绿地面积"标准差仅为3个名次，这意味着，对于每座城市而言，在五年时间内，人均城市绿地面积排名的变化较小。我们的标准化加权系为波动性较低的指标分配较大的权重。该方法使得各城市之间的排名更具可比性，且更容易跟踪城市的可持续发展。

具体而言，根据22个指标中的每个指标 $X_i$（其中，$i = 1 \sim 22$）对100座城市进行排名，且时间长度为5年。然后，按如下公式计算每项指标排名的标准差：

$$\sigma_{ci} = \sqrt{\frac{\sum_{j=1}^{5}(R_{cij} - \mu_{ci})^2}{5}}$$

其中，$\sigma_i$ 表示城市 c 的指标 i 的排名标准差（$c = 1 \sim 100$），$R_{cij}$ 表示城市 c 的指标 i 在年度 j 的排名（$j = 1 \sim 5$）；$\mu_{ci}$ 表示五年内城市 c 指标 i 的平均排名。

接下来，利用下列公式获得指标标准差 $\sigma_i$：

$$\sigma_i = \frac{\sum_{c=1}^{100} \sigma_{ci}}{100}$$

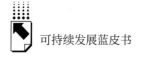
如果 $\sigma_i$ 的数值较大，则表示该指标排名在这些年份及各城市的波动很大。

最后，取标准差 $\sigma_i$ 的倒数，用其除以所有标准差倒数的和，按如下公式，计算出每个指标的权重（其中，$W_i$ 是指指标 $i$ 的权重）：

$$W_i = \frac{1/\sigma_i}{\sum_{i=1}^{22} 1/\sigma_i}$$

指标波动性越小，权重就越高。表 2 列出了五个类别、22 个指标的权重。

5. 评分方法

在计算指标权重之后，通常要进行标准化，对不同单位的指标进行汇总，得出综合分数。

最普遍使用的标准化方法通过从原始数据中减去平均值，再除以标准差，将各个分数转化为 Z 分数。通过将原始分数转化为组平均值标准差的数目，可对单位不同的指标进行比较。原始分数的标准化已广泛应用于标准化测试中，如美国的 ACT 分数和 SAT 分数。但是，这种方法也有很多缺点。其中一个缺点是原始分数和转化后分数之间存在非线性关系。接近平均值一个相对较小的变化会导致转化后分数的重大变化，而偏离平均值的较大变化会导致转化后分数的微小变化。这种分布不均对于城市的可持续发展排名并非最好。

其次常用的标准化方法为极差标准化。该方法涉及通过从原始数据中减去最小值，然后再用该差值除以最大值和最小值之间的差，来对原始数据进行转化。其他与可持续发展相关的指数〔如环境效能指数（EPI）和城市中国计划（UCI）〕已采用该方法。但是，重调对异常值或极端值非常敏感。当基础数据呈正态化分布时其表现最好（Allen 等人，2001）。通过观察数据，我们发现许多指标（如污水排放量）分布十分不均。

我们由此决定首先按城市在各个指标的表现对其进行排名，然后将这些排名用作原始分数。总分为 22 个指标排名的加权算术平均值。因此，与其他城市相比，最终分数越低，可持续发展表现就越好；而最终分数越高，可持续发展表现就越差。

表 2　CSDIS 市级指标集及权重

| 类别 | 序号 | 指标 | 权重 |
|---|---|---|---|
| 经济发展<br>（27.49%） | 1 | 人均 GDP | 12.55 |
| | 2 | 第三产业增加值占 GDP 比重 | 6.73 |
| | 3 | 城镇登记失业率 | 3.48 |
| | 4 | 财政性科学技术支出占 GDP 比重 | 2.95 |
| | 5 | GDP 增长率 | 1.78 |
| 社会民生<br>（27.04%） | 6 | 房价 – 人均 GDP 比 | 6.44 |
| | 7 | 每万人拥有卫生技术人员数 | 5.90 |
| | 8 | 人均社会保障和就业财政支出 | 5.73 |
| | 9 | 财政性教育支出占 GDP 比重 | 5.25 |
| | 10 | 人均城市道路面积 | 3.72 |
| 资源环境<br>（11.02%） | 11 | 人均水资源量 | 4.55 |
| | 12 | 每万人城市绿地面积 | 4.52 |
| | 13 | 空气质量指数优良天数 | 1.95 |
| 消耗排放<br>（26.23%） | 14 | 每万元 GDP 水耗 | 8.04 |
| | 15 | 单位 GDP 能耗 | 5.80 |
| | 16 | 单位二三产业增加值占建成区面积 | 4.98 |
| | 17 | 单位工业总产值二氧化硫排放量 | 4.63 |
| | 18 | 单位工业总产值废水排放量 | 2.78 |
| 环境治理<br>（8.22%） | 19 | 污水处理厂集中处理率 | 2.54 |
| | 20 | 财政性节能环保支出占 GDP 比重 | 2.13 |
| | 21 | 工业固体废物综合利用率 | 2.10 |
| | 22 | 生活垃圾无害化处理率 | 1.45 |

# 四　城市排名

1. 100座大中城市排名

关于 100 座城市的选择情况，我们是根据这样的标准和依据来进行的。

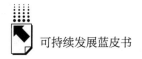

首先，我们根据国家统计局公布的"70个大中城市住宅销售价格变动情况"，选择了其中的70座城市。其次，在这一基础上，我们再添加了30座城市，其具体选择标准如下。

第一，为确保各省级行政区的代表性，每个省级行政区至少有两座代表城市。例外的是，西藏自治区因数据获取难度的原因，只选取了拉萨一座城市。

第二，根据《2017年中国统计年鉴》中2-6"分地区年末人口数"，计算出各省级行政区年末人口数占国家年末人口总数比例（除去四个直辖市的年末人口），选取其相应城市数量。例如，河北省人口比例约为5%，所以100座城市中应选取5个河北省的城市。

第三，各省确定应选城市数量后，用该数减去原70座城市中各省城市数量，得出各省在30座城市中应选城市数量。例如，原70座城市中，山西省已有太原1座城市，因山西省总共应选3座城市，所以还需再选另2座城市。

第四，用以上步骤得出各省级行政区在30座城市中的应选城市数量后，需进一步选择各省具体城市。根据"中国10个国家中心城市和100个区域中心城市名单"，我们将已有70座城市排除后，从剩余的城市名单中选择另30座城市。例如，在名单中，山西省的可选城市有大同、长治和运城。

第五，再根据名单中各省剩余城市的人口数量，将名单中各省的可选城市按照年末人口数大小排序，由大到小进行选择。例如：大同 > 运城 > 长治，并且因为山西省需再选2座城市，即选取大同和运城。

第六，原有70座城市加上新选取30座城市共同构成2018年可持续发展指标评价体系中100座城市名单。

排名显示，作为中国经济最发达地区，珠江三角洲城市群及东部沿海城市的可持续发展排名依然比较靠前。2018年可持续发展综合排名前十位的城市分别是：珠海、深圳、北京、杭州、广州、青岛、长沙、南京、宁波和武汉。其中珠海连续两年排名首位。与内陆地区的工业化城市相比，沿海城市有更好的环境质量。在大力快速发展经济的同时，中西部地区城市面临严峻的环保压力，资源环境、消耗排放、环境治理等指标相对落后，导致他们可持续发展水平排名靠后。

表3给出了2017年①中国100座城市的可持续发展综合排名结果和2018年100座城市的可持续发展综合排名的结果。除了珠海保持首位以外，深圳排名较上年有了2位的上升，北京从第2位下降到了第3。宁波从第11位进入了前十，排名第9，而无锡则跌出了前十。昆明、南昌、太原、洛阳、常德、绵阳和许昌等排名变化显著，皆上升了十位或以上；而呼和浩特、宜昌、兰州、吉林等排名皆下降了十位以上。

表3　2017～2018年中国城市可持续发展综合排名

| 城市 | 2017年排名 | 2018年排名 | 城市 | 2017年排名 | 2018年排名 |
| --- | --- | --- | --- | --- | --- |
| 珠海 | 1 | 1 | 合肥 | 21 | 19 |
| 深圳 | 4 | 2 | 南通 | 19 | 20 |
| 北京 | 2 | 3 | 西安 | 23 | 21 |
| 杭州 | 3 | 4 | 烟台 | 20 | 22 |
| 广州 | 5 | 5 | 三亚 | 22 | 23 |
| 青岛 | 6 | 6 | 惠州 | 30 | 24 |
| 长沙 | 8 | 7 | 贵阳 | 28 | 25 |
| 南京 | 10 | 8 | 昆明 | 36 | 26 |
| 宁波 | 11 | 9 | 南昌 | 37 | 27 |
| 武汉 | 7 | 10 | 成都 | 26 | 28 |
| 无锡 | 9 | 11 | 温州 | 38 | 29 |
| 厦门 | 15 | 12 | 太原 | 43 | 30 |
| 上海 | 14 | 13 | 克拉玛依 | 34 | 31 |
| 拉萨 | 13 | 14 | 福州 | 25 | 32 |
| 济南 | 17 | 15 | 包头 | 29 | 33 |
| 苏州 | 16 | 16 | 徐州 | 32 | 34 |
| 郑州 | 18 | 17 | 扬州 | 31 | 35 |
| 天津 | 12 | 18 | 呼和浩特 | 24 | 36 |

① 各年度的最终排名以最新公布的数据为基础。数据发布通常有一年半到两年的滞后（例如：2019年报告反映的是2018年度排名，这是以2018年底至2019年初发布的2017年数据为基础）。

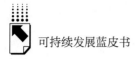
| 城市 | 2017 年排名 | 2018 年排名 | 城市 | 2017 年排名 | 2018 年排名 |
| --- | --- | --- | --- | --- | --- |
| 海口 | 39 | 37 | 黄石 | 64 | 69 |
| 金华 | 33 | 38 | 安庆 | 70 | 70 |
| 芜湖 | 41 | 39 | 岳阳 | 76 | 71 |
| 长春 | 35 | 40 | 韶关 | 66 | 72 |
| 大连 | 40 | 41 | 吉林 | 59 | 73 |
| 乌鲁木齐 | 42 | 42 | 桂林 | 73 | 74 |
| 宜昌 | 27 | 43 | 开封 | 78 | 75 |
| 北海 | 51 | 44 | 怀化 | 80 | 76 |
| 榆林 | 47 | 45 | 大同 | 83 | 77 |
| 潍坊 | 45 | 46 | 铜仁 | 81 | 78 |
| 重庆 | 44 | 47 | 遵义 | 77 | 79 |
| 泉州 | 53 | 48 | 南阳 | 79 | 80 |
| 南宁 | 50 | 49 | 赣州 | 71 | 81 |
| 沈阳 | 48 | 50 | 汕头 | 75 | 82 |
| 西宁 | 46 | 51 | 平顶山 | 88 | 83 |
| 洛阳 | 62 | 52 | 泸州 | 86 | 84 |
| 常德 | 67 | 53 | 大理 | 89 | 85 |
| 秦皇岛 | 57 | 54 | 湛江 | 82 | 86 |
| 石家庄 | 56 | 55 | 邯郸 | 87 | 87 |
| 蚌埠 | 54 | 56 | 乐山 | 96 | 88 |
| 银川 | 55 | 57 | 丹东 | 84 | 89 |
| 襄阳 | 58 | 58 | 天水 | 85 | 90 |
| 九江 | 49 | 59 | 宜宾 | 94 | 91 |
| 唐山 | 61 | 60 | 锦州 | 95 | 92 |
| 绵阳 | 72 | 61 | 保定 | 92 | 93 |
| 郴州 | 63 | 62 | 曲靖 | 90 | 94 |
| 兰州 | 52 | 63 | 固原 | 91 | 95 |
| 许昌 | 74 | 64 | 齐齐哈尔 | 97 | 96 |
| 济宁 | 69 | 65 | 南充 | 98 | 97 |
| 临沂 | 65 | 66 | 海东 | 93 | 98 |
| 牡丹江 | 68 | 67 | 渭南 | 99 | 99 |
| 哈尔滨 | 60 | 68 | 运城 | 100 | 100 |

## 2. 城市可持续发展均衡程度

与省级可持续发展均衡程度相同，从经济发展、社会民生、资源环境、消耗排放和环境治理五大分类指标来看，城市区域可持续发展同样具有明显的不均衡特征。如图 1 所示的各市指标排名极值，大部分城市区域在可持续发展方面都存在短板，提高可持续发展水平的空间很大。如可持续发展综合

图1　中国市级可持续发展均衡程度

表现排在第一位的珠海，其五大类发展较为均衡，而排在第二、三位的深圳、北京市在经济发展和消耗排放两大分类中均领先于多数城市，但是，深圳在社会民生方面仍存在短板，北京在资源环境与环境治理方面存在短板。以各城市一级指标排名的最大值和最小值差的绝对值衡量不均衡程度：不均衡度最大的是邯郸市，差异值为97；不均衡度最小的是珠海市，差异值为4。

3. 五大类一级指标各城市主要情况

（1）经济发展：中国东部沿海的主要城市在经济发展方面表现最佳。深圳作为经济特区、国家综合配套改革试验区，在经济表现方面一直是排名前列的城市之一。珠海自改革开放以来，通过政策创新、企业技术创新、加大奖励科技人才，经济发展迅速。

表4　经济发展质量领先城市TOP10

| 城市 | 2018 年 | 城市 | 2018 年 |
| --- | --- | --- | --- |
| 深圳 | 1 | 珠海 | 6 |
| 杭州 | 2 | 苏州 | 7 |
| 北京 | 3 | 无锡 | 8 |
| 广州 | 4 | 武汉 | 9 |
| 南京 | 5 | 上海 | 10 |

（2）社会民生：在社会民生方面排名靠前的城市大部分位于内陆。除珠海之外，其他在社会民生方面领先的城市均位于经济发展排名前十开外。表5显示经济发展与社会民生并不同步，说明大量城市在经济高速发展的同时，也产生了很多民生问题。此结果，在一定程度反映了当前中国发展不平衡、不充分的问题。

表5　社会民生保障领先城市TOP10

| 城市 | 2018 年 | 城市 | 2018 年 |
| --- | --- | --- | --- |
| 克拉玛依 | 1 | 西宁 | 6 |
| 拉萨 | 2 | 太原 | 7 |
| 榆林 | 3 | 包头 | 8 |
| 珠海 | 4 | 银川 | 9 |
| 乌鲁木齐 | 5 | 青岛 | 10 |

（3）资源环境：与普遍认知相同，资源环境较好城市主要集中在广东、广西、江西等南方省份。这些城市生态环境优良，自然景观比较丰富。拉萨由于人口较其他城市更为稀少，因此人均绿地与人均水资源量排名较为靠前。

表6　生态环境宜居领先城市TOP10

| 城市 | 2018 年 | 城市 | 2018 年 |
|------|---------|------|---------|
| 拉萨 | 1 | 韶关 | 6 |
| 怀化 | 2 | 九江 | 7 |
| 南宁 | 3 | 珠海 | 8 |
| 惠州 | 4 | 贵阳 | 9 |
| 牡丹江 | 5 | 泉州 | 10 |

（4）消耗排放：在资源有效利用，如水和能源、二氧化硫排放量及废水排放量等指标表现突出的城市多数是一、二线城市。这些拥有重要经济活动的人口中心在人均资源稀缺压力下，节约及排放控制技术也保持前列。

表7　节能减排效率领先城市TOP10

| 城市 | 2018 年 | 城市 | 2018 年 |
|------|---------|------|---------|
| 深圳 | 1 | 长沙 | 6 |
| 北京 | 2 | 西安 | 7 |
| 青岛 | 3 | 广州 | 8 |
| 珠海 | 4 | 宁波 | 9 |
| 上海 | 5 | 天津 | 10 |

（5）环境治理：环境治理方面排名靠前的城市包括以自然风光旅游业作为重要产业的惠州、珠海、北海等，以及2018年环保尤其是空气质量面对较大压力的中部城市，石家庄、邯郸、郑州等。这些城市在工业转型、空气治理方面普遍加大投入，因此排名靠前。

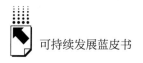

表 8  环境治理领先城市 TOP10

| 城市 | 2018 年 | 城市 | 2018 年 |
|---|---|---|---|
| 石家庄 | 1 | 天水 | 6 |
| 惠州 | 2 | 常德 | 7 |
| 邯郸 | 3 | 金华 | 8 |
| 珠海 | 4 | 北海 | 9 |
| 郑州 | 5 | 深圳 | 10 |

# 五  城市说明

本部分概述了 CSDIS 体系中排名的 100 座城市在不同可持续发展领域的表现；该城市的最高及最低指数排名；人口、地理及发展状况简述。这些城市按排名降序详述如下。

1. 珠海

珠海的整体可持续发展表现排在第 1 位。珠海在"人均城市道路面积"、"生活垃圾无害化处理率"和"财政性科学技术支出占 GDP 比例"方面表现最佳，分别排在第 1 位、第 1 位和第 2 位。但是，其在"房价 – 人均GDP 比"、"单位工业总产值废水排放量"以及"财政性教育支出占 GDP 比重"方面表现较差，分别排在第 49 位、第 49 位和第 52 位。

2. 深圳

深圳的整体可持续发展表现排在第 2 位。具体而言，深圳在"人均GDP"、"每万人城市绿地面积"、"单位工业总产值二氧化硫排放量"和"生活垃圾无害化处理率"方面表现优异，均排在第 1 位。但是，深圳在"工业固体废物综合利用率"、"人均水资源量"以及"房价 – 人均 GDP 比"方面表现较差，分别排在第 75 位、第 88 位和第 96 位。

3. 北京

北京在整体可持续性方面排名第 3。北京在"第三产业增加值占 GDP比例"、"单位 GDP 能耗"、"每万人拥有卫生技术人员数"、"人均社会保障和就业财政支出"和"单位工业总产值二氧化硫排放量"方面表现良好，分别排在第1位、第1位、第2位、第2位和第2位。但是，北京在"人均水资源量"、"人均道路面积"和"房价－人均GDP比"方面表现较差，分别排在第92位、第93位和第97位。

4. 杭州

杭州整体可持续性排名第4，具体而言，杭州在"生活垃圾无害化处理率"、"每万人拥有卫生技术人员数"和"单位二三产业增加值占建成区面积"方面表现良好，分别排在第1位、第4位和第4位。但是，杭州在"工业固体废物综合利用率"、"财政性教育支出占GDP比重"以及"单位工业总产值废水排放量"方面表现较差，分别排在第72位、第75位和第81位。

5. 广州

广州的整体可持续发展表现排在第5位。该市在"每万人城市绿地面积"、"第三产业增加值占GDP比例"和"人均GDP"方面表现良好，分别排在第3位、第4位和第5位。但在"生活垃圾无害化处理率"、"财政性教育支出占GDP比重"和"财政性节能环保支出占GDP比重"方面表现较差，分别排在第85位、第86位和第99位。

6. 青岛

青岛的整体可持续发展表现排在第6位。该市在"生活垃圾无害化处理率"、"每万元GDP水耗"和"单位工业总产值二氧化硫排放量"方面表现良好，分别排在第1位、第4位和第5位。但在"财政性教育支出占GDP比重"、"财政性节能环保支出占GDP比重"和"人均水资源量"方面表现较差，分别排在第64位、第94位和第95位。

7. 长沙

长沙的整体可持续发展表现排在第7位。该市在"生活垃圾无害化处理率"、"房价－人均GDP比"和"单位工业总产值二氧化硫排放量"方面表现良好，分别排在第1位、第2位和第3位。但在"空气质量指数优良天数"、"工业固体废物综合利用率"、"每万人城市绿地面积"和"财政性教

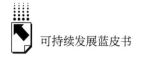
育支出占 GDP 比重"方面表现较差,分别排在第 61 位、第 61 位、第 63 位和第 94 位。

8. 南京

南京的整体可持续发展表现排在第 8 位。该市在"生活垃圾无害化处理率"、"每万人城市绿地面积"、"人均 GDP"和"城镇登记失业率"方面表现良好,分别排在第 1 位、第 4 位、第 8 位和第 8 位。但在"财政性节能环保支出占 GDP 比重"、"财政性教育支出占 GDP 比重"和"污水处理厂集中处理率"方面表现较差,分别排在第 77 位、第 87 位和第 98 位。

9. 宁波

宁波的整体可持续发展表现排在第 9 位。该市在"生活垃圾无害化处理率"、"单位二三产业增加值占建成区面积"和"人均 GDP"方面表现良好,分别排在第 1 位、第 8 位和第 14 位。但在"第三产业增加值占 GDP 比重"、"财政性教育支出占 GDP 比重"和"污水处理厂集中处理率"方面相对落后,分别排在第 67 位、第 71 位和第 94 位。

10. 武汉

武汉的整体可持续发展表现排在第 10 位。具体而言,武汉在"生活垃圾无害化处理率"、"每万人拥有卫生技术人员数"和"单位二三产业增加值占建成区面积",分别排在第 1 位、第 3 位和第 3 位。但是,在"财政性教育支出占 GDP 比重"、"财政性节能环保支出占 GDP 比重"和"每万人城市绿地面积"方面,分别排在第 80 位、第 85 位和第 88 位。

11. 无锡

无锡的整体可持续发展表现排在第 11 位。具体而言,无锡在"生活垃圾无害化处理率"、"人均 GDP"、"城镇登记失业率"和"房价－人均 GDP比"方面表现良好,分别排在 1 位、第 3 位、第 8 位和第 8 位。但是在"GDP 增长率"、"人均社会保障和就业财政支出"、"空气质量指数优良天数"和"财政性教育支出占 GDP 比重"方面表现较差,分别排在第 65 位、第 65 位、第 71 位和第 99 位。

### 12. 厦门

厦门的整体可持续发展表现排在第 12 位。具体而言，该市在"空气质量指数优良天数"、"生活垃圾无害化处理率"和"单位工业总产值二氧化硫排放量"方面表现良好，分别排在第 1 位、第 1 位和第 6 位。但在"人均水资源量"、"房价 – 人均 GDP 比"和"单位工业总产值废水排放量"表现较差，分别排在第 81 位、第 90 位和第 97 位。

### 13. 上海

上海的整体可持续发展表现排在第 13 位。该市在"人均社会保障和就业财政支出"、"单位二三产业增加值占建成区面积"和"生活垃圾无害化处理率"方面表现良好，均排在第 1 位。但在"城镇登记失业率"、"人均水资源量"、"人均城市道路面积"和"房价 – 人均 GDP 比"方面表现较差，分别排在第 90 位、第 90 位、第 94 位和第 99 位。

### 14. 拉萨

拉萨的整体可持续发展表现排在第 14 位。该市在"空气质量指数优良天数"、"财政性教育支出占 GDP 比重"、"人均水资源量"和"财政性节能环保支出占 GDP 比重"方面表现良好，分别排在第 2 位、第 4 位、第 4 位和第 4 位。但在"单位二三产业增加值占建成区面积"、"单位工业总产值废水排放量"和"工业固体废物综合利用率"方面表现较差，分别排在第 98 位、第 98 位和第 100 位。

### 15. 济南

济南的整体可持续发展表现排在第 15 位。具体而言，该市在"生活垃圾无害化处理率"、"每万人拥有卫生技术人员数"和"第三产业增加值占 GDP 比重"方面表现良好，分别排在第 1 位、第 11 位和第 13 位。但在"财政性教育支出占 GDP 比重"、"人均水资源量"和"空气质量指数优良天数"方面表现较差，分别排在第 78 位、第 91 位和第 92 位。

### 16. 苏州

苏州的整体可持续发展表现排在第 16 位。具体而言，该市在"生活垃圾无害化处理率"、"人均 GDP"和"人均城市道路面积"方面表现良好，

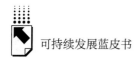

分别排在第1位、第2位和第6位。但在"GDP增长率"、"人均水资源量"和"财政性教育支出占GDP比重"方面表现较差，分别排在第69位、第70位和第95位。

17. 郑州

郑州在整体可持续发展方面排名第17位，具体而言，该市在"生活垃圾无害化处理率"、"每万人拥有卫生技术人员数"、"污水处理厂集中处理率"和"财政性节能环保支出占GDP比重"方面表现优异，分别排在第1位、第8位、第10位和第10位。但其在"财政性教育支出占GDP比重"、"空气质量指数优良天数"和"人均水资源量"方面表现较差，分别排在第85位、第90位和第98位。

18. 天津

天津在整体可持续性方面排名第18位，具体而言，该市在"人均社会保障和就业财政支出"、"工业固体废物综合利用率"和"每万元GDP水耗"方面表现良好，分别排在第4位、第4位和第10位。但"生活垃圾无害化处理率"、"GDP增长率"和"人均水资源量"表现较差，分别排在第94位、第96位和第96位。

19. 合肥

合肥的整体可持续发展表现排在第19位。其在"生活垃圾无害化处理率"、"人均道路面积"和"单位GDP能耗"方面表现良好，分别排在第1位、第3位和第3位。但在"人均社会保障和就业财政支出"、"财政性教育支出占GDP比重"和"空气质量指数优良天数"方面表现较差，分别排在第76位、第77位和第81位。

20. 南通

南通的整体可持续发展表现排在第20位。其在"生活垃圾无害化处理率"、"单位GDP能耗"和"单位工业总产值二氧化硫排放量"方面表现良好，分别排在第1位、第8位和第12位。但在"财政性教育支出占GDP比重"、"污水处理厂集中处理率"和"财政性节能环保支出占GDP比重"方面表现较差，分别排在第83位、第83位和第96位。

21. 西安

西安的整体可持续发展表现排在第 21 位。该市在"单位工业总产值二氧化硫排放量"、"第三产业增加值占 GDP 比重"和"单位 GDP 能耗"方面表现良好，分别排在第 7 位、第 10 位和第 13 位。但在"人均水资源量"、"生活垃圾无害化处理率"、"财政性教育支出占 GDP 比重"和"空气质量指数优良天数"方面表现较差，分别排在第 73 位、第 73 位、第 92 位和第 93 位。

22. 烟台

烟台的整体可持续发展表现排在第 22 位。其在"生活垃圾无害化处理率"、"房价 - 人均 GDP 比"、"人均城市道路面积"和"每万元 GDP 水耗"方面表现良好，分别排在第 1 位、第 5 位、第 7 位和第 7 位。但在"GDP 增长率"、"财政性节能环保支出占 GDP 比重"和"财政性教育支出占 GDP 比重"方面表现较差，分别排在第 83 位、第 90 位和第 97 位。

23. 三亚

三亚的整体可持续发展表现排在第 23 位。该市在"工业固体废物综合利用率"、"生活垃圾无害化处理率"、"空气质量指数优良天数"和"单位工业总产值废水排放量"方面表现良好，分别排在第 1 位、第 1 位、第 3 位和第 3 位。但在"污水处理厂集中处理率"、"房价 - 人均 GDP 比"和"人均城市道路面积"方面表现较差，分别排在第 93 位、第 94 位和第 95 位。

24. 惠州

惠州的整体可持续发展表现排在第 24 位。其在"生活垃圾无害化处理率"、"空气质量指数优良天数"和"财政性科学技术支出占 GDP 比重"方面表现良好，分别排在第 1 位、第 12 位和第 13 位。但在"人均社会保障和就业财政支出"、"单位 GDP 能耗"和"第三产业增加值占 GDP 比例"方面表现较差，分别排在第 57 位、第 65 位和第 75 位。

25. 贵阳

贵阳的整体可持续发展表现排在第 25 位。该市在"GDP 增长率"、"房价 - 人均 GDP 比"和"空气质量指数优良天数"方面表现良好，分别排在

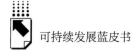
第 3 位、第 7 位和第 11 位。但在"生活垃圾无害化处理率"、"单位工业总产值二氧化硫排放量"和"工业固体废物综合利用率"方面表现较差,分别排在第 83 位、第 90 位和第 94 位。

26. 昆明

昆明的整体可持续发展表现排在第 26 位。该市在"生活垃圾无害化处理率"、"空气质量指数优良天数"和"每万人拥有卫生技术人员数"方面表现良好,分别排在第 1 位、第 3 位和第 5 位。但在"人均社会保障和就业财政支出"、"财政性教育支出占 GDP 比重"、"污水处理厂集中处理率"、"单位工业总产值二氧化硫排放量"和"工业固体废物综合利用率"方面表现较差,分别排在第 60 位、第 60 位、第 60 位、第 84 位和第 93 位。昆明可持续发展的整体排名从 2017 年到 2018 年上升了 10 位,其中"单位工业总产值废水排放量"和"生活垃圾无害化处理率"单项指标排名变化显著,分别上升 30 位和 79 位。

27. 南昌

南昌的整体可持续发展表现排在第 27 位。其在"生活垃圾无害化处理率"、"单位 GDP 能耗"和"污水处理厂集中处理率"方面表现良好,分别排在第 1 位、第 2 位和第 3 位。但在"第三产业增加值占 GDP 比重"、"财政性教育支出占 GDP 比重"和"财政性节能环保支出占 GDP 比重"方面表现较差,分别排在第 77 位、第 81 位和第 100 位。南昌 2017～2018 年可持续发展总体排名上升 10 位,其中"单位工业总产值废水排放量"、"污水处理厂集中处理率"和"生活垃圾无害化处理率"单项指标排名变化显著,分别上升 52 位、39 位和 64 位。

28. 成都

成都的整体可持续发展表现排在第 28 位。其在"生活垃圾无害化处理率"、"单位工业总产值二氧化硫排放量"和"每万人拥有卫生技术人员数"方面表现良好,分别排在第 1 位、第 9 位和第 13 位。但在"人均社会保障和就业财政支出"、"财政性教育支出占 GDP 比重"和"财政性节能环保支出占 GDP 比重"方面表现较差,分别排在第 79 位、第 90 位和第 91 位。

### 29. 温州

温州的整体可持续发展表现排在第 29 位。其在"生活垃圾无害化处理率"、"单位 GDP 能耗"和"工业固体废物综合利用率"方面表现良好，分别排在第 1 位、第 4 位和第 8 位。但在"人均社会保障和就业财政支出"、"房价－人均 GDP 比"和"财政性节能环保支出占 GDP 比重"方面表现较差，分别排在第 82 位、第 88 位和第 95 位。

### 30. 太原

太原的整体可持续发展表现排在第 30 位。其在"每万人拥有卫生技术人员数"、"生活垃圾无害化处理率"和"第三产业增加值占 GDP 比例"方面表现良好，分别排在第 1 位、第 1 位和第 11 位。但在"人均水资源量"、"工业固体废物综合利用率"和"空气质量指数优良天数"方面表现较差，分别排在第 89 位、第 89 位和第 95 位。太原 2017～2018 年可持续发展总体排名上升 13 位，其中各指标单项排名变化均匀平稳，无显著变化。

### 31. 克拉玛依

克拉玛依的整体可持续发展表现排在第 31 位。其在"城镇登记失业率"、"人均城市道路面积"和"每万人城市绿地面积"方面表现良好，分别排在第 1 位、第 2 位和第 2 位。但在"人均水资源量"、"第三产业增加值占 GDP 比例"和"单位 GDP 能耗"方面表现较差，分别排在第 93 位、第 98 位和第 98 位。

### 32. 福州

福州的整体可持续发展表现排在第 32 位。其在"空气质量指数优良天数"、"工业固体废物综合利用率"和"单位工业总产值废水排放量"方面表现良好，分别排在第 10 位、第 10 位和第 14 位。但在"人均社会保障和就业财政支出"、"财政性教育支出占 GDP 比重"、"生活垃圾无害化处理率"和"污水处理厂集中处理率"方面表现较差，分别排在第 70 位、第 70 位、第 72 位和第 92 位。

### 33. 包头

包头的整体可持续发展表现排在第 33 位。该市在"房价－人均 GDP

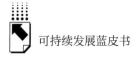

比"、"人均社会保障和就业财政支出"和"人均GDP"方面表现良好，分别排在第1位、第6位和第7位。但在"GDP增长率"、"财政性科学技术支出占GDP比重"和"财政性教育支出占GDP比重"方面表现较差，分别排在第91位、第96位和第100位。

34. 徐州

徐州的整体可持续发展表现排在第34位。其在"生活垃圾无害化处理率"、"单位工业总产值废水排放量"和"工业固体废物综合利用率"方面表现良好，分别排在第1位、第2位和第3位。但在"人均社会保障和就业财政支出"、"财政性节能环保支出占GDP比重"和"空气质量指数优良天数"方面表现较差，分别排在第64位、第81位和第94位。

35. 扬州

扬州的整体可持续发展表现排在第35位。其在"生活垃圾无害化处理率"、"单位二三产业增加值占建成区面积"和"单位GDP能耗"方面表现良好，分别排在第1位、第6位和第7位。但在"空气质量指数优良天数"、"污水处理厂集中处理率"和"财政性教育支出占GDP比重"方面表现较差，分别排在第78位、第81位和第93位。

36. 呼和浩特

呼和浩特的整体可持续发展表现排在第36位。具体而言，该市在"生活垃圾无害化处理率"、"房价–人均GDP比"和"第三产业增加值占GDP比例"方面表现良好，分别排在第1位、第4位和第6位。但在"财政性科学技术支出占GDP比重"、"GDP增长率"、"单位工业总产值二氧化硫排放量"、"财政性节能环保支出占GDP比重"、"工业固体废物综合利用率"和"财政性教育支出占GDP比重"方面表现较差，分别排在第92位、第92位、第92位、第92位、第92位和第96位。呼和浩特2018～2019年可持续发展总体排名下降12位，其中各指标单项排名变化均匀平稳，无显著变化。

37. 海口

海口的整体可持续发展表现排在第37位。其在"生活垃圾无害化处理率"、"第三产业增加值占 GDP 比重"和"城镇登记失业率"方面表现良好，分别排在第 1 位、第 2 位和第 4 位。但其在"每万人城市绿地面积"、"人均城市道路面积"和"财政性科学技术支出占 GDP 比重"方面表现较差，分别排在第 75 位、第 76 位和第 98 位。

38. 金华

金华的整体可持续发展表现排在第 38 位。其在"生活垃圾无害化处理率"、"工业固体废物综合利用率"和"人均城市道路面积"方面表现良好，分别排在第 1 位、第 16 位和第 19 位。但在"单位二三产业增加值占建成区面积"、"单位工业总产值废水排放量"和"GDP 增长率"方面表现较差，分别排在第 77 位、第 77 位和第 86 位。

39. 芜湖

芜湖的整体可持续发展表现排在第 39 位。其在"生活垃圾无害化处理率"、"财政性科学技术支出占 GDP 比例"和"人均城市道路面积"方面表现良好，分别排在第 1 位、第 1 位和第 12 位。但在"每万人拥有卫生技术人员数"、"空气质量指数优良天数"、"第三产业增加值占 GDP 比重"和"每万元 GDP 水耗"方面表现较差，分别排在第 70 位、第 70 位、第 84 位和第 84 位。

40. 长春

长春的整体可持续发展表现排在第 40 位。其在"单位工业总产值废水排放量"、"人均社会保障和就业财政支出"、"房价－人均 GDP 比"和"工业固体废物综合利用率"方面表现良好，分别排在第 1 位、第 13 位、第 15 位和第 15 位。但在"污水处理厂集中处理率"、"财政性教育支出占 GDP 比重"和"生活垃圾无害化处理率"方面表现较差，分别排在第 82 位、第 88 位和第 92 位。

41. 大连

大连的整体可持续发展表现排在第 41 位。其在"人均社会保障和就业财政支出"、"每万元 GDP 水耗"和"单位二三产业增加值占建成区面积"方面表现良好，分别排在第 5 位、第 19 位和第 19 位。但在"人均水资源

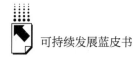
量"、"生活垃圾无害化处理率"、"财政性教育支出占 GDP 比重"和"单位工业总产值废水排放量"方面表现较差，分别排在第 87 位、第 87 位、第 98 位和第 99 位。

42. 乌鲁木齐

乌鲁木齐的整体可持续发展表现排在第 42 位。其在"第三产业增加值占 GDP 比重"、"每万人城市绿地面积"和"每万人拥有卫生技术人员数"方面表现良好，分别排在第 3 位、第 5 位和第 6 位。但在"单位工业总产值二氧化硫排放量"、"生活垃圾无害化处理率"和"单位 GDP 能耗"方面表现较差，分别排在第 89 位、第 95 位和第 96 位。

43. 宜昌

宜昌的整体可持续发展表现排在第 43 位。其在"生活垃圾无害化处理率"、"房价 - 人均 GDP 比"和"人均水资源量"方面表现良好，分别排在第 1 位、第 6 位和第 8 位。但在"第三产业增加值占 GDP 比例"、"工业固体废物综合利用率"和"GDP 增长率"方面表现较差，分别排在第 96 位、第 99 位和第 100 位。宜昌 2017～2018 年可持续发展总体排名下降 16 位，其中"GDP 增长率"和"单位工业总产值废水排放量"单项指标排名变化显著，分别下降 77 位和 53 位。

44. 北海

北海的整体可持续发展表现排在第 44 位。其在"生活垃圾无害化处理率"、"GDP 增长率"和"工业固体废物综合利用率"方面表现良好，分别排在第 1 位、第 5 位和第 5 位。但在"人均社会保障和就业财政支出"、"财政性节能环保支出占 GDP 比重"和"第三产业增加值占 GDP 比例"方面表现较差，分别排在第 96 位、第 97 位和第 100 位。

45. 榆林

榆林的整体可持续发展表现排在第 45 位。其在"房价 - 人均 GDP 比""人均社会保障和就业财政支出"、"人均城市道路面积"和"每万元 GDP 水耗"方面表现良好，分别排在第 12 位、第 15 位、第 20 位和第 20 位。但在"单位工业总产值废水排放量"、"生活垃圾无害化处理率"、"工业固体废物综合利用率"和"第三产业增加值占GDP比例"方面表现较差，分别排在第93位、第93位、第95位和第99位。

46. 潍坊

潍坊的整体可持续发展表现排在第46位。其在"生活垃圾无害化处理率"、"房价-人均GDP比"和"每万元GDP水耗"方面表现较好，分别排在第1位、第10位和第14位。但在"人均水资源量"、"空气质量指数优良天数"和"人均社会保障和就业财政支出"方面表现较差，分别排在第83位、第85位和第88位。

47. 重庆

重庆的整体可持续发展表现排在第47位。其在"GDP增长率"、"人均社会保障和就业财政支出"和"财政性节能环保支出占GDP比重"方面表现良好，分别排在第11位、第11位和第17位。但在"工业固体废物综合利用率"、"每万人城市绿地面积"和"人均城市道路面积"方面表现较差，分别排在第81位、第90位和第92位。

48. 泉州

泉州的整体可持续发展表现排在第48位。其在"城镇登记失业率"、"人均城市道路面积"和"空气质量指数优良天数"方面表现良好，分别排在第3位、第4位和第13位。但在"每万人拥有卫生技术人员数"、"人均社会保障和就业财政支出"和"财政性节能环保支出占GDP比重"方面表现较差，分别排在第90位、第97位和第98位。

49. 南宁

南宁的整体可持续发展表现排在第49位。其在"生活垃圾无害化处理率"、"每万人城市绿地面积"和"空气质量指数优良天数"方面表现良好，分别排在第1位、第9位和第16位。但在"人均社会保障和就业财政支出"、"每万元GDP水耗"和"污水处理厂集中处理率"方面表现较差，分别排在第81位、第82位和第91位。

50. 沈阳

沈阳的整体可持续发展表现排在第50位。具体而言，该市在"生活垃圾无害化处理率"、"人均社会保障和就业财政支出"和"第三产业增加值占 GDP 比重"方面表现良好,分别排在第 1 位、第 7 位和第 18 位。但其在"每万元 GDP 水耗"、"GDP 增长率"和"单位 GDP 能耗"方面表现较差,分别排在第 86 位、第 97 位和第 97 位。

51. 西宁

西宁的整体可持续发展表现排在第 51 位。其在"GDP 增长率"、"财政性节能环保支出占 GDP 比重"和"每万人拥有卫生技术人员数"方面表现良好,分别排在第 9 位、第 9 位和第 10 位。但在"单位工业总产值废水排放量"、"单位 GDP 能耗"和"污水处理厂集中处理率"方面表现较差,分别排在第 92 位、第 94 位和第 96 位。

52. 洛阳

洛阳的整体可持续发展表现排在第 52 位。其在"生活垃圾无害化处理率"、"污水处理厂集中处理率"和"单位工业总产值废水排放量"方面表现良好,分别排在第 1 位、第 2 位和第 13 位。但在"人均社会保障和就业财政支出"、"空气质量指数优良天数"和"城镇登记失业率"方面表现较差,分别排在第 85 位、第 85 位和第 90 位。洛阳 2017~2018 年可持续发展总体排名上升 10 位,其中"生活垃圾无害化处理率"单项指标排名变化显著,上升 85 位。

53. 常德

常德的整体可持续发展表现排在第 53 位。其在"生活垃圾无害化处理率"、"污水处理厂集中处理率"、"单位 GDP 能耗"和"工业固体废物综合利用率"方面表现良好,分别排在第 1 位、第 4 位、第 6 位和第 6 位。但在"财政性节能环保支出占 GDP 比重"、"人均城市道路面积"和"每万元 GDP 水耗"方面表现较差,分别排在第 86 位、第 89 位和第 89 位。常德 2018~2019 年可持续发展总体排名上升 14 位,其中"污水处理厂集中处理率"单项指标排名变化显著,上升 71 位。

54. 秦皇岛

秦皇岛的整体可持续发展表现排在第 54 位。具体而言,秦皇岛在"生活垃圾无害化处理率"、"每万元 GDP 水耗"和"污水处理厂集中处理率"方面表现良好，分别排在第 1 位、第 8 位和第 24 位。但在"单位 GDP 能耗"、"单位二三产业增加值占建成区面积"和"单位工业总产值二氧化硫排放量"方面表现较差，分别排在第 72 位、第 72 位和第 79 位。

### 55. 石家庄

石家庄在整体可持续性方面排名第 55 位。具体而言，石家庄在"生活垃圾无害化处理率"、"每万元 GDP 水耗"和"污水处理厂集中处理率"方面表现良好，分别排在第 1 位、第 5 位和第 5 位。但在"人均社会保障和就业财政支出"、"人均水资源量"和"空气质量指数优良天数"方面表现较差，分别排在第 90 位、第 94 位和第 99 位。

### 56. 蚌埠

蚌埠的整体可持续发展表现排在第 56 位。其在"生活垃圾无害化处理率"、"财政性科学技术支出占 GDP 比例"和"人均城市道路面积"方面表现良好，分别排在第 1 位、第 8 位和第 11 位。但在"空气质量指数优良天数"、"每万元 GDP 水耗"和"单位二三产业增加值占建成区面积"方面表现较差，分别排在第 79 位、第 79 位和第 84 位。

### 57. 银川

银川的整体可持续发展表现排在第 57 位。其在"生活垃圾无害化处理率"、"房价 - 人均 GDP 比"和"财政性节能环保支出占 GDP 比重"方面表现良好，分别排在第 1 位、第 3 位和第 8 位。但在"工业固体废物综合利用率"、"人均水资源量"和"单位 GDP 能耗"方面表现较差，分别排在第 96 位、第 97 位和第 99 位。

### 58. 襄阳

襄阳的整体可持续发展表现排在第 58 位。其在"生活垃圾无害化处理率"、"财政性科学技术支出占 GDP 比例"和"单位工业总产值二氧化硫排放量"方面表现较好，分别排在第 1 位、第 19 位和第 22 位。但在"人均城市道路面积"、"工业固体废物综合利用率"和"第三产业增加值占 GDP 比例"方面表现较差，分别排在第 84 位、第 91 位和第 93 位。

### 59. 九江

九江的整体可持续发展表现排在第 59 位。其在"生活垃圾无害化处理率"、"人均水资源量"和"GDP 增长率"方面表现良好，分别排在第 1 位、第 5 位和第 14 位。但在"第三产业增加值占 GDP 比重"、"每万人拥有卫生技术人员数"和"工业固体废物综合利用率"方面表现较差，分别排在第 81 位、第 81 位和第 85 位。

### 60. 唐山

唐山的整体可持续发展表现排在第 60 位。具体而言，该市在"生活垃圾无害化处理率"、"每万元 GDP 水耗"和"房价－人均 GDP 比"方面表现良好，分别排在第 1 位、第 1 位和第 11 位。但在"第三产业增加值占 GDP 比重"、"单位 GDP 能耗"和"财政性科学技术支出占 GDP 比重"方面表现较差，分别排在第 92 位、第 92 位和第 93 位。

### 61. 绵阳

绵阳的整体可持续发展表现排在第 61 位。其在"生活垃圾无害化处理率"、"GDP 增长率"和"污水处理厂集中处理率"方面表现良好，分别排在第 1 位、第 14 位和第 15 位。但在"每万元 GDP 水耗"、"人均城市道路面积"和"城镇登记失业率"方面表现较差，分别排在第 76 位、第 80 位和第 86 位。绵阳 2017～2018 年可持续发展总体排名上升 11 位，其中各指标单项排名变化均匀平稳，无显著变化。

### 62. 郴州

郴州的整体可持续发展表现排在第 62 位。具体而言，郴州在"生活垃圾无害化处理率"、"人均水资源量"和"财政性节能环保支出占 GDP 比重"方面表现良好，分别排在第 1 位、第 9 位和第 19 位。但在"城镇登记失业率"、"每万人拥有卫生技术人员数"和"每万元 GDP 水耗"方面表现较差，分别排在第 73 位、第 77 位和第 85 位。

### 63. 兰州

兰州的整体可持续发展表现排在第 63 位。其在"第三产业增加值占 GDP 比重"、"每万人拥有卫生技术人员数"和"污水处理厂集中处理率"

方面表现良好，分别排在第 8 位、第 17 位和第 32 位，但在"城镇登记失业率"、"GDP 增长率"和"人均水资源量"方面表现较差，分别排在第 90 位、第 90 位和第 100 位。兰州 2017～2018 年可持续发展总体排名下降 11 位，其中"城镇登记失业率"和"财政性节能环保支出占 GDP 比重"单项指标排名变化显著，分别下降 83 位和 31 位。

64. 许昌

许昌的整体可持续发展表现排在第 64 位。具体而言，许昌在"生活垃圾无害化处理率"、"单位工业总产值废水排放量"和"污水处理厂集中处理率"方面表现良好，分别排在第 1 位、第 7 位和第 11 位。但是，许昌在"财政性节能环保支出占 GDP 比重"、"第三产业增加值占 GDP 比例"和"人均社会保障和就业财政支出"方面表现较差，分别排在第 84 位、第 94 位和第 94 位。许昌 2018～2019 年可持续发展总体排名上升 10 位，其中"污水处理厂集中处理率"和"人均城市道路面积"单项指标排名变化显著，分别上升 52 位和 36 位。

65. 济宁

济宁的整体可持续发展表现排在第 65 位。其在"生活垃圾无害化处理率"、"人均城市道路面积"、"污水处理厂集中处理率"和"工业固体废物综合利用率"方面表现良好，分别排在第 1 位、第 10 位、第 20 位和第 20 位。但在"空气质量指数优良天数"、"单位工业总产值废水排放量"和"人均社会保障和就业财政支出"方面表现较差，分别排在第 84 位、第 86 位和第 91 位。

66. 临沂

临沂的整体可持续发展表现排在第 66 位。其在"生活垃圾无害化处理率"、"城镇登记失业率"和"污水处理厂集中处理率"方面表现良好，分别排在第 1 位、第 23 位和第 27 位。但在"空气质量指数优良天数"、"人均社会保障和就业财政支出"和"财政性科学技术支出占 GDP 比重"方面表现较差，分别排在第 85 位、第 87 位和第 94 位。

### 67. 牡丹江

牡丹江的整体可持续发展表现排在第 67 位。其在"生活垃圾无害化处理率"、"人均水资源量"和"单位工业总产值废水排放量"方面表现良好，分别排在第 1 位、第 7 位和第 11 位。但在"每万元 GDP 水耗"、"财政性科学技术支出占 GDP 比例"和"污水处理厂集中处理率"方面表现较差，分别排在第 98 位、第 99 位和第 99 位。

### 68. 哈尔滨

哈尔滨的整体可持续发展表现排在第 68 位。其在"第三产业增加值占 GDP 比例"、"人均社会保障和就业财政支出"和"单位工业总产值废水排放量"方面表现良好，分别排在第 12 位、第 18 位和第 19 位。但在"财政性节能环保支出占 GDP 比重"、"每万人城市绿地面积"和"生活垃圾无害化处理率"方面表现较差，分别排在第 88 位、第 89 位和第 97 位。

### 69. 黄石

黄石的整体可持续发展表现排在第 69 位。其在"生活垃圾无害化处理率"、"人均社会保障和就业财政支出"和"人均水资源量"方面表现良好，分别排在第 1 位、第 23 位和第 25 位。但在"每万元 GDP 水耗"、"每万人城市绿地面积"和"第三产业增加值占 GDP 比例"方面表现较差，分别排在第 93 位、第 95 位和第 97 位。

### 70. 安庆

安庆的整体可持续发展表现排在第 70 位。其在"生活垃圾无害化处理率"、"财政性教育支出占 GDP 比重"和"人均水资源量"方面表现良好，分别排在第 1 位、第 18 位和第 19 位。但在"第三产业增加值占 GDP 比重"、"每万人拥有卫生技术人员数"和"每万元 GDP 水耗"方面表现较差，分别排在第 86 位、第 96 位和第 97 位。

### 71. 岳阳

岳阳的整体可持续发展表现排在第 71 位。其在"生活垃圾无害化处理率"、"人均水资源量"和"单位二三产业增加值所占建成区面积"方面表现良好，分别排在第 1 位、第 13 位和第 25 位。但在"每万人拥有卫生技术人员数"、"污水处理厂集中处理率"和"每万元 GDP 水耗"方面表现较差，分别排在第 87 位、第 87 位和第 88 位。

### 72. 韶关

韶关的整体可持续发展表现排在第 72 位。其在"人均水资源量"、"财政性节能环保支出占 GDP 比重"和"财政性教育支出占 GDP 比重"方面表现良好，分别排在第 2 位、第 11 位和第 19 位。但在"每万元 GDP 水耗"、"生活垃圾无害化处理率"和"单位工业总产值废水排放量"方面表现较差，分别排在第 99 位、第 99 位和第 100 位。

### 73. 吉林

吉林的整体可持续发展表现排在第 73 位。其在"人均社会保障和就业财政支出"、"人均水资源量"和"房价－收入比"方面表现较好，分别排在第 8 位、第 17 位和第 22 位。但在"工业固体废物综合利用率"、"生活垃圾无害化处理率"和"GDP 增长率"方面表现较差，分别排在第 98 位、第 98 位和第 99 位。吉林 2018～2019 年可持续发展总体排名下降 14 位，其中"污水处理厂集中处理率"单项指标排名变化显著，下降 51 位。

### 74. 桂林

桂林的整体可持续发展表现排在第 74 位。其在"生活垃圾无害化处理率"、"人均水资源量"和"财政性教育支出占 GDP 比重"方面表现良好，分别排在第 1 位、第 1 位和第 22 位。但在"财政性科学技术支出占 GDP 比重"、"GDP 增长率"和"每万元 GDP 水耗"方面表现较差，分别排在第 89 位、第 95 位和第 100 位。

### 75. 开封

开封的整体可持续发展表现排在第 75 位。具体而言，开封在"生活垃圾无害化处理率"、"单位工业总产值二氧化硫排放量"、"单位工业总产值废水排放量"、"工业固体废物综合利用率"方面表现良好，分别排在第 1 位、第 10 位、第 29 位和第 29 位。但是，在"人均水资源量"、"每万人城市绿地面积"、"单位二三产业增加值占建成区面积"和"空气质量指数优良天数"方面表现较差，分别排在第 80 位、第 80 位、第 89 位和第 91 位。

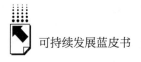
76. 怀化

怀化的整体可持续发展表现排在第 76 位。该市在"生活垃圾无害化处理率"、"人均水资源量"和"财政性教育支出占 GDP 比重"方面表现良好，分别排在第 1 位、第 3 位、第 9 位。但在"房价 – 人均 GDP 比"、"每万元 GDP 水耗"、"人均 GDP"和"城镇登记失业率"方面相对落后，分别排在第 92 位、第 92 位、第 96 位和第 99 位。

77. 大同

大同的整体可持续发展表现排在第 77 位。该市在"生活垃圾无害化处理率"、"财政性教育支出占 GDP 比重"和"财政性节能环保支出占 GDP 比重"方面表现良好，分别排在第 1 位、第 11 位和第 16 位。但在"GDP 增长率"、"人均 GDP"和"单位 GDP 能耗"方面表现较差，分别排在第 83 位、第 87 位和第 95 位。

78. 铜仁

铜仁的整体可持续发展表现排在第 78 位。该市在"GDP 增长率"、"财政性教育支出占 GDP 比重"和"空气质量指数优良天数"方面表现良好，分别排在第 2 位、第 3 位和第 5 位。但在"人均 GDP"、"生活垃圾无害化处理率"、"单位二三产业增加值占建成区面积"和"人均城市道路面积"方面表现较差，分别排在第 89 位、第 89 位、第 94 位和第 97 位。

79. 遵义

遵义的整体可持续发展表现排在第 79 位。其在"GDP 增长率"、"单位工业总产值废水排放量"、"财政性教育支出占 GDP 比重"和"空气质量指数优良天数"方面表现良好，分别排在第 1 位、第 9 位、第 13 位和第 13 位。但在"每万人城市绿地面积"、"城镇登记失业率"和"人均城市道路面积"方面表现较差，分别排在第 93 位、第 98 位和第 98 位。

80. 南阳

南阳的整体可持续发展表现排在第 80 位。具体而言，南阳在"城镇登记失业率"、"污水处理厂集中处理率"和"单位 GDP 能耗"方面表现良好，分别排在 2 位、第 8 位和第 19 位。但是在"每万人拥有卫生技术人员数"、"单位二三产业增加值占建成区面积"和"人均社会保障和就业财政支出"方面表现较差，分别排在第89位、第90位和第100位。

81. 赣州

赣州的整体可持续发展表现排在第81位。其在"生活垃圾无害化处理率"、"财政性教育支出占GDP比重"和"GDP增长率"方面表现良好，分别排在第1位、第7位和第9位。但在"人均GDP"、"每万人拥有卫生技术人员数"、"每万元GDP水耗"和"单位二三产业增加值占建成区面积"方面表现较差，分别排在第94位、第94位、第96位和第96位。

82. 汕头

汕头的整体可持续发展表现排在第82位。该市在"空气质量指数优良天数"、"工业固体废物综合利用率"和"GDP增长率"方面表现良好，分别排在第8位、第9位和第12位。但在"每万人城市绿地面积"、"每万人拥有卫生技术人员数"和"人均城市道路面积"方面表现较差，分别排在第97位、第98位和第100位。

83. 平顶山

平顶山的整体可持续发展表现排在第83位。其在"生活垃圾无害化处理率"、"污水处理厂集中处理率"和"城镇登记失业率"方面表现良好，分别排在第1位、第6位和第38位。但在"空气质量指数优良天数"、"人均社会保障和就业财政支出"和"每万人城市绿地面积"方面表现较差，分别排在第83位、第89位和第91位。

84. 泸州

泸州的整体可持续发展表现排在第84位。其在"生活垃圾无害化处理率"、"工业固体废物综合利用率"和"GDP增长率"方面表现良好，分别排在第1位、第11位和第14位。但在"单位二三产业增加值占建成区面积"、"第三产业增加值占GDP比例"和"污水处理厂集中处理率"方面表现较差，分别排在第87位、第95位和第95位。

85. 大理

大理的整体可持续发展表现排在第85位。其在"生活垃圾无害化处理率"、"财政性节能环保支出占 GDP 比重"、"财政性教育支出占 GDP 比重"和"空气质量指数优良天数"方面表现良好，分别排在第 1 位、第 3 位、第 6 位和第 6 位。但在"人均 GDP"、"每万人拥有卫生技术人员数"、"单位 GDP 能耗"、"每万人城市绿地面积"和"每万元 GDP 水耗"方面表现较差，分别排在第 91 位、第 91 位、第 91 位、第 94 位和第 95 位。

### 86. 湛江

湛江的整体可持续发展表现排在第 86 位。其在"生活垃圾无害化处理率"、"工业固体废物综合利用率"和"空气质量指数优良天数"方面表现良好，分别排在第 1 位、第 7 位和第 22 位。但在"人均城市道路面积"、"人均社会保障和就业财政支出"和"财政性节能环保支出占 GDP 比重"方面表现较差，分别排在第 91 位、第 92 位和第 93 位。

### 87. 邯郸

邯郸的整体可持续发展表现排在第 87 位。该市在"生活垃圾无害化处理率"、"每万元 GDP 水耗"和"污水处理厂集中处理率"方面表现良好，分别排在第 1 位、第 2 位和第 13 位。但在"人均社会保障和就业财政支出"、"人均水资源量"和"空气质量指数优良天数"方面表现较差，分别排在第 98 位、第 99 位和第 100 位。

### 88. 乐山

乐山的整体可持续发展表现排在第 88 位。具体而言，该市在"生活垃圾无害化处理率"、"人均水资源量"和"财政性节能环保支出占 GDP 比重"方面表现良好，分别排在第 1 位、第 10 位和第 30 位。但在"城镇登记失业率"、"单位工业总产值二氧化硫排放量"和"单位工业总产值废水排放量"方面表现较差，均排在第 94 位。

### 89. 丹东

丹东的整体可持续发展表现排在第 89 位。其在"生活垃圾无害化处理率"、"人均社会保障和就业财政支出"和"人均水资源量"方面表现良好，分别排在第 1 位、第 12 位和第 23 位。但在"GDP 增长率"、"单位二三产业增加值占建成区面积"和"污水处理厂集中处理率"方面表现较差，分别排在第 98 位、第 100 位和第 100 位。

90. 天水

天水的整体可持续发展表现排在第 90 位。具体而言，该市在"生活垃圾无害化处理率"、"污水处理厂集中处理率"和"财政性教育支出占 GDP 比重"方面表现良好，分别排在第 1 位、第 1 位和第 2 位。但在"人均城市道路面积"、"每万人城市绿地面积数"、"人均 GDP"和"房价－人均 GDP 比"方面表现较差，分别排在第 99 位、第 99 位、第 100 位和第 100 位。

91. 宜宾

宜宾的整体可持续发展表现排在第 91 位。其在"生活垃圾无害化处理率"、"财政性教育支出占 GDP 比重"和"GDP 增长率"方面表现良好，分别排在第 1 位、第 20 位和第 21 位。但在"人均城市道路面积"、"第三产业增加值占 GDP 比例"和"城镇登记失业率"方面表现较差，分别排在第 90 位、第 91 位和第 95 位。

92. 锦州

锦州的整体可持续发展表现排在第 92 位。其在"生活垃圾无害化处理率"、"人均社会保障和就业财政支出"和"污水处理厂集中处理率"方面表现较好，分别排在第 1 位、第 14 位和第 31 位。但在"城镇登记失业率"、"单位工业总产值废水排放量"、"GDP 增长率"和"每万人拥有卫生技术人员数"方面表现较差，分别排在第 90 位、第 90 位、第 92 位和第 95 位。

93. 保定

保定的整体可持续发展表现排在第 93 位。其在"生活垃圾无害化处理率"、"每万元 GDP 水耗"和"财政性教育支出占 GDP 比重"方面表现良好，分别排在第 1 位、第 3 位和第 17 位，但在"城镇登记失业率"、"空气质量指数优良天数"和"人均社会保障和就业财政支出"方面表现较差，分别排在第 96 位、第 98 位和第 99 位。

94. 曲靖

曲靖的整体可持续发展表现排在第 94 位。其在"生活垃圾无害化处理率"、"空气质量指数优良天数"和"财政性教育支出占 GDP 比重"方面表

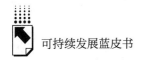

现良好，分别排在第1位、第6位和第8位。但在"每万人城市绿地面积"、"单位工业总产值二氧化硫排放量"和"每万人拥有卫生技术人员数"方面表现较差，分别排在第98位、第99位和第100位。

95. 固原

固原的整体可持续发展表现排在第95位。其在"财政性教育支出占GDP比重"、"财政性节能环保支出占GDP比重"和"空气质量指数优良天数"方面表现良好，分别排在第1位、第2位和第19位。但在"人均GDP"、"单位二三产业增加值占建成区面积"和"单位工业总产值二氧化硫排放量"方面表现较差，分别排在第99位、第99位和第100位。

96. 齐齐哈尔

齐齐哈尔的整体可持续发展表现排在第96位。其在"财政性教育支出占GDP比重"、"工业固体废物综合利用率"和"空气质量指数优良天数"方面表现良好，分别排在第10位、第21位和第26位。但在"城镇登记失业率"、"财政性科学技术支出占GDP比例"和"生活垃圾无害化处理率"方面表现较差，均排在第100位。

97. 南充

南充的整体可持续发展表现排在第97位。其在"生活垃圾无害化处理率"、"财政性教育支出占GDP比重"和"GDP增长率"方面表现良好，分别排在第1位、第15位和第26位。但在"单位二三产业增加值占建成区面积"、"人均GDP"和"财政性科学技术支出占GDP比重"方面表现较差，分别排在第92位、第95位和第97位。

98. 海东

海东的整体可持续发展表现排在第98位。该市在"财政性节能环保支出占GDP比重"、"财政性教育支出占GDP比重"和"人均社会保障和就业财政支出"方面表现良好，分别排在第1位、第5位和第22位。但在"单位工业总产值二氧化硫排放量"、"每万人拥有卫生技术人员数"和"每万人城市绿地面积"方面表现较差，分别排在第98位、第99位和第100位。

99. 渭南

渭南的整体可持续发展表现排在第 99 位。该市在"工业固体废物综合利用率"、"财政性教育支出占 GDP 比重"和"财政性节能环保支出占 GDP 比重"方面表现良好，分别排在第 2 位、第 12 位和第 23 位。但在"单位 GDP 能耗"、"空气质量指数优良天数"和"单位工业总产值二氧化硫排放量"方面表现较差，分别排在第 93 位、第 96 位和第 97 位。

100. 运城

运城的整体可持续发展表现排在第 100 位。其在"财政性教育支出占 GDP 比重"、"城镇登记失业率"和"财政性节能环保支出占 GDP 比重"方面表现良好，分别排在第 14 位、第 21 位和第 47 位。但在"空气质量指数优良天数"、"单位二三产业增加值占建成区面积"、"工业固体废物综合利用率"、"人均 GDP"和"单位 GDP 能耗"方面表现较差，分别排在第 97 位、第 97 位、第 97 位、第 98 位和第 100 位。

**参考文献**

2013、2014、2015、2016、2017、2018 年 100 座城市的统计年鉴。

2013、2014、2015、2016、2017、2018 年《中国城市统计年鉴》。

2012、2013、2014、2015、2016、2017 年《中国城市建设统计年鉴》。

2012、2013、2014、2015、2016、2017 年 100 座城市的财政决算公报。

2012、2013、2014、2015、2016、2017 年 100 座城市的国民经济和社会发展统计公报。

2012、2013、2014、2015、2016、2017 年 100 座城市的水资源公报。

2012、2013、2014、2015、2016、2017 中国指数研究院房价数据。

Tsinghua Tongfang Knowledge Network Technology Co.（TTKN）.（2014）. CNKI. NET. Retrieved from http：//oversea. cnki. net/kns55/support/en/company. aspx.

EPS Data.（2017）. Retrieved from EPS Data Website http：//www. epsnet. com. cn/.

Hong Kong Trade Development Council（HKTDC）.（2017）. Facts and Figures：Mainland China Provinces & Cities. HKTDC. Retrieved from http：//china – trade – research. hktdc. com/business – news/article/Factsand – Figures/Mainland – China – Provinces – and – Cities/ff/en/1/

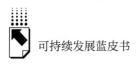
1X000000/1X06BOQA. htm.

Library of Congress. (2015). Doing Business in China: Regional Information. Library of Congress Web Archives Collection. Retrieved from http: //webarchive. loc. gov/all/ 20150408162859/http: //www. export. gov/china/doingbizinchina/regio nalinfo/index. asp.

Tan, M. (2008, 11). 深圳环境拐点与绿色 GDP 核算问题研究. Special Zone Economy, 21 – 24.

Leese, D. (Ed.). (2009). Handbook of Oriental Studies, Section Four: China Vol. 20. Leiden, The Netherlands: Brill.

Wu, L. (2014, 7). Analysis of Sustainable Development of Changsha Based on Ecological Footfrint Method. Applied Mechanics and Materials, 1062 – 1065.

Xiong, D. & Chen, R. (2015, 9). Empirical Study on Coupling Interaction Between Urbanization and Water Resources Environment in Nanjing. Journal of Henan Normal University (Natural Science Edition), 95101.

Xia, J., Liu, R., Zhou, B., Niu, W. & Wu, Y. (2014, 11). Investigation of The Relationship Between Urbanization Process And Climatlc Changes in Wuxi. Resources and Environment in the Yangtze Basin, 132 – 142.

Jiang, N., Li, Q., Su, F., Wang, Q., Yu, X., Kang, P. & Tang, X. (2017). Chemical Characteristics and Source Apportionment of PM2. 5 Between Heavily Polluted Days and Other Days in Zhengzhou, China. In Journal of Environmental Sciences.

Gan, H., He, H., Zhang, W., & Lin, J. (2015). Eco-risk Assessment and Contamination History of Heavy Metals in the Sediments of Sanya River. Ecology and Environmental Sciences, 1878 – 1885.

Fang, K., Dong, L., Ren, J., Zhang, Q., Han, L. & Fu, H. (2017). Carbon Footprints of Urban Transition: Tracking Circular Economy Promotions in Guiyang, China. In Ecological Modelling, 30 – 45.

Hao, H. & Ren, Z. (2006). Analysis on Land Use Change and Its Eco-Environmental Effects in Baotou City Based on RS and GIS. Journal of Soil and Water Conservation.

Dai, P. & Shen, Z. (2013). On the Changes of Water Environment and the Rise and Fall of Xuzhou City. Human Geography, 55 – 61.

Yan, Y. (2017). YK Analysis of Carbon Emission From Low Carbon Tourism Economy in Haikou City. Journal of Southwest China Normal University (Natural Science Edition), 103 – 107.

Su, Q., Liu, Z., Li, S. & Liu, L. (2016). Coupling Analysis Between Socio-economy Benefits and Ecoenvironment Benefits of Land Use in Changchun City. Hubei Agricultural Sciences, 5393 – 5397.

Sun, Y., Zhou, Q., Xie, X. & Liu, R. (2010). Spatial, Sources and Risk Assessment of Heavy Metal Contamination of Urban Soils in Typical Regions of Shenyang, China. Journal of Hazardous Materials, 455 – 462.

Guo, X. , Ding, J. & Wang, C. (2010) . The Present Situation of Underground Water Environment and Suggestions on Protection of Water Source in Xining City. Acta Geologica Sichuan, 330 – 333.

Niu, S. , Zhang, X. , Zhao, C. , Ding, Y. , Niu, Y. & Christensen, T. H. (2011) . Household Energy Use and Emission Reduction Effects of Energy Conversion in Lanzhou City, China. Renewable Energy, 14311436.

Luo, Q. , Wang, K. , Xu, J. & Chen, G. (2014) . The Relationship Between Agro-ecological Environment and Sustainable Development of Food Production — A Case Study in Yueyang City. Hunan Agricultural Sciences, 58 – 60.

Pan, Q. , Xue, D. & Cao, X. (2003) . Study on the Developmental Orientation of Shaoguan City Within the New World City System. Human Geography, 75 – 78.

Pong, D. ( Ed. ) (2009) . Encyclopedia of Modern China Vol. 3. Detroit: Charles Scribner's Sons.

Yan, B. , Xiao, C. , Liang, X. & Fang, Z. (2016, 2) . Impacts of Urban Land Use on Nitrate Contamination in Groundwater, Jilin City, Northeast China. Arabian Journal of Geosciences, 1 – 9.

Wang, C. (2016) . Yearbook of Dali Prefecture. Dali Prefecture: Yunnan Nationalities Publishing House.

Ding, Y. (2011) . The Development History and Trend of Sugarcane Industrial in Zhanjiang City. Auhui Agricultural Science Bulletin, 14 – 15.

Zhang, C. (2008) . Effects of the Climate Variation on the Ecological Environment and Agricultural Production During the Past Half Century in Jinzhou Area. Journal of Anhui Agricultural Sciences, 12835 – 12837.

# 专 题 篇

**Topics**

# B.5
# 中国落实联合国2030可持续发展议程的政策实践

刘向东*

**摘 要：**自2015年9月联合国发展峰会发布2030可持续发展议程后，中国高度重视可持续发展议程的推进落实工作，制定了加快生态文明建设、推进绿色发展和加大生态环保等系列重要举措，对照17项可持续发展目标，中国在经济、社会和环境三方面均取得不同程度的显著成效，且分两批推进太原、桂林、深圳、郴州、临沧、承德六座城市国家可持续发展议程创新示范区建设。六座城市在落实可持续发展议程上初步取得了一定进展。我国今后应遵照可持续发展目标要求和国务院做

---

刘向东，博士，中国国际经济交流中心，经济研究部副部长、研究员，研究方向：宏观经济、东亚经济、绿色发展等。

出的总体实施部署，推动各地认真履行可持续发展议程的要求，将其与高质量发展目标有机结合起来，不断探索创新促进经济－社会－环境可持续发展目标实现的途径和模式。

**关键词：** 可持续发展议程　绿色发展理念　生态环保政策　创新示范区

党的十九大报告指出①，要加快生态文明体制改革，建设"美丽中国"。这一重要方针表明中国将致力于建设人与自然和谐共生的现代化，推进绿色发展、着力解决突出环境问题、加大生态系统保护力度、改革生态环境监管体制。加快生态文明建设在统筹推进"五位一体"总体布局中占据重要地位，绿色发展是新发展理念中的重要内容之一，打好污染攻坚战是当前经济工作的重点之一。2019年政府工作报告强调②，今后将努力推动绿色发展，强化环境污染防治和生态环境保护，改革完善生态文明建设的体制机制，采用生态补偿、绿色金融、权利交易等系列环境经济政策措施，激发专业化环保企业等微观主体的发展活力，提升整个经济社会的绿色发展能力。这些重要表述表明中国高度重视落实可持续发展议程，为此做出不懈努力，以实际行动实现联合国2030年可持续发展目标。

## 一　中国落实联合国可持续发展议程的进展情况

2015年9月，联合国继联合国千年发展目标（2000～2015年）到期后，更新发布了《变革我们的世界——2030年可持续发展议程》，为2015

---

① 习近平在中国共产党第十九次全国代表大会上的报告，2017年10月28日，来源：人民网－人民日报。
② 李克强在第十三届全国人民代表大会第二次会议上的政府工作报告，2019年3月5日，中国政府网。

年后 15 年各国发展和国际发展合作指明了方向①。自此之后，全球可持续发展事业进入了一个新的阶段，可持续发展议程有了新的要求。世界各国瞄准联合国设定的 2030 可持续发展目标制定行动计划并努力推动早日落地。自联合国 2030 年可持续发展议程明确 17 项目标以来，中国就高度重视推动各项目标及分解子目标的落实工作，将其融入中国经济、社会和生态环境发展的理念、规划、政策及实践之中，同时加强对 2030 年可持续发展目标理念的普及和宣传，并且积极动员全社会力量参与落实工作。2016 年 4 月，中国制定出台了《落实 2030 年可持续发展议程中方立场文件》②，确定了落实 2030 可持续发展议程的总体原则、重点领域和优先方向，以及落实路径和实施的政策措施。2016 年 9 月，中国专门出台《中国落实 2030 年可持续发展议程国别方案》③，全面推动可持续发展议程的具体落实工作，致力于推进所设定各项可持续发展目标的尽早实现。作为后续行动，2017 年 8 月，中国发布了《中国落实 2030 年可持续发展议程进展报告》④，全面回顾了 2015 年 9 月以来中国全面落实可持续发展议程取得的进展和重要早期收获，并对下一步落实工作提出明确规划和任务目标。鉴于上述报告截至 2017 年 8 月（重点描述了 2016 年取得的进展情况），因而本文将重点描述 2017 年 9 月以后（重点是 2018 年）中国对 2030 可持续发展议程的落实情况。为简便起见，本文将中国的政策实践划分为经济、社会和环境三个方面加以概述。

---

① 中国外交部：《变革我们的世界：2030 年可持续发展议程》，2016 年 1 月，https：//www. fmprc. gov. cn/web/ziliao_ 674904/zt_ 674979/dnzt_ 674981/qtzt/2030kcxfzyc_ 686343/t1331382. shtml。

② 中国外交部：《落实 2030 年可持续发展议程中方立场文件》，2016 年 4 月，https：//www. fmprc. gov. cn/web/ziliao_ 674904/zt_ 674979/dnzt_ 674981/qtzt/2030kcxfzyc_ 686343/t1357699. shtml。

③ 中国外交部：《中国落实 2030 年可持续发展议程国别方案》，2016 年 9 月，https：//www. fmprc. gov. cn/web/ziliao_ 674904/zt_ 674979/dnzt_ 674981/qtzt/2030kcxfzyc_ 686343/P020170414688733850276. pdf。

④ 中国外交部：《中国落实 2030 年可持续发展议程进展报告》，2017 年 8 月，https：//www. fmprc. gov. cn/web/ziliao_ 674904/zt_ 674979/dnzt_ 674981/qtzt/2030kcxfzyc_ 686343/P020170824519122405333. pdf。

1. 经济领域可持续发展议程落实进展

2017 年以来，中国致力于推动经济高质量发展，保持经济长期向好健康发展。促进经济高质量发展意味着保持经济可持续增长和平稳的运行。为此，中国做了大量努力全面深化改革开放，涉及农业、工业、服务业及城乡发展等多个领域，既考虑到工业化发展和基础设施建设更新，也兼顾促进充分就业和完善收入分配制度，解决国内地区和城乡之间经济发展的不平衡问题。总体看，中国推动经济高质量发展的目标要求与联合国提出的实现长期、包容和可持续的增长，建设抗自然灾害风险的基础设施，促进创新驱动的可持续工业化以及缩小国际国内发展不平等三项子目标基本一致。

为了努力实现经济上可持续发展目标，中国不断推进全面深化改革开放，实施供给侧结构性改革，发挥市场在资源配置中的决定性作用，增强经济发展的持续性和韧性。同时，中国也做了大量确保效率兼顾公平的工作，在稳定经济运行方面取得了明显成效。换句话说，为了促进经济可持续发展和充分就业，中国不仅加快完善基础设施网络，增强经济发展的支撑能力和回旋余地，还实施就业优先的战略和更加积极的就业政策，把就业创业摆在宏观经济调控的优先位置，不断缩短城乡收入差距，培育壮大中等收入群体，增强经济发展的包容性和可持续性。

（1）经济运行平稳，结构调整加快。《2018 年国民经济和社会发展统计公报》[①] 显示，2018 年，中国国内生产总值（GDP）突破了 90 万亿元，保持 6.6% 的中高速增长。截至 2019 年第一季度，已经连续 17 个季度稳定运行在 6.4% ~7.0%（见图 1），反映了经济增长的自我稳定性和内在韧性。其中，最终消费对拉动经济增长的基础性作用得到了有效发挥，2018 年最终消费支出增长对经济增长的贡献率高达 76.2%。近年来，先进制造业和现代服务业对经济增长的支撑作用也很明显，两者不仅带动产业结构持续

---

① 国家统计局：《2018 年国民经济和社会发展统计公报》，http：//www. stats. gov. cn/tjsj/zxfb/ 201902/t20190228_ 1651265. html。

调整升级，而且有效地增强了经济增长的稳定性。2018 年，第三产业增加值占 GDP 比重达到了 52.2%；对经济增长的贡献率接近 60%，其中高技术制造业、装备制造业增加值保持较高增速，分别同比增长 11.7% 和8.1%，而且两者所占规模以上工业增加值比重持续扩大，分别达到了13.9% 和 32.9%。

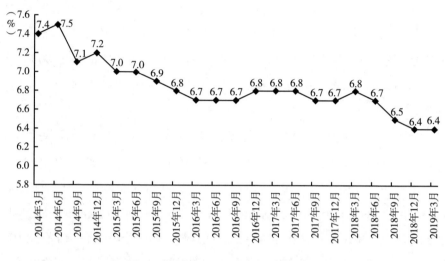

图 1　中国 GDP（不变价）当季同比

资料来源：国家统计局。

（2）供给侧结构性改革和创新驱动取得实效。供给侧结构性改革取得显著成效。《2018 年国民经济和社会发展统计公报》① 显示，2018 年，全国压减了钢铁产能 3000 万吨以上，退出煤炭产能 1.5 亿吨以上，工业产能利用率上升到 76.5%，工业企业的资产负债率维持在 56%~57% 窄幅区间，商品房库存（待售面积）同比下降了 11.0%。创新驱动发展动力稳步增强。2018 年，研究与试验发展（R&D）经费支出占 GDP 比重达2.18%（见图 2），受理专利申请量和专利授权量分别同比增长 16.9% 和

---

① 国家统计局：《2018 年国民经济和社会发展统计公报》，http：//www. stats. gov. cn/tjsj/zxfb/201902/t20190228_ 1651265. html。

33.3%，技术转让合同成交额达到了1.78万亿元。相应地，科技创新融资得到快速发展。2018年末，中国境内的高新技术企业数量超过18万家，科技型中小企业数量超过13万家。中国境内的社会资本风险投资保持较高速增长。2018年，全国共完成风险投资总额达到705亿美元，增速超过50%。2018年末，国家科技成果转化引导基金累计资金总规模超过300亿元。

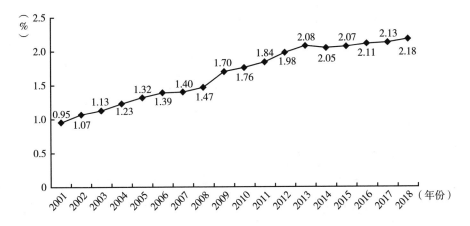

**图2 中国研究与试验发展（R&D）经费支出
相当于国内生产总值比例**

资料来源：国家统计局。

（3）就业总体稳定，创业更加活跃。全国就业规模总体保持稳定，城镇新增就业人数已连续6年超过1300万人，2018年达到1361万人，超额完成年初政府报告的预期目标。全国城镇调查失业率稳定在5%左右，也实现了低于政府报告设定的5.5%预期目标。深入推进"大众创业、万众创新"工作取得成效。《2018年国民经济和社会发展统计公报》① 显示，2018年，全国新登记企业达到670万户，日均新登记企业1.84万户，市场主体总量超过了1亿户。

---

① 国家统计局：《2018年国民经济和社会发展统计公报》，http://www.stats.gov.cn/tjsj/zxfb/
201902/t20190228_1651265.html。

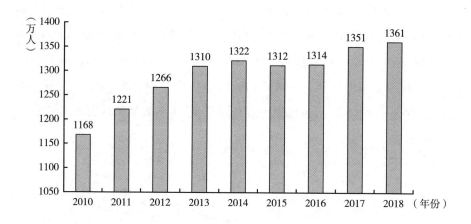

**图3　中国城镇新增就业人数**

资料来源：国家统计局。

（4）基础设施日臻完善发达。《2018年交通运输行业发展统计公报》①显示，铁路交通方面，2018年末，全国铁路营业里程超过13万公里，其中高铁营业里程接近3万公里，全国铁路路网密度达到136.9公里/万平方公里（见图4），呈现平稳增长态势。公路交通方面，全国公路总里程484.65万公里，公路密度为50.48公里/百平方公里，其中公路养护里程占到公路总里程的98.2%，四级及以上等级公路里程占到92.1%，高速公路里程有14.26万公里，公路交通发展质量得到不断提升。航运港口方面，内河航道通航里程12.71万公里，其中等级航道里程占到总里程的52.3%，三级及以上航道里程占到总里程的10.6%；全国拥有万吨级及以上泊位2444个，为中国货物畅通和内通外联提供了坚实支撑。民航设施方面，全国民用航空机场拥有235个，其中定期航班通航机场233个，定期航班通航城市230个，有效地支撑了城市之间的互联互通。通信业务方面，2018年，移动互联网用户接入流量接近翻两番，电信业

---

① 交通运输部：《2018年交通运输行业发展统计公报》，http://xxgk.mot.gov.cn/jigou/zhghs/201904/t20190412_3186720.html。

务总量呈现高增长，增速高达 137.9%，有效支撑互联网经济的快速发展。

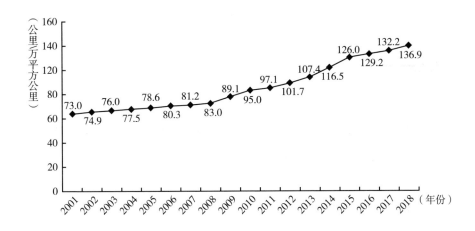

**图 4　中国铁路路网密度**

资料来源：国家统计局。

（5）两化融合深入推进。随着互联网由消费领域向生产领域、由虚拟经济向实体经济深度拓展，工业化和信息化融合应用纵深推进。全国各地纷纷都在推动互联网、大数据、人工智能等新一代信息技术与制造业深度融合。其中，电子信息制造发展较快，很好地反映两化融合发展的进程。工信部《2018 年电子信息制造业运行情况》显示①，2018 年，规模以上电子信息制造业增加值同比增长 13.1%，实现出口交货值同比增长 9.8%（分行业见表 1）。2018 年，工信部还推动建立了 50 家具有一定区域、行业影响力的工业互联网平台，初步形成了资源汇聚、协同发展、合作共赢的工业互联网平台体系；其中，重点平台平均设备连接数达到 60 万台，平均工业 App 数量突破 1500 个，注册用户数平均超过 50 万，有力地推动工业化和信息化的深度融合。

---

① 工信部：《2018 年电子信息制造业运行情况》，http://www.miit.gov.cn/n1146312/n1146904/n1648373/c6635637/content.html。

表1　2018年电子信息制造业增加值和出口交货值（分行业）

| 子行业类别 | 增加值增速(%) | 出口交货值增速(%) |
|---|---|---|
| 通信设备制造业 | 13.8 | 12.6 |
| 电子元件及电子专用材料制造业 | 13.2 | 14.0 |
| 电子器件制造业 | 14.5 | 7.0 |
| 计算机制造业 | 9.5 | 9.4 |

资料来源：工信部：《2018年电子信息制造业运行情况》。

（6）城乡一体化程度稳步提高。《2018年国民经济和社会发展统计公报》显示①，2018年，全国常住人口城镇化率接近60%（见图5），但户籍人口城镇化率仍不到43.5%，常住人口城镇化率增幅达到1.06个百分点，仍高于户籍人口城镇化率增幅0.04个百分点。这表明中国的城镇化仍以较高速度增长，但户籍制度改革仍需要加快进度。从收入分配角度看，2018年，全国居民人均可支配收入不到3万元，实际增长6.5%，略低于实际GDP增速。农村居民人均可支配收入实际增长6.6%，高于城镇居民人均可支配收入增速1个百分点。这表明城乡收入差距有所收窄，但农村居民收入比城镇居民收入有一定差距。2018年，全国居民恩格尔系数下降至28.4%，同比下降0.9个百分点，呈现持续下降的态势。国民基本医疗保险覆盖范围日益扩大。2018年末，参加基本医疗保险人数达到134452万人，增加16771万人，基本实现了城乡全覆盖。社会保障兜底工作做到应保尽保。2018年末，享受城市居民最低生活保障的人口超过1000万人，享受农村居民最低生活保障的人口高达3520万人，享受农村特困人员救助供养的人口也有455万人。

2. 社会可持续发展议程落实进展

中国采取强力措施致力于扶贫脱贫减贫事业，促进社会公平公正发展，着力解决制约人的全面发展的瓶颈问题。为实现2020年全面建成小康社会

---

① 国家统计局：《2018年国民经济和社会发展统计公报》，http：//www.stats.gov.cn/tjsj/zxfb/201902/t20190228_ 1651265. html。

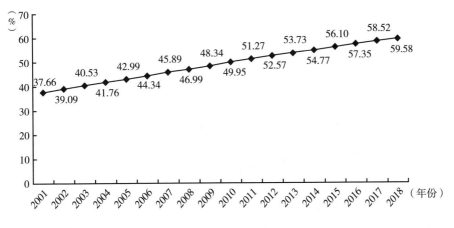

**图5 中国城镇化率（常住人口）**

资料来源：国家统计局。

的总体目标，中国政府积极落实联合国可持续发展减贫和保障民生相关目标，重点加大精准扶贫减贫力度，确保农业粮食安全，改善农民生活环境，倡导健康的生活方式，提供公平包容的优质教育，保障妇女儿童等重点群体合法权益。

（1）脱贫攻坚取得显著成效。《2018年国民经济和社会发展统计公报》显示①，2018年末，按照每人每年2300元（2010年不变价）的农村贫困标准计算，全国农村贫困人口只剩余了1660万人。自2011年以来，每年减少贫困人口都在1000万以上，再努力加把劲，预计再用1年时间就会完成剩余农村贫困人口的全部脱贫。全国贫困发生率已从2015年的5.7%下降至1.7%（见图6）。2018年精准扶贫工作取得重要进展，贫困地区农村居民人均可支配收入超过1万元，实际同比增长8.3%，高于全国平均水平；约280个贫困县实现了脱贫摘帽，280万人顺利完成了易地扶贫搬迁。

---

① 国家统计局：《2018年国民经济和社会发展统计公报》，http：//www.stats.gov.cn/tjsj/zxfb/201902/t20190228_1651265.html。

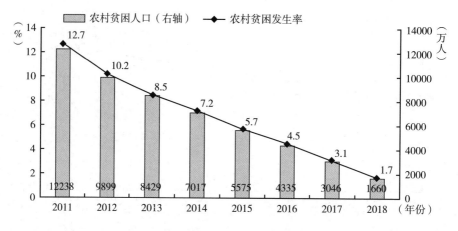

**图6　中国农村贫困人口和贫困发生率**

资料来源：国家统计局。

（2）确保粮食总体安全。粮食安天下安，粮价稳百价稳。近年来，中国政府采取多种政策举措，实施藏粮于地、藏粮于技的战略，确保粮食产量保持稳定和供应安全。目前看，中国粮食市场保持基本稳定，确保谷物基本自给、口粮绝对安全。国家统计局数据显示，2012年以来，全国粮食种植面积稳定在1亿公顷以上，总产量稳定在6亿吨以上（见图7），同期猪牛羊禽肉产量总体保持稳定，棉花、糖料、茶叶、水产品等产量稳步增长。中国粮食对外依赖度并不高，每年粮食进口量大约1亿多吨，仅占我国年消费量的1/6。其中，中国进口最多的农产品是大豆，2018年大豆进口数量达到8803万吨，较往年略有下降。

（3）医疗健康保障持续改善。《2018年国民经济和社会发展统计公报》显示①，2018年末，全国医疗卫生机构达到100万个，其中医院3.3万个，总体保持相对稳定；全国卫生技术人员达到950万人（见图8），呈现稳步增长态势。2018年，全年总诊疗人次84.2亿人次，相当于中国人均诊疗6次；其中资助4972万人参加基本医疗保险，医疗救助3825万人次，对重点

---

① 国家统计局：《2018年国民经济和社会发展统计公报》，http：//www.stats.gov.cn/tjsj/zxfb/201902/t20190228_ 1651265. html。

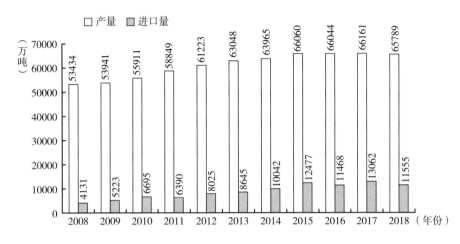

**图7　中国粮食产量和进口量**

资料来源：国家统计局。

群体的医疗服务得到较大的保障。而且，中国政府采取多种方式倡导健康生活方式，鼓励和引导广大群众开展和参与丰富多样的文体活动，增强全民体质和素质，大幅减少对医疗资源的各种浪费。

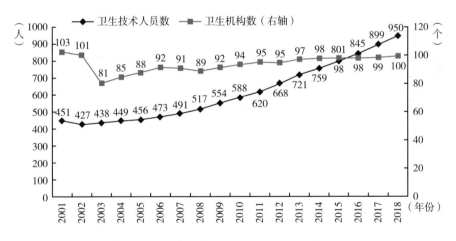

**图8　中国卫生技术人员数和卫生机构数**

资料来源：国家卫健委。

（4）教育均等化水平有所提升。教育部数据①显示，义务教育巩固率持续提高，中小学教育均等化程度进一步提升。2018 年，中国的九年义务教育巩固率提高至 94.2%，其中学龄儿童入学率首次达到 100%，初中阶段毛入学率达到 100.9%，而非义务教育的高中阶段毛入学率攀升至 88.8%，高等教育毛入学率达到 48.1%（见表 2）。近年来，中国更加重视学前教育，着力解决学龄前婴幼儿教育难教育贵的问题，推动普惠性学前教育较快发展。据教育部统计，2018 年，全国幼儿园数量达到 26.67 万所，其中普惠性幼儿园 18.29 万所，占比高达 68.57%。为减少优质教育过度集中，教育部还采取措施取消大班额，提升义务教育质量。2018 年末，全国义务教育阶段大班额占总班数比例只有 7.06%，而超大班额占比下降至 0.5%，如期将超大班额控制在 2% 以内，为 2020 年基本消除大班额（控制在 5% 以内）创造了有利条件。

**表 2  中国各阶段教育毛入学率情况**

| 年份 | 学龄儿童入学率 | 教育毛入学率：小学（按各地相应学龄计算） | 教育毛入学率：初中（12～14 周岁） | 教育毛入学率：高中（15～18 周岁），全口径 | 教育毛入学率：高等教育（19～22 周岁） |
|---|---|---|---|---|---|
| 2001 | 99.10 | 104.50 | 88.70 | 42.80 | 13.30 |
| 2002 | 98.60 | 107.50 | 90.00 | 42.80 | 15.00 |
| 2003 | 98.70 | 107.20 | 92.70 | 43.80 | 17.00 |
| 2004 | 98.90 | 106.60 | 94.10 | 48.10 | 19.00 |
| 2005 | 99.20 | 106.40 | 95.00 | 52.70 | 21.00 |
| 2006 | 99.30 | 106.30 | 97.00 | 59.80 | 22.00 |
| 2007 | 99.50 | 106.20 | 98.00 | 66.00 | 23.00 |
| 2008 | 99.50 | 105.70 | 98.50 | 74.00 | 23.30 |
| 2009 | 99.40 | 104.80 | 99.00 | 79.20 | 24.20 |
| 2010 | 99.70 | 104.60 | 100.10 | 82.50 | 26.50 |
| 2011 | 99.80 | 104.60 | 100.10 | 84.00 | 26.90 |

---

① 教育部：《2019 年教育新春系列发布会第四场：介绍 2018 年教育事业发展有关情况》，http://www.moe.gov.cn/fbh/live/2019/50340/。

| 年份 | 学龄儿童入学率 | 教育毛入学率：小学（按各地相应学龄计算） | 教育毛入学率：初中(12~14周岁) | 教育毛入学率：高中(15~18周岁)，全口径 | 教育毛入学率：高等教育(19~22周岁) |
|------|------|------|------|------|------|
| 2012 | 99.90 | 104.30 | 102.10 | 85.00 | 30.00 |
| 2013 | 99.70 | 104.40 | 104.10 | 86.00 | 34.50 |
| 2014 | 99.80 | 103.80 | 103.50 | 86.50 | 37.50 |
| 2015 | 99.90 | 103.50 | 104.00 | 87.00 | 40.00 |
| 2016 | 99.90 | 104.40 | 104.00 | 87.50 | 42.70 |
| 2017 | 99.90 | 104.80 | 103.50 | 88.30 | 45.70 |
| 2018 | 100.00 | 103.20 | 100.90 | 88.80 | 48.10 |

资料来源：教育部：《2019年教育新春系列发布会第四场：介绍2018年教育事业发展有关情况》。

（5）有效保护妇幼群体权益。近年来，全国儿童服务机构和床位数均呈现快速增长态势。《2018年国民经济和社会发展统计公报》数据显示[1]，2018年末，全国有儿童服务机构664个，儿童服务床位10.4万张，相当于每万名儿童4.4张服务床位。《中国妇幼健康事业发展报告（2019）》[2] 数据显示，全国孕产妇死亡率由1990年的每10万人88.8位下降至2018年每10万人18.3位，产前检查率由1996年的83.7%上升到2018年的96.6%，艾滋病母婴传播率从2005年干预前的34.8%下降到2018年的4.5%，住院分娩率从1996年的60.7%上升至2018年的99%以上。为了保障产妇权益，中国境内产妇服务机构快速发展。2018年末，全国拥有助产机构2.6万家，助产士18万人，产科医师近21万人。在增强妇幼保健服务的情况下，全国新生儿死亡率、婴儿死亡率和5岁以下儿童死亡率分别从1991年的33.1‰、50.2‰和61.0‰，下降至2018年的3.9‰、6.1‰和8.4‰，分别下降了88.2%、87.8%和86.2%，新生儿访视率从1996年的81.4%提高到2018

---

① 国家统计局：《2018年国民经济和社会发展统计公报》，http：//www.stats.gov.cn/tjsj/zxfb/201902/t20190228_1651265.html。

② 国家卫生健康委员会：《中国妇幼健康事业发展报告（2019）》，http：//www.nhc.gov.cn/fys/s7901/201905/bbd8e2134a7e47958c5c9ef032e1dfa2.shtml。

年的 93.7% 。全国 3 岁以下儿童系统管理率和 7 岁以下儿童健康管理率分别由 1996 年的 61.4% 和 62.7% 增加至 2018 年的 91.2% 和 92.7% 。此外，中国还制定出台政策措施，加快实施婴幼儿喂养策略，改善儿童营养状况，特别是加强母乳喂养宣传，在全社会提倡、促进和支持母乳喂养。上述报告显示，2013 年中国 5 岁以下儿童生长迟缓率为 8.1% ，与 1990 年的 33.1% 相比下降了 75.5% ；2017 年出生缺陷导致 5 岁以下儿童死亡率由 2007 年的 3.5‰降至 1.6‰。

3. 环境可持续发展议程落实进展

联合国可持续发展议程子目标中与生态环保相关的议题较多，既涉及饮用水资源和环境卫生管理、城市安全和社区管理、能源供应保障、清洁生产和低碳消费、应对气候变化及其影响等环境保护内容，还覆盖生态修复和生物多样性保护等生态保护内容，如可持续利用海洋和海洋资源及陆地生态系统、防止土地退化和荒漠化及保护生物多样性、完善责任分担机制和国际合作机制等。在生态环保领域，中国已采取各种办法做了大量工作，确保各项工作朝着可持续发展的既定的目标推进。中国现已出台的一些生态环保措施虽不能与 2030 可持续发展目标一一对应，但大致方向是一致的，同时中国也在不断地自我探索创新，并为落实可持续发展议程提供经验支持，而且中国在落实生态文明建设总体布局和践行绿色发展理念上是不遗余力的。

（1）生态环境质量持续改善。近年来，中国各地区各部门秉承"绿水青山就是金山银山"理念，深入推进打赢蓝天保卫战三年行动计划以及水、土壤污染防治行动，加大生态保护和环境治理等领域的公共投资，由此带动社会资本投入，生态环境保护取得显著成效。《2018 年中国生态环境状况公报》① 显示，2018 年，全国有 338 个地级及以上城市空气质量优良天数比例接近 80% ，完成植树造林面积超过 700 万公顷，水土流失治理面积增加了 5.4 万平方公里，湿地面积占国土面积的比重由 2003 年的 4.01% 攀升至

---

① 生态环境部：《2018 年中国生态环境状况公报》，http：//www.mee.gov.cn/hjzl/zghjzkgb/lnzghjzkgb/201905/P020190529498836519607.pdf。

2018年的5.60%，森林覆盖率由2003年的118.21%攀升至2018年的21.63%。近岸海域污染治理取得重要进展。2018年，在417个海水水质监测点中，近岸海域海水水质符合国家一、二类海水水质标准的接近75%。海洋和陆地生物系统修复保护也取得显著成效。2018年末，全国国家级自然保护区增加至474个，列入国家重点保护野生动植物名录的珍稀濒危陆生野生动物和珍贵濒危植物分别为406种和246种。

（2）节能减排工作取得新进展。近年来，中国持续推进先进节能环保技术应用，持续提升资源利用效率，推动节能减排工作稳步取得进展。《2018年国民经济和社会发展统计公报》显示[①]，2018年，煤炭消费量占比已下降至59.0%；天然气、水电、太阳能发电、核电、风电等清洁能源消费量占比攀升至22.1%；万元国内生产总值（2015年不变价）能耗同比下降3.1%，其中吨钢综合能耗同比下降3.3%，每千瓦时火力发电标准煤耗同比下降0.7%；万元国内生产总值二氧化碳排放量同比下降4.0%（比2005年下降了45.8%）；万元工业增加值用水量同比下降5.2%。

（3）可持续生产和消费取得成效。2018年，中国继续推进去产能任务，稳妥推进北方地区"煤改气""煤改电"，提前完成粗钢、煤炭等行业去产能目标年度任务。同时，中国积极倡导低碳消费和实施垃圾分类管理，促进居民生活环境高质量发展。《2018年中国生态环境状况公报》[②] 显示，2018年末，中国城市污水处理能力达到每天1.67亿立方米，年累计处理污水量达到519亿立方米，分别能削减化学需氧量和氨氮1241万吨和119万吨。同期，生活垃圾分类及无害化处理工作得到强力推进。上海、北京、深圳等大城市率先启动生活垃圾分类工作。2018年，全国城市生活垃圾无害化处理能力为每天72万吨，无害化处理率高达98.2%。通过实施乡村振兴战略改善乡村人居环境，突出农村生活垃圾分类和废弃物资源回收利用，其中

---

① 国家统计局：《2018年国民经济和社会发展统计公报》，http：//www.stats.gov.cn/tjsj/zxfb/201902/t20190228_1651265.html。

② 生态环境部：《2018年中国生态环境状况公报》，http：//www.mee.gov.cn/hjzl/zghjzkgb/lnzghjzkgb/201905/P020190529498836519607.pdf。

在100个农村生活垃圾分类和资源化利用示范县（市、区）中，已有75%的乡镇和58%的行政村启动了生活垃圾分类工作。

（4）生态环保体制机制逐步完善。自2018年以来，中国把绿色发展、生态文明和建设"美丽中国"写入《宪法》，全面加强生态环境保护依法推动打好污染防治攻坚战。为此，国务院印发实施《打赢蓝天保卫战三年行动计划》，出台了《关于进一步强化生态环境保护监管执法的意见》《关于生态环境领域进一步深化"放管服"改革，推动经济高质量发展的指导意见》《中央生态环境保护督察工作规定》等系列政策文件，同时还修订产业结构调整指导目录，发布产业发展与转移指导目录，深化国家公园体制改革，以及健全生态补偿机制等，通过制度建设，有力地确保生态保护和节能减排落到实处。

（5）国际环保合作不断深化。在联合国可持续发展议程下，中国积极推进生态环保领域的国际合作，包括启动"一带一路"沿线国家10个低碳示范园区建设、100个减缓和适应气候变化项目、1000个应对气候变化培训名额的合作等，并与80多个国家开展太阳能、风能、水电、生物质能以及核能等清洁能源领域合作，并支持对外投资企业按照东道国的要求开展环评或生物多样性调查等工作。

## 二　中国推进可持续发展议程的重要政策举措

近年来，中国政府提出加快生态文明建设，坚持新发展理念，坚持推动高质量发展，这与联合国2030可持续发展目标比较一致。特别是可持续发展议程与中国生态文明建设的目标和内容都高度契合[1]。在政府主导框架下，中国采取了一系列体制机制创新和国际合作机制，促进可持续发展议程的落实[2]，推动人与自然和谐发展的现代化进程。

---

[1]　陈迎：《可持续发展：中国改革开放40年的历程与启示》，《人民论坛·学术前沿》2018年第20期，第58~64页。

[2]　关婷、薛澜：《世界各国是如何执行全球可持续发展目标（SDGs）的?》，《中国人口·资源与环境》，2019年第1期，第11~20页。

1. 促进经济可持续发展的政策举措

自 2018 年以来，中国又继续出台系列政策措施，短期与长期相结合，继续打好防范化解重大风险、精准脱贫、污染防治攻坚战，保证经济持续健康发展和社会大局长期稳定。

（1）强化逆周期调节的经济调控政策。为确保经济可持续增长，防止大起大落的经济波动，政府致力于保持宏观经济政策稳定连续，通过实施更加积极的财政政策和稳健偏松的货币政策，稳住经济增长的底线和宏观经济运行的基本盘。财政政策方面，2018 年减税降费 1.3 万亿元，2019 年再次减税降费近 2 万亿元，再次下调增值税税率 3 个百分点，实施小微企业 2000 亿元减税降费政策，下调城镇职工基本养老保险单位缴费比例至 16%，落实好新修订的《个人所得税法》，力促大规模减税降费落到实处，进一步扩大财政赤字，将赤字率由 2018 年的 2.6% 提高至 2019 年的 2.8%，视情况还有提高到 3% 的可能。货币政策方面，中国政府努力采取相机操作的数量和价格工具，保持货币流动性合理充裕，引导金融机构服务实体经济发展，如先后 6 次降低存款准备金率，释放约 5 万亿元资金，大幅缓解民营和小微企业资金紧张状况，使其融资成本上升势头得到初步遏制。

（2）实施稳投资和促消费政策措施。为了稳定国内有效需求，中国出台了扩大有效投资和稳定消费增长的系列政策措施。稳投资方面，2018 年以来，中国已加快实施一批交通基础设施等重点工程，包括密集批复了多个轨道交通建设规划和高铁建设项目，投资总额超过 9300 亿元，同时还增加对城际交通网络、物流枢纽设施、市政综合管廊、灾害防治系统、水利水运设施等的投资力度，吸引带动更多民间资本参与。促消费方面，自 2018 年以来，中国多措并举扩大重点领域消费，包括推动老旧汽车报废更新，继续执行新能源汽车购置政策，加快推进第五代移动通信（5G）技术商用，推进老旧小区和老年家庭适老化改造，实施扶持养老照护服务、婴幼儿照护服务的政策措施，支持电商快递和优质产品下乡等。

（3）持续深化改革开放的政策举措。深化供给侧结构性改革，激发微观主体活力，释放实体经济潜力，畅通国民经济循环。在加大政府机构简政放权、放管结合、优化服务（"放管服"）改革的基础上，深化科技管理体制改革，推进"卡脖子"技术攻关，提前布局一批重大科技基础设施、科技创新中心和重点实验室，制定支持双创深入发展的政策措施；加快推进油气、电信、铁路、航天航空、军工等关键性重点领域改革，深化国资国企改革和国有企业优化重组；推进财税体制改革，全面启动预算绩效管理改革、金融监管体制改革，完善利率、汇率市场化形成机制；全方位扩大对外开放，制定"外商投资法"，全面实行准入前国民待遇加负面清单制度，不断提升营商环境国际排名，召开"一带一路"国际合作高峰论坛，举办中国国际进口博览会，启动建设上海自贸区新片区和海南自由贸易港。

（4）及时出台就业优先的政策措施。为降低外部经贸摩擦给国内就业带来的冲击，中国政府及时出台了"稳就业"的系列政策举措，包括对稳定招工用工企业减免税费，实施职业技能提升，拿出1000亿元开展技能提升培训，鼓励更多应届高中毕业生和退役军人、下岗职工、农民工等重点群体报考高职院校（扩招100万人），支持企业和社会力量兴办职业教育，提高奖助学金覆盖面和补助标准，确保城镇新增就业仍保持在1100万人以上，并争取更好地实现充分就业目标。

2. 促进社会可持续发展的政策举措

2020年全面建成小康社会是中国近期最为重要的目标。为此，近年来，中国采取了一系列有力措施实施扶贫减贫脱贫行动计划，着力解决农村农民农业的不平衡发展问题，推动农业现代化和确保粮食安全，推进公共服务领域补短板、强弱项，实施"健康中国"战略，保护妇幼儿童权益和促进妇幼健康，提供公平优质的教育，改善城乡人居环境，维持社会大局稳定。

（1）制订并有序实施扶贫攻坚战行动计划。为实现全面建成小康社会目标，中国政府实施精准脱贫攻坚战，增加转移支付，鼓励社会进行互助帮扶，稳步提高贫困地区"造血"机能；聚焦深度贫困地区和特殊贫困群体，重点实现"两不愁三保障"①；统筹衔接脱贫攻坚战与实施乡村振兴战略，

---

① "两不愁"即不愁吃、不愁穿，"三保障"即义务教育、基本医疗、住房安全。

改善贫困地区基础设施，落实社会保障的"兜底"功能，确保如期达成全面建成小康社会目标。

（2）确保粮食安全和农业可持续发展。国家积极出台系列支农政策措施，稳定种植面积和粮食产量，加快育种、嫁接等农业新技术应用，加强地理标志农产品保护和标准建设，支持家庭农场、农民合作社等新型经营主体发展壮大，引导资本下乡，支持城市返乡人员扎根农村开展创业。根据《食品安全法》规定，国家卫生健康委等部门出台系列政策措施，进一步加强食品安全及地方食品标准管理工作。

（3）全面推进"健康中国"战略实施。近年来，中国全力推进"健康中国"战略实施，制定关于实施健康中国行动的意见、健康中国行动（2019～2030年）、健康中国行动组织实施和考核方案。医疗改革方面，进一步深化医疗、医保、医药"三医"联动改革，推进分级诊疗、现代医院管理、全民医疗保障、药品供应保障、综合监管五项制度建设以及统筹推进相关领域改革。以医联体建设、整合型医疗服务体系、远程医疗、家庭医生签约服务为抓手，整合医疗卫生资源，促进优质医疗资源共享。医药分离方面，巩固破除以药补医改革成果取得明显成效，积极探索医保支付方式和药品制度改革，探索开展按病种分值付费，实行进口抗癌药零关税，发布有关鼓励仿制的药品目录清单。医院管理方面，建立现代医院管理制度和中国特色医疗保险制度，完善医疗卫生行业综合监管制度和医师区域注册制度，鼓励医师多点执业，不断提升基层医疗服务能力[①]。社区医疗服务方面，国家卫生健康委组织制定了《社区医院基本标准（试行）》、《社区医院医疗质量安全核心制度要点（试行）》以及《国家三级公立医院绩效考核操作手册（2019版）》。社会办医方面，中国还出台制定了《关于促进社会办医持续健康规范发展的意见》，做好医养结合机构审批登记工作，引导社会力量提供增量医疗服务，满足人民群众多层次、多样化健康服务需求。

---

① 国家卫生健康委员会2018年12月26日新闻发布会文字实录，http://www.nhc.gov.cn/xcs/s7847/201812/ea5d9c78003e4fad89373057d35d43aa.shtml。

（4）提供全覆盖优质教育。早在2016年，国务院印发的《关于统筹推进县域内城乡教育一体化改革发展的若干意见》就提出，以消除大班额为突破口，推进县域内城乡义务教育一体化改革发展，解决"城镇挤"突出矛盾的重要任务。近些年，教育部还出台了《关于深化教育教学改革全面提高义务教育质量的意见》，实施义务教育质量提升工程，重点提升乡村教育质量。制定出台《普通高等学校本科专业类教学质量国家标准》，推进信息技术与教育教学深度融合，分批认定公布1291门国家精品在线开放课程。制定发布《关于加快建设高水平本科教育全面提高人才培养能力的意见》和"六卓越一拔尖"计划2.0。实施乡村教师的特岗计划，推进师范生公费教育，抓好支教讲学，启动实施援藏援疆万名教师支教计划、三边地区人才支持计划教师专项和银龄讲学计划。加大中央财政支持力度，改善和提升乡村教师待遇，抓好交流轮岗，促进城乡教师资源均衡配置，统一城乡中小学教师编制配备标准。实施国培计划，提升教师队伍素质；修订完善民办教育促进法实施条例等①。

（5）改善城乡人居环境。为了提升城乡生活环境质量，中国政府积极推进"厕所革命"、垃圾分类、污水治理等改善城乡人居环境的重要举措，加大力度推进城镇棚户区改造和农村危房改造，推进旧城改造和综合管廊建设，完善市政公共配套设施，支持老旧小区加装电梯和无障碍环境建设，健全便利店、体育场、停车场等生活服务设施；加快实施农村饮水安全巩固提升工程，完成新一轮农村电网、路网和互联网基础设施的升级改造。

（6）出台妇婴保健保护管理条例。近年来，中国把妇女和儿童健康纳入了党和国家重要政策和规划，在《中国妇女发展纲要》《中国儿童发展纲要》等重要文件中提出明确的目标要求和政策措施，将妇幼健康核心指标和重点政策措施纳入各级政府目标考核。国务院还制定出台《母婴保健法实施办法》《计划生育技术服务管理条例》《女职工劳动保护特别规定》等法规及其实施细则等政策措施。中国还建立和完善妇幼健康相关规范和标

---

① 教育部：《2019年教育新春系列发布会第四场：介绍2018年教育事业发展有关情况》，http：//www.moe.gov.cn/fbh/live/2019/50340/。

准，在全国推行母婴安全五项制度，即妊娠风险筛查与评估、高危孕产妇专案管理、危急重症救治、孕产妇死亡个案报告和约谈通报制度。另外，各地政府及相关单位还推进妇幼健康信息化建设，持续推进信息互联共享，实施健康扶贫工程等。

3. 确保环境可持续发展的政策举措

党的十八大以来，生态文明建设上升为国家战略，成为关系民族存亡的千年大计。近两年，中国政府更是把防范环境污染作为经济工作中攻克的主要困难之一。为此，中国采取了更严格的环保和督查制度，推动绿色发展和生态文明建设。

（1）巩固污染防治攻坚成果。中国印发了《关于全面加强生态环境保护 坚决打好污染防治攻坚战的意见》，明确工作的路线图、任务书、时间表。大气治理方面，全国人大常委会组织开展大气污染防治法执法检查，听取和审议大气污染防治法执法检查报告；强化区域联防联控，建立京津冀及周边地区、汾渭平原、长三角等地区大气污染防治协作机制；出台《柴油货车污染治理攻坚战行动计划》，制定发布重型柴油车国六标准。水污染治理方面，出台《中央财政促进长江经济带生态保护修复奖励政策实施方案》，印发《长江流域水环境质量监测预警办法（试行）》，发布城市黑臭水体治理、农业农村污染治理、水源地保护等实施方案。土壤污染治理方面，出台《工矿用地土壤环境管理办法（试行）》《土壤环境质量 建设用地土壤污染风险管控标准（试行）》，完成31个省份和新疆生产建设兵团农用地土壤污染状况详查，开展耕地土壤环境质量类别划分试点和全国污染地块土壤环境管理信息系统应用，建成全国土壤环境信息管理平台。城市固废及生活垃圾处理方面，印发《"无废城市"建设试点工作方案》，推进生活垃圾分类处置和非正规垃圾堆放点整治，出台禁止洋垃圾进口工作方案，促进减量化、资源化、无害化；推进垃圾焚烧发电行业达标排放，强化燃煤发电、钢铁冶金等重污染行业达标排放改造。

（2）完善生态环保政策体系。近年来，中国更加重视生态环境保护。生态保护修复方面，启动生态保护红线勘界定标试点，推动国家生态保护红线监管平台建设；整体推进大规模国土绿化行动，推进第三批山水林田湖草生态保护修复工程试点工作。环保督查执法方面，出台《关于进一步强化生态环境保护监管执法的意见》等文件，强化生态环保督察，进一步压实地方党委和政府及有关部门生态环境保护责任，提高对生态环保的重视程度和推进力度。促进绿色发展方面，调整优化能源结构，推进煤炭清洁化利用，制定市场化环保政策，如支持开展排污权和碳排放交易，发展绿色金融引导企业进行清洁生产。

（3）健全生态环保的决策和执行体制机制。为确保有法可依，中国积极修订完善《大气污染防治法》《野生动物保护法》等十几部法律法规，如全国人大常委会通过《关于修改〈中华人民共和国劳动法〉等七部法律的决定》，其中修改了环境影响评价法，取消"建设项目环境影响评价技术服务机构资质认定"行政许可事项。为强化环境执法，中国还推动设置京津冀及周边地区大气环境管理局和流域海域生态环境监管机构，健全区域流域海域生态环境管理体制。此外，中国还印发了《关于深化生态环境保护综合行政执法改革的指导意见》，整合执法职责和队伍，实行省级以下生态环境机构监测监察执法垂直管理。为落实环保责任，中国制定并落实《生态环境损害赔偿制度改革方案》和推行领导干部自然资源资产离任审计。为促成国民行动，中国还制定《公民生态环境行为规范（试行）》，开展"美丽中国，我是行动者"主题实践活动，制定《环境影响评价公众参与办法》，鼓励和规范公众参与环境影响评价。

## 三 落实可持续发展议程的地方示范实践

2016 年 12 月，国务院发布了《中国落实 2030 年可持续发展议程创新示范区建设方案》①，明确部署创新示范区建设原则和思路，要求按照"创

---

① 《首批国家可持续发展议程创新示范区建设启动》，http：//www.gov.cn/xinwen/2018 - 03/24/content_ 5276996. htm。

新理念、问题导向、多元参与、开放共享"的原则，推动科技创新与社会发展深度融合发展，探索提供创新驱动的可持续发展解决方案。2017 年 7 月 23 日，科技部与联合国开发计划署（UNDP）签署关于建设国家可持续发展议程创新示范区的合作意向书①，决定围绕中国落实 2030 年可持续发展议程创新示范区的建设开展合作，其中包括在 17 个可持续发展目标以及开发计划署的工作领域，支持地方层面实施；总结创新示范区建设的最佳实践、成功经验。为推进国家可持续发展议程创新示范区建设，2018 年 2 月 13 日，国务院确定了山西省太原市、广西壮族自治区桂林市、广东省深圳市为第一批；2019 年 5 月 14 日，国务院又选定了湖南省郴州市、云南省临沧市、河北省承德市为第二批。选择的两批示范区充分体现了全国东中西不同地域布局的代表性，反映了可持续发展不同阶段和面临的不同类型问题的典型性。以下分别对上述六个国家批复创新示范城市实践情况进行简要描述。

1. 山西省太原市

（1）示范要求。按照国务院批复要求②，山西太原市可持续发展的重点是在资源型城市转型升级背景下解决水污染与大气污染等问题。基于此，太原市建设创新示范区的重要领域侧重于加强水资源节约和革新节能减排方式，主要涉及城市污水处理和水体治理、清洁能源利用和建筑节能发展等诸多方面。

（2）主要做法。作为资源型城市，太原市面临着转型发展困难、生态环境恶化、创新动力不足等严峻挑战，有必要学习借鉴其他资源型城市转型发展的先进经验，系统解决大气和水环境污染治理的突出问题。基于此，太原市在着力推动供给侧结构性改革的同时，主动探索资源型城市发展中面临的资源耗竭和生态环境恶化挑战。具体做法有：一是强化环保标准，淘汰落

---

① 科技部：《科技部与联合国开发计划署签署关于建设国家可持续发展议程创新示范区的合作意向书》，http：//www. gov. cn/xinwen/2017 – 08/28/content_ 5220983. htm。

② 国务院：《国务院关于同意太原市建设国家可持续发展议程创新示范区的批复》，http：//www. gov. cn/zhengce/content/2018 – 02/24/content_ 5268404. htm。

后产能。对高耗能、强排放的煤焦冶电等传统产业实施技术改造，对所有燃煤电厂进行超低排放改造，推进全覆盖集中供热，实施"煤改电""煤改气"，淘汰黄标车和老旧低标燃油车，支持把公交、出租、共享等车辆改为纯电动汽车。二是加强污染治理，实施生态修复。重点推进水、大气环境污染治理，强化污染排放标准，推广"标准化＋可持续"的"太原模式"（已在全球绿色目标伙伴 2030 峰会等国际平台宣介"太原经验"），持续推进矿山等山体绿化，全面实施市区道路、建筑工地和裸露地面绿化工作，全面开展汾河、晋阳湖等河流湖泊的综合整治，着力破解产业、能源、运输、用地和地下等结构性污染问题①。三是培育发展环境友好型的新兴产业。太原市重点支持发展信息技术、装备制造等战略性新兴产业，积极培育会展会议、金融服务、现代物流、商业综合体等现代服务业，在优化产业结构的同时，加快传统产业转型升级，降低传统产业对能源资源消耗的依赖，提升生态环境承载力。

（3）实践成效。太原市 2019 年政府工作报告②提供数据显示，一是空气污染治理初步见效。2018 年，太原市区空气质量综合指数下降 9.2%，PM2.5 浓度下降 10.6%。二是水体修复得到改善。太原市建成区基本消除黑臭水体，2018 年地表水优良断面率达 55.56%。三是生态绿化率稳步增加。2018 年，太原市完成植树造林 43.7 万亩，建成区绿化率、绿地率、人均公园绿地面积分别增加 1.4 个百分点、1.35 个百分点和 1.88 平方米。四是战略性新兴产业快速增长。2018 年，太原市加快发展战略性新兴产业，增加值同比增长 16.6%。

2. 广西壮族自治区桂林市

（1）示范要求。按照国务院的批复③，广西桂林市可持续发展的重点是

---

① 《新闻办就国家可持续发展议程创新示范区建设情况举行发布会》，http：//www. gov. cn/
xinwen/2018－03/23/content_ 5276861. htm#allContent。

② 李晓波，政府工作报告——2019 年 2 月 24 日在太原市第十四届人民代表大会第四次会议
上，http：//www. taiyuan. gov. cn/doc/2019/03/04/808830. shtml。

③ 国务院：《国务院关于同意桂林市建设国家可持续发展议程创新示范区的批复》，http：//
www. gov. cn/zhengce/content/2018－02/24/content_ 5268410. htm。

优化利用自然景观资源,聚焦喀斯特石漠化地区生态修复和环境保护等问题。基于此,桂林市建设创新示范的主要领域在于以生态资源为本底开展景观资源治理,重点在保育景观资源的基础上,积极发展生态旅游、生态农业、文化康养等环境友好型产业,减少对生态脆弱地区自然景观的人为破坏。

(2)主要做法。广西壮族自治区桂林市是国际旅游名城、生态山水名城,也是国家首批历史文化名城,自然生态本底较好,生态文化旅游融合发展特色突出,但与东部沿海城市相比仍是西部后发展欠发达地区,保护与发展的任务仍然十分繁重。基于此,桂林市主动探索景观、环境、产业融合发展新模式,着力解决中西部地区多民族、生态脆弱地区保护与发展协调发展的难题。一是努力打造国际旅游胜地和健康旅游示范基地。近年来,广西壮族自治区出台《以世界一流为发展目标打造桂林国际旅游胜地的实施意见》《桂林漓江生态保护和修复提升工程方案》等政策文件,支持桂林建设国际旅游胜地、国家健康旅游示范基地和国家可持续发展议程创新示范区。二是制订可持续发展规划及实施方案。桂林市制定实施了《桂林市可持续发展规划(2017~2030年)》和《桂林市国家可持续发展议程创新示范区建设方案(2017~2020年)》,明确了时间表和路线图,同时还重点实施了大气、水、土壤污染防治攻坚三年计划,呼吁动员全市人民参与建设国家可持续发展议程创新示范区。

(3)实践成效。2019年桂林市政府工作报告[①]提供数据显示,一是生态环境质量有所改善。2018年桂林市区空气质量优良天数有324天,细颗粒物(PM2.5)平均浓度值同比下降13.6%,森林覆盖率达到71.2%,其中恭城获全国首个气候宜居县。二是城乡卫生质量大幅提升。2018年城市污水集中处理率近100%,主要河流考核断面水质达标率100%;完成农村改厨改厕14.7万户,建成31个传统村落保护发展示范村。三是现代旅游发展较快。2018年桂林市连续入选春节、端午、国庆等节假日10大国内热门

---

① 秦春成,政府工作报告——2019年1月12日在桂林市第五届人民代表大会第四次会议上,http://www.guilin.gov.cn/ndgb/zfgzbg/201901/t20190115_1083282.htm.

旅游目的地，全年接待游客突破 1 亿人次，旅游总消费超 1300 亿元，乡村旅游接待游客 3200 万人次。

3. 广东省深圳市

（1）示范要求。按照国务院批复要求[①]，深圳市可持续发展的重点是超大型城市综合治理，重点解决超大城市资源环境承载力和社会治理支撑力相对不足等问题。有鉴于此，深圳市将探索通过创新引领解决超大型城市的生态环保和社会治理领域的短板问题。深圳市建设创新示范区的侧重点是城市污水处理、垃圾分类回收再利用、生态修复和社会治理等多方面。

（2）主要做法。改革开放 40 年以来，深圳创造了世界工业化、城市化、现代化发展史上的奇迹，而城市快速发展的同时也带来了资源空间局限、环境污染、交通拥堵、发展不平衡等"大城市病"问题。基于此，深圳市发挥先发优势，采取强有力的措施，通过创新破解大城市发展难题。一是完善城市污水综合管廊建设，实施雨污分流改造，加强黑臭水体综合治理，根本上解决城市水资源清洁循环利用问题。二是推进城市固废综合利用。实施生活垃圾强制分类，做到厨余垃圾分类全覆盖。三是全面提升空气质量。实施"深圳蓝"可持续计划，落实工地扬尘治理 7 个 100% 等减排、控烟新举措，试行推广国 VI 标准车用燃油，推行出租车纯电动化。四是加强城市综合安全治理。全面整治道路交通、建筑施工、地下管网、水涝火灾、电动单车违规行驶等突出安全隐患。五是完善社区治理机制。出台完善社区治理实施方案，整合基层执法、管理、服务等人员队伍，推进专业社工管理体制改革，全面建设社区信息化平台。

（3）实践成效。深圳市 2019 年政府工作报告[②]提供数据显示，一是新扩建城市污水处理管网设施。2018 年，深圳市新建污水管网 2855 公里，完成 7146 个小区雨污分流改造。二是大气、水和生活垃圾治理取得显著成效。

---

① 国务院：《国务院关于同意深圳市建设国家可持续发展议程创新示范区的批复》，http：//www. gov. cn/zhengce/content/2018－02/24/content_ 5268412. htm。
② 陈如桂：《政府工作报告——2019 年 1 月 18 日在深圳市第六届人民代表大会第七次会议上》，http：//www. sz. gov. cn/zfgb/2019/gb1091/201903/t20190313_ 16683064. htm。

2018 年，深圳市在全国 169 个重点城市空气质量位居前十（第六位），PM2.5 平均浓度降至 26 微克/立方米；90% 的黑臭水体得到治理、基本实现不黑不臭；生活垃圾回收利用率攀升至 30% 以上。三是社会治理取得新进展。2018 年，深圳市重点交通事故起数同比下降13% 、火灾起数同比下降26.7% ；城中村视频门禁系统新安装了 3 万余套，大幅提升了住宅小区和城中村管理服务智能化水平。四是体制机制改革走在全国前列。深圳市不断推进营商环境改革，如实施工程建设项目审批 "深圳 90" 改革，将市政线性项目审批时间控制在 90 个工作日以内。

4. 湖南省郴州市

（1）示范要求。按照国务院批复要求①，湖南郴州市可持续发展的重点是提高水资源集约利用率和解决重金属污染问题。基于此，郴州市创新示范的关键点是提升水资源污染治理水平和实施重金属污染修复与治理，对水污染源和重金属污染源从源头进行综合治理，建设节水型社会和节水型城市。

（2）主要做法。郴州市是全球有名的有色金属之乡，钨和铋全球储量第一，钼和石墨全国储量第一，锡和锌储量位居全国第三和第四，白银产量约占全国的1/3；持续的资源开发采掘已让水、土壤等受到污染，成为郴州亟待解决的突出问题。有鉴于此，一是制定出台了《郴州市污染防治攻坚战三年行动计划（2018～2020 年）》②，明确了在大气、水、土壤等污染治理的目标和途径。二是加强生态水源地保护治理。郴州市落实最严格的水资源管理制度，强化饮用水水源地保护，实现市级水功能区和入河排污口水质监测全覆盖；深入推进流域综合治理，重点加强长江岸线开展入河排污口整改提升，系统实施湘江流域（郴州段）生态保护修复工程，推进饮用水水源地专项整治、化工污染专项整治、固体废物排查整改，加快退矿复绿和黑

---

① 国务院：《国务院关于同意郴州市建设国家可持续发展议程创新示范区的批复》，http://www. gov. cn/zhengce/content/2019 – 05/14/content_ 5391457. htm。

② 《郴州市人民政府关于印发〈郴州市污染防治攻坚战三年行动计划（2018～2020 年）〉》（郴政发〔2018〕18 号）的通知，http://www.czs. gov. cn/html/zwgk/hgjj/gzjh/content_ 2878439. html。

臭水体综合治理。三是推进土壤污染综合防治和修复。编制实施土壤污染治理与修复实施方案，建立健全全市污染地块信息库，抓好绿色矿业发展示范区先行区建设，从源头加强重金属污染风险管控。

（3）实践成效。郴州市 2019 年政府工作报告[①]显示，一是水生态文明建设取得积极进展。2018 年郴州水资源管理纳入湖南省生态文明改革创新示范的典型案例，主要水源地 6 个国控考核断面持续稳定达标，38 个省控断面达标率为 97.4%。二是重金属污染治理取得一定成效。2018 年，郴州市实施完成了 123 项土壤重金属污染防治项目。三是生态环境质量有所改善。2018 年郴州市完成植树造林和封山育林分别为 26.63 万亩和 30.23 万亩，确保森林覆盖率始终保持在 67.74% 以上。

5. 云南省临沧市

（1）示范要求。按照国务院的批复要求[②]，云南临沧市可持续发展的重点是探索边疆多民族欠发达地区的可持续发展。针对特色资源转化能力弱等瓶颈问题，临沧市创新示范的重点是结合脱贫攻坚、边境经济开发和民族文化保护传承等内容，加快推进农林等特色资源高效利用，培育壮大发展与保护并重的绿色产业。

（2）主要做法。云南临沧市因濒临澜沧江而得名，辖区内有 3 个少数民族自治县、23 个少数民族，扶贫脱贫难度较大。为了建设国家可持续发展议程创新示范区，临沧市重点在扶贫减贫、边境乡村振兴和特色资源开发等方面进行了积极探索。一是努力打赢精准脱贫攻坚战。临沧市着力解决"两不愁、三保障"问题，加大科技扶贫、产业扶贫力度，开展"挂包帮"定点扶贫和结对帮扶，加快实施"直过民族"脱贫攻坚计划，在全省推广"以茶为媒·精准扶贫"——"10·17"扶贫茶助推脱贫攻坚的做法，推动贫困县早日脱贫摘帽。二是实施边境乡村振兴战略。开展示范村规划试点，

---

① 刘志仁，政府工作报告——2019 年 1 月 8 日在郴州市第五届人民代表大会第三次会议上，http://www.czs.gov.cn/html/uploadfiles/201902/20190222104749899.doc。

② 国务院：《国务院关于同意临沧市建设国家可持续发展议程创新示范区的批复》，http://www.gov.cn/zhengce/content/2019 - 05/14/content_ 5391459.htm。

启动"万名干部规划家乡行动",加快发展"茶、果、糖、菜"及中药材等特色产业,举办特色商品展销会,发展边民互市项目,推进中缅边境经济合作区、双边同步建设清水河口岸等建设。此外,临沧市还主动学习借鉴浙江"千村示范万村整治工程"经验,实施村容村貌提升改造,补齐农村人居环境短板。三是加强特色资源开发。临沧市严格执行《临沧市南汀河保护管理条例》《临沧市古茶树保护条例》,重点开发绿色能源、绿色食品,开展全域旅游,创新发展具有民族和地域特色的手工业,推进健康生活目的地建设,积极实施节能降耗、电力消纳、清洁生产、水电外送等工程,有效释放绿色电力产能;推动建设"勐库"本味大成、"凤"牌经典58、"云澳达"澳洲坚果、"滇奇"茯苓等名茶名果名药材特色农产品优势区,完成农产品地理标志认证和标准化体系建设,建成首个国家级"坚果类检测重点实验室"。

(3)实践成效。临沧市2019年政府工作报告显示[1],一是脱贫攻坚取得重大进展。2018年临沧市有7.69万贫困人口实现脱贫,贫困发生率下降至0.81%;288个贫困村、4个贫困乡实现脱贫;其中云县率先脱贫摘帽县。二是生态治理取得初步成效。2018年,临沧市完成退耕还林39.3万亩,植树造林62.8万亩,森林覆盖率保持在65.55%。三是城乡人居环境得到改善。2018年,临沧市建成智慧厕所61座,评定A级旅游厕所81座,生活垃圾收集处理自然村覆盖率98%,污水治理自然村覆盖率16.1%,50户以上自然村2座以上公厕覆盖率46.3%。四是健康旅游快速发展。2018年,临沧市实现旅游总收入256.7亿元,增长44.8%;中药材农业产值达11亿元,增长18%。

6. 河北省承德市

(1)示范要求。按照国务院的批复要求[2],河北承德市可持续发展的重点是建设好水源涵养功能区。承德市创新示范的重点是解决水源涵养功能不

---

① 张之政,政府工作报告——2019年2月16日在临沧市第四届人民代表大会第二次会议上,http://www.lincang.gov.cn/lcsrmzf/lcszf/zfxxgkml/zfgzbg/262133/index.html。

② 国务院:《国务院关于同意承德市建设国家可持续发展议程创新示范区的批复》,http://www.gov.cn/zhengce/content/2019-05/14/content_5391460.htm。

稳固、精准稳定脱贫难度大等问题。有鉴于此，承德市将在抗旱节水造林、土地退化和荒漠化防治、绿色农产品种植加工以及生态旅游等方面做出探索创新。

（2）主要做法。河北承德市生态良好，水资源富集，是京津冀地区重要的水源地和华北最绿的城市，被称为"华北之肺"，但承德市发展尚面临水源涵养功能不稳固、精准稳定脱贫难度大等问题，亟待采取有力的新措施新办法加以解决。一是强化自身作为京津冀地区城市群的水涵养功能区的定位。承德市强化水源涵养生态支撑，努力当好首都生态"护城河"，为此实施生态环境问题大排查大整治，颁布实施《承德市水源涵养功能区保护条例》，建立健全潮河生态补偿机制，实施绿色 GDP 核算试点，深入实施水污染防治"三年百项重点工程"等。二是实施生态环保专项行动。实施减煤、治企、控车、抑尘、增绿等专项行动，开展散煤治理，淘汰燃煤锅炉，完成农村清洁取暖洁净煤替代，"散乱污"企业实现动态"清零"，实施绿化净化行动，推进矿业减量化、生态环境修复等"六大工程"，建立土壤污染风险管控和修复名录，健全生态环境损害责任终身追究制度，探索跨区域用能权、用水权、排污权等生态产品的市场交易。三是打好脱贫攻坚战。承德市聚焦"两不愁、三保障"，推广"政银企户保""万户阳光""一地生四金"等扶贫模式，实施产业扶贫、易地扶贫搬迁，全面推广医疗保障救助扶贫模式等。

（3）实践成效。承德市 2019 年政府工作报告[①]显示，一是水资源涵养功能得到提升。2018 年，承德市国省考地表水监测断面Ⅲ类及以上水质比例提高 5.3%，出境断面水质达标率保持 100%；水土流失治理 654 平方公里，增强了水资源的涵养功能。二是生态绿化取得初步成效。2018 年增加营造林 65.6 万亩、完成草地治理修复 30 万亩，完成修复绿化矿山 8 平方公里，提高生态承载能力。三是脱贫攻坚取得重大进展。2018 年，承德市有

---

① 常丽虹，政府工作报告——2019 年 1 月 23 日在承德市第十四届人民代表大会第四次会议上，http：//www.chengde.gov.cn/zfdt/2019－01－28/content_108313.htm。

14.31万贫困群众实现稳定脱贫，贫困发生率下降到2.52%，所有贫困村和贫困户开展了产业扶贫，切实保障了人与自然的和谐共生。

## 四　推进落实可持续发展议程取得进展的几点建议

中国在落实联合国可持续发展议程上已取得了显著成效，出台了系列政策措施，推动可持续发展议程创新示范区建设，并做出自主承诺今后继续以绿色发展为导向，并努力构建现代化经济体系，推广可持续生产和消费模式。然而，中国在生态环保等领域与2030可持续发展目标仍有较大差距，如水资源和环境卫生的可持续管理仍面临较大挑战，部分城市开展资源集约利用以及引导企业和民众实现清洁生产和低碳消费还有不少难处，在应对气候变化、保护海洋、陆地生态系统以及生物多样性等领域亟待改善，而且也存在着可持续发展目标与中国生态环保重点工作关联性不强、统计数据难以充分支撑可持续发展目标进展的测量等①。为进一步加快推进可持续发展议程目标实现，亟待做好以下方面的工作。

1. 持续研究可持续发展指标，跟踪分析落实进展情况

深入研究可持续发展议程的17项目标的指标体系，研究透彻每项目标实现路径，并据此提出落实方案。每年对外发布《中国落实2030可持续发展议程进展报告》，并就报告中下一步工作的落实情况进行跟踪分析，查找问题并及时做出应对，让外界及时看到中国践行2030可持续发展议程做出的努力和取得成效，同时也自我加压对照目标以便取得更大进步，探索具有可复制推广的落实可持续发展议程的实践模式。

2. 对标联合国2030可持续发展目标进行监测和评估

对标对表联合国2030可持续发展目标及子目标，将其与中国提出的新发展理念、高质量发展要求以及现代化经济体系建设等紧密结合起来，制定

---

① 周全、董战峰、吴语晗、葛察忠、李红祥：《中国实现2030年可持续发展目标进程分析与对策》，《中国环境管理》2019年第1期，第23~28页。

发布落实 2030 可持续发展议程的监测评估指标体系，对全国－省级－城市三级主体落实可持续发展议程的进展情况进行监测和评估，特别是国家可持续发展创新示范区也应围绕聚焦的重点领域制定相关细分的监测指标，及时总结可推广的经验做法，定期对外发布创新示范进展情况。

3. 扩展国家可持续发展创新示范区，探索绿色示范新模式

积极落实《中国落实 2030 年可持续发展议程创新示范区建设方案》各项要求，争取 2020 年再批复 4 家具有典型意义的国家可持续发展创新示范区（累计 10 家典型城市），赋予其先行先试的权利和扶持政策措施，围绕特定的可持续发展或绿色发展主题，解决制约当地可持续发展的突出问题，探索符合国际潮流、中国特色和地方特点的绿色发展模式，通过持续不断的创新作为，为国内外同类地区发展做出示范。

4. 完善绿色金融体系，解决可持续发展融资问题

在强化绿色债券和绿色信贷宏观审慎政策评估的基础上，鼓励金融机构开发更多绿色金融创新产品，探索可操作的绿色金融指标体系，开展金融机构绿色金融业绩评价，如推动浙江省湖州市、衢州市等绿色金融改革创新试验区试点经验进行复制推广，建立差别化的绿色贷款贴息机制和绿色信用贷款风险补偿机制。进一步完善规范绿色金融的内涵、范围和政策体系，制定与国际可持续发展议程相一致的可持续性标准、实施机制，发挥绿色金融在开展基础设施建设和国际产能合作中的重要作用。

5. 健全国民动员体系，让绿色发展理念深入人心

在新发展理念下，推出转变观念的全国性行动，引导国民经济各领域落实可持续发展议程，包括国家志向、绿色发展理念、群众行动、工厂计划、干部培训、认证和奖励以及规制建设等，让可持续发展自我实现并深入人心，通过进一步落实完善《绿色产业指导目录》，开发应用新技术和新工艺，推进清洁生产和低碳消费，推进生产领域绿色行动的持续改善制度化，激发民营部门利用先进科技促进可持续发展的积极性，引领整个经济社会实现绿色化、低碳化、循环化发展，加大对可持续发展议程落实典型案例的宣传指导，加快培养居民垃圾分类的好习惯，让可持续发展理念植根于国民素

质之中，让所有人为改善生活环境作努力。

6. 深化绿色国际合作，建立可持续发展全球伙伴关系

秉持可持续发展理念，与共建"一带一路"的沿线国家合作伙伴，携手共同应对气候变化、海洋污染、生物保护等全球性环境问题。作为致力于可持续发展的发展中大国，积极加强与最不发达国家建立良好的伙伴关系，重视生态环境保护，提供可行的节能环保技术和生态环境治理经验，推动最不发达国家经济社会的可持续发展。深化生态环保领域的"南南合作"，推进共建"一带一路"绿色发展国际联盟，与全球合作伙伴共同搭建生态环保大数据服务平台，与全球合作伙伴签订落实联合国2030可持续发展议程的备忘录，探讨实现可持续发展目标的新路径、新模式。

## 参考文献

《习近平在中国共产党第十九次全国代表大会上的报告》，人民网－人民日报，2017年10月28日。

《李克强在第十三届全国人民代表大会第二次会议上的政府工作报告》，中国政府网，2019年3月5日。

联合国：《联合国2030年可持续发展议程》，2015年9月25日。

《中共中央国务院关于加快推进生态文明建设的意见》，2015年4月25日。

中华人民共和国国务院：《大气污染防治行动计划》，2013年9月10日。

中华人民共和国国务院：《水污染防治行动计划》，2015年4月2日。

中华人民共和国国务院：《土壤污染防治行动计划》，2016年5月28日。

中华人民共和国国务院：《关于健全生态保护补偿机制的意见》，2016年5月13日。

中华人民共和国环境保护部：《关于加快推动生活方式绿色化的实施意见》，2015年11月6日。

张大卫：《绿色发展：中国经济的低碳转型之路——在哥伦比亚大学的演讲》，2016年4月14日。

王军等：《中国经济发展"新常态"初探》之第十章《新常态下的可持续发展》，社会科学文献出版社，2016。

张大卫：《打造中国经济升级版》，人民出版社，2013。

王军：《准确把握高质量发展的六大内涵》，《证券日报》2017年12月23日。

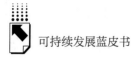
王军：《当前我国迫切需要一个全新的衡量可持续发展的指标体系》，中国发展网，2017年12月21日。

王军：《经济高质量发展与增长预期引导》，《上海证券报》2017年11月8日。

王军：《如何认识和解决"不平衡不充分的发展"？》，《金融时报》2017年10月31日。

王军、郭栋：《如何看新一线城市的竞争》，《财经》2017年第22期。

外交部：《变革我们的世界：2030年可持续发展议程》，2016年1月，https：//www.fmprc.gov.cn/web/ziliao＿674904/zt＿674979/dnzt＿674981/qtzt/2030kcxfzyc＿686343/t1331382.shtml。

外交部：《落实2030年可持续发展议程中方立场文件》，2016年4月，https：//www.fmprc.gov.cn/web/ziliao＿674904/zt＿674979/dnzt＿674981/qtzt/2030kcxfzyc＿686343/t1357699.shtml。

外交部：《中国落实2030年可持续发展议程国别方案》，2016年9月，https：//www.fmprc.gov.cn/web/ziliao＿674904/zt＿674979/dnzt＿674981/qtzt/2030kcxfzyc＿686343/P020170414688733850276.pdf。

外交部：《中国落实2030年可持续发展议程进展报告》，2017年8月，https：//www.fmprc.gov.cn/web/ziliao＿674904/zt＿674979/dnzt＿674981/qtzt/2030kcxfzyc＿686343/P020170824519122405333.pdf。

交通运输部：《2018年交通运输行业发展统计公报》，http：//xxgk.mot.gov.cn/jigou/zhghs/201904/t20190412＿3186720.html。

工信部：《2018年电子信息制造业运行情况》，http：//www.miit.gov.cn/n1146312/n1146904/n1648373/c6635637/content.html。

国家统计局：《2018年国民经济和社会发展统计公报》，http：//www.stats.gov.cn/tjsj/zxfb/201902/t20190228＿1651265.html。

教育部：《2019年教育新春系列发布会第四场：介绍2018年教育事业发展有关情况》，http：//www.moe.gov.cn/fbh/live/2019/50340/。

国家卫生健康委员会：《中国妇幼健康事业发展报告（2019）》，http：//www.nhc.gov.cn/fys/s7901/201905/bbd8e2134a7e47958c5c9ef032e1dfa2.shtml。

生态环境部：《2018年中国生态环境状况公报》，http：//www.mee.gov.cn/hjzl/zghjzkgb/lnzghjzkgb/201905/P020190529498836519607.pdf。

陈迎：《可持续发展：中国改革开放40年的历程与启示》，《人民论坛》2018年10月：58～64。

关婷、薛澜：《世界各国是如何执行全球可持续发展目标（SDGs）的？》，《中国人口·资源与环境》2019年第1期。

《国家卫生健康委员会2018年12月26日新闻发布会文字实录》，http：//www.nhc.gov.cn/xcs/s7847/201812/ea5d9c78003e4fad89373057d35d43aa.shtml。

教育部：《2019年教育新春系列发布会第四场：介绍2018年教育事业发展有关情

况》，http：//www. moe. gov. cn/fbh/live/2019/50340/。

《首批国家可持续发展议程创新示范区建设启动》，http：//www. gov. cn/xinwen/2018－03/24/content_ 5276996. htm。

科技部：《科技部与联合国开发计划署签署关于建设国家可持续发展议程创新示范区的合作意向书》，http：//www. gov. cn/xinwen/2017－08/28/content_ 5220983. htm。

国务院：《国务院关于同意太原市建设国家可持续发展议程创新示范区的批复》，http：//www. gov. cn/zhengce/content/2018－02/24/content_ 5268404. htm。

《新闻办就国家可持续发展议程创新示范区建设情况举行发布会》，http：//www. gov. cn/xinwen/2018－03/23/content_ 5276861. htm#allContent。

李晓波：《政府工作报告——2019 年 2 月 24 日在太原市第十四届人民代表大会第四次会议上》，http：//www. taiyuan. gov. cn/doc/2019/03/04/808830. shtml。

国务院：《国务院关于同意桂林市建设国家可持续发展议程创新示范区的批复》，http：//www. gov. cn/zhengce/content/2018－02/24/content_ 5268410. htm。

秦春成：《政府工作报告——2019 年 1 月 12 日在桂林市第五届人民代表大会第四次会议上》，http：//www. guilin. gov. cn/ndgb/zfgzbg/201901/t20190115_ 1083282. htm。

国务院：《国务院关于同意深圳市建设国家可持续发展议程创新示范区的批复》，http：//www. gov. cn/zhengce/content/2018－02/24/content_ 5268412. htm。

陈如桂：《政府工作报告——2019 年 1 月 18 日在深圳市第六届人民代表大会第七次会议上》，http：//www. sz. gov. cn/zfgb/2019/gb1091/201903/t20190313_ 16683064. htm。

国务院：《国务院关于同意郴州市建设国家可持续发展议程创新示范区的批复》，http：//www. gov. cn/zhengce/content/2019－05/14/content_ 5391457. htm。

郴政发〔2018〕18 号郴州市人民政府关于印发《郴州市污染防治攻坚战三年行动计划（2018~2020 年）》的通知，http：//www. czs. gov. cn/html/zwgk/hgjj/gzjh/content_ 2878439. html。

刘志仁：《政府工作报告——2019 年 1 月 8 日在郴州市第五届人民代表大会第三次会议上》，http：//www. czs. gov. cn/html/uploadfiles/201902/20190222104749899. doc。

国务院：《国务院关于同意临沧市建设国家可持续发展议程创新示范区的批复》，http：//www. gov. cn/zhengce/content/2019－05/14/content_ 5391459. htm。

张之政：《政府工作报告——2019 年 2 月 16 日在临沧市第四届人民代表大会第二次会议上》，http：//www. lincang. gov. cn/lcsrmzf/lcszf/zfxxgkml/zfgzbg/262133/index. html。

国务院：《国务院关于同意承德市建设国家可持续发展议程创新示范区的批复》，http：//www. gov. cn/zhengce/content/2019－05/14/content_ 5391460. htm。

常丽虹：《政府工作报告——2019 年 1 月 23 日在承德市第十四届人民代表大会第四次会议上》，http：//www. chengde. gov. cn/zfdt/2019－01/28/content_ 108313. htm。

周全、董战峰、吴语晗、葛察忠、李红祥：《中国实现 2030 年可持续发展目标进程分析与对策》，《中国环境管理》2019 年第 1 期。

# B.6
# 国内外绿色金融标准比较研究

王军　盛慧芳*

摘　要：　党的十九大首次将"生态文明建设"上升到国家"五位一体"总体布局的高度，绿色金融作为生态文明建设的重要内容，其制度体系及标准建设也越发重要。本文通过对国内外绿色金融标准及制度进行比较分析，发现我国与国外在发展模式上存在明显差异：一是西方国家起步快，发展成熟，建立起了相对完善的绿色金融法律体系，而国内法律体系尚未涵盖绿色金融理念；二是国际绿色标准主要是市场需求催生而由非政府组织发起的，我国是由国家政府机构自上而下发起设立的；三是国际上建立了一套相对完善的绿色金融标准，我国绿色金融标准在项目认定、评估和认证等方面不统一。我国可以借鉴国际成功经验，尽快建立统一的绿色金融标准体系，规范我国绿色金融实践。

关键词：　绿色金融标准　绿色信贷　绿色债券　绿色保险　ESG 投资

随着我国经济由高速度向高质量阶段的迈进，污染防治成为"三大攻坚战"的重要一项，发展绿色金融愈加重要，通常来说，绿色金融体系涵盖绿色信贷、绿色债券、绿色保险、绿色投资等。国外绿色金融起步较

---

＊　王军，中原银行首席经济学家，中国国际经济交流中心学术委员会委员，研究员，博士，研究方向：宏观经济、金融、可持续发展；盛慧芳，中原银行战略发展部硕士。

早，在判定标准的界定上相对来说更成熟、系统。但我国自 2006 年开始至今也一直在不断探索绿色金融界定标准，指导绿色金融实践。本文通过比照国外绿色金融标准的界定差异，为规范我国绿色金融的发展提供借鉴和经验。

# 一 绿色信贷的界定

1. 国际绿色信贷标准

"赤道原则"是 2002 年 10 月由国际金融公司（IFC）及荷兰银行等 9 家银行针对项目融资中的环境和社会问题而制定的一套自愿性原则，已成为国际金融组织、国家监管部门、学术科研机构等公认的权威绿色信贷行动指南，赤道原则的核心为八项绩效标准和 EHS 指南（《行业环境、健康与安全指南》）。

**表 1　赤道原则核心内容**

| | |
|---|---|
| 企业环境风险评价标准 | 依据融资项目对环境社会的影响程度将环境和社会风险分为 ABC 类：<br>A 类：高环境风险项目<br>B 类：一般环境风险项目<br>C 类：低环境风险项目<br>并规定了 A 类、B 类项目的环境评估要求 |
| 绩效标准<br>（依据国际金融公司的环境和社会筛选准则对项目进行分类） | 企业员工的劳动和工作条件；污染物的防治与控制；受项目影响社区居民的健康和安全；项目涉及的土地征用和非自愿搬迁；生物多样性的保护和可持续自然资源的管理；对土著居民的社会、文化和生存环境的影响；对文化和历史遗迹的保护 |
| 信息披露 | 至少每年发布赤道原则报告，披露实施过程和经验 |
| 适用范围 | 1000 万美元（含）以上的新项目融资；<br>项目财务咨询顾问；<br>与环境和社会风险相关旧项目扩容或设备更新的项目融资 |

资料来源：《兴业银行赤道原则年度执行报告》。

2. 国内绿色信贷标准

（1）银监会制定的《绿色信贷统计制度》。自 2003 年起，银监会建立绿色信贷统计制度，并据此组织银行业金融机构进行绿色信贷统计报送工作，其中绿色信贷涵盖两大类：一是节能环保及服务贷款，下划 12 个项目及 25 个子项目；二是战略新兴产业，包含节能环保、新能源、新能源汽车三个领域内贷款。此外，监测和统计的指标除信贷余额、资产质量等，还将贷款支持所带来的外部环境效益进行囊括。在环境效益测算上，统计制度中认定第三方核查、认证机构给出的相应数据和报告可作为测算贷款支持项目，同时也给出了部分典型节能减排项目的测算方式。

**表 2　《绿色信贷统计制度》中绿色信贷涵盖范围**

| | 项目 | 子项目 |
|---|---|---|
| 节能环保及服务贷款 | 绿色农业开发项目 | 绿色农业开发项目 |
| | 绿色林业开发项目 | 绿色林业开发项目 |
| | 工业节能节水环保项目 | 工业节能节水环保项目 |
| | 自然保护、生态修复及灾害防控项目 | 自然保护、生态修复及灾害防控项目 |
| | 资源循环利用项目 | 资源循环利用项目 |
| | 垃圾处理及污染防治项目 | 垃圾处理及污染防治项目 |
| | 可再生能源及清洁能源项目 | 太阳能项目 |
| | | 风电项目 |
| | | 生物质能项目 |
| | | 水力发电项目 |
| | | 其他可再生能源及清洁能源项目 |
| | | 智能电网项目 |
| | 农村及城市水项目 | 农村饮水安全工程项目 |
| | | 小型农田水利设施建设项目 |
| | | 城市节水项目 |
| | 建筑节能及绿色建筑 | 既有建筑绿色改造项目 |
| | | 绿色建筑开发建设与运行维护项目 |

| 项目 | | 子项目 |
|---|---|---|
| 节能环保及<br>服务贷款 | 绿色交通运输项目 | 铁路运输项目 |
| | | 航道治理及船舶购置项目 |
| | | 城市公共交通项目<br>（城市公共汽电车客运项目）<br>（城市轨道交通项目） |
| | | 交通运输环保项目 |
| | 节能环保服务 | 节能服务 |
| | | 环保服务 |
| | | 节水服务 |
| | | 循环经济（资源循环利用）服务 |
| | 采用国际惯例或国际标准的境外项目 | 采用国际惯例或国际标准的境外项目 |
| 战略新兴产业 | 节能环保 | 节能环保 |
| | 新能源 | 新能源 |
| | 新能源汽车 | 新能源汽车 |

资料来源：中国银保监会网站。

（2）银监会绿色信贷指引。2007 年银监会发布《节能减排授信工作指导意见》，同一时间，银监会与央行、国家环保总局联合发布了《关于落实环保政策法规防范信贷风险的意见》，我国绿色信贷政策体系正式起步。2012 年，银监会下发《绿色信贷指引》，对银行业金融机构绿色信贷的组织管理、能力建设、流程管理、内控管理、信息披露及监督检查做了相关规范。

（3）国家发改委等部门发布《绿色产业指导目录（2019 年版）》。2019年国家发改委会同有关部门制定并发布了《绿色产业指导目录（2019 年版）》，目录包含节能环保、清洁生产、清洁能源、生态环境、基础设施绿色升级、绿色服务 6 大产业，在其基础上进一步细分并做出详细解释说明。

3. 国内外绿色信贷标准比较

赤道原则与国内的《绿色信贷统计制度》及《绿色信贷指引》在内的绿色信贷政策文件都要求金融机构在信贷业务中考虑环境社会因素，二者的理念内涵一致，致力于促进环境与金融业务的可持续发展。但是我国与国际

上的标准也存在着一定的差异。

（1）性质差异。赤道原则是非官方的自愿性原则，对金融机构来说是一种内在的自我约束，金融机构自愿加入，主动承诺遵守原则的相关规定。而我国基本上为国家相关部门制定的政策类制度，隶属行政性质的规范，对金融机构来说是外在性质的强制性约束，金融机构只能被动接受。

（2）适用范围。一是赤道原则主要用于项目贷款、项目财务咨询顾问，而我国《绿色信贷指引》主要针对项目贷款与企业贷款。二是赤道原则设置了项目贷款的融资门槛，经过修订将项目贷款的融资限额由 5000 万美元（含）以上下降至 1000 万美元（含）以上，国内相关的绿色信贷政策未对融资额度进行限制。

（3）评价标准。赤道原则包含十项原则、八项绩效标准及 EHS 行动指南等内容，对项目所带来的环境和社会风险有全套完整的评估工具与流程指导金融机构践行绿色信贷，但国内《绿色信贷统计制度》主要是对绿色信贷的行业统计口径做了规范，《绿色信贷指引》中虽提出建立环境与社会风险评估标准，但是并没有具体详细的可执行的统一标准，需要金融机构各自在框架下建立绿色信贷标准。相对来说，国内绿色信贷制度尚未成体系，有待完善与成熟。同时赤道原则在对项目进行分类时，评价标准兼顾了环境风险和社会风险，如企业员工的劳动和工作条件、污染物的防治与控制及对文化和历史遗迹的保护。而国内更侧重于环境风险，如《绿色信贷统计制度》中统计范围为节能环保贷款与服务，《绿色信贷指引》中虽然关注了移民安置社会问题，更多的还是耗能、污染等环境问题。

## 二 绿色债券的界定

绿色债券是指将募集资金用于符合条件的绿色项目或为项目进行再融资的债务工具。如何界定绿色债券的项目范围等标准至关重要。

1. 国际绿色债券标准

（1）ICMA《绿色债券原则》（GBP）。2014 年国际资本协会（ICMA）联合 130 多家金融机构出台了《绿色债券原则》（GBP），为债券发行人规划了明确的债券发行方法流程及信息披露框架，有利于绿色债券市场的相关利益方提高互信程度。其中 GBP 的四大核心分别为募集资金用途、项目评估与遴选流程、募集资金管理及报告。

表 3  《绿色债券原则》四大核心内容

| 四大核心 | 具体内容 |
| --- | --- |
| 募集资金用途 | 债券募集资金用于绿色项目，并规定了认可的绿色项目类别(可再生能源，能效提升，污染防治，生物资源和土地资源的环境可持续管理，陆地与水域生态多样性保护，清洁交通，可持续水资源与废水管理，气候变化适应，生态效益性和循环经济产品，生产技术及流程，符合地区、国家及国际认可标准或认证的绿色建筑) |
| 项目评估与遴选流程 | 鼓励发行人披露项目的环境可持续发展目标盘、绿色项目类别的评估流程及相关准入标准，建议发行人通过外部审核机构对其项目评估和遴选流程参考标准进行补充认证 |
| 募集资金管理 | 发行人对募集资金进行内部追踪及定期分配调整 |
| 报告 | 包括配置绿色债券募集资金的项目清单，以及项目简要说明、资金配置量和预期效果 |

资料来源：ICMA 网站整理。

（2）CBI《气候债券标准》（CBS）。气候债券倡议组织（CBI）开发的气候债券标准（CBS）于 2011 年年底发布，新的气候债券标准 2015 年正式发布，由气候债券标准版本 2.0 及系列具体行业标准组成。其中气候债券标准版本 2.0 主要包含认证流程、发行前要求、发行后要求和一套针对不同领域的资格指导文件四大因素。行业标准提供了诸如太阳能、风能、低碳建筑、低碳运输、水、能效等领域的合规要求。

**表4 《气候债券标准》主要内容**

| 项目分类 | CBS制定了低碳与适应型经济的项目分类方案,主要包含低碳运输、绿色建筑、能源、能效、水、基础设施气候适应、农林、废弃物管理8大类 |
| --- | --- |
| 认证要求 | 明确认证机制下获得气候债券认证的发行人要求及具体认证流程步骤,包含发行前认证、发行后认证及周期性认证 |
| 募集资金管理 | 募集资金用于合格的指定项目和资产,且专款专用,发行人以合理方式进行追踪 |

**2. 国内绿色债券标准**

（1）国家发改委制定《绿色债券发行指引》。2015年国家发改委制定《绿色债券发行指引》（以下简称《指引》），就绿色债券适用范围、审核要求及相关支持政策予以指导。

**表5 《绿色债券发行指引》主要内容**

| 募集资金用途 | 债券募集资金用于节能减排技术改造、绿色城镇化、能源清洁高效利用、新能源开发利用、循环经济发展、水资源节约和非常规水资源开发利用、污染防治、生态农林业、节能环保产业、低碳产业、生态文明先行示范实验、低碳试点示范等绿色循环低碳发展项目,并且明确了现阶段支持的12个重点项目 |
| --- | --- |
| 审核要求 | 明确企业发行绿色债券准入条件、发行主体、发行要求 |
| 相关政策 | 政府支持、拓宽增信渠道与方式、鼓励债券品种创新 |

资料来源：国家发展和改革委员会网站。

（2）中国金融学会绿色金融专业委员会发布《绿色债券支持项目目录》。2015年12月22日，中国金融学会绿色金融专业委员会发布了《绿色债券支持项目目录（2015年版）》（以下简称《目录》），《目录》将绿色债券支持项目划分为6个一级分类和31个二级分类，对其进行了较为详细的界定和分类，同时也是国内首次出台的对绿色债券进行界定分类的文件。

表6 《绿色债券支持项目目录》分类

| 一级分类 | 二级分类 | 三级分类 |
|---|---|---|
| 节能 | 工业节能 | 装置/设施建设运营 |
| | | 节能技术改造 |
| | 可持续建筑 | 新建绿色建筑 |
| | | 既有建筑节能改造 |
| | 能源管理中心 | 设施建设运营 |
| | 具有节能效益的城乡基础设施建设 | 设施建设 |
| 污染防治 | 污染防治 | 设施建设运营 |
| | 环境修复工程 | 项目实施 |
| | 煤炭清洁利用 | 装置/设施建设运营 |
| 资源节约与循环利用 | 节水及非常规水源利用 | 设施建设运营 |
| | 尾矿、伴生矿再开发及综合利用 | 装置/设施建设运营 |
| | 工业固废、废气、废液回收和资源化利用 | 装置/设施建设运营 |
| | 再生资源回收加工及循环利用 | 回收、分拣、拆解体系 |
| | | 设施建设运营 |
| | | 加工装置/设施建设运营 |
| | 机电产品再制造 | 装置/设施建设运营 |
| | 生物质资源回收利用 | 装置/设施建设运营 |
| 清洁交通 | 铁路交通 | 设施建设运营 |
| | 城市轨道交通 | 设施建设运营 |
| | 城乡公路运输公共客运 | 车辆购置 |
| | | 设施建设运营 |
| | 水路交通 | 船舶购置 |
| | | 航道整治 |
| | 清洁燃油 | 装置/设施建设运营 |
| | | 车用燃油产品生产 |
| | 新能源汽车 | 零部件生产及整车制造 |
| | | 配套设施建设运营 |
| | 交通领域互联网应用 | 设施建设运营 |
| 清洁能源 | 风力发电 | 设施建设运营 |
| | 太阳能光伏发电 | 设施建设运营 |
| | 智能电网及能源互联网 | 设施建设运营/升级改造 |
| | 分布式能源 | 设施建设运营 |
| | 太阳能热利用 | 装置/设施建设运营 |
| | 水力发电 | 设施建设运营 |
| | 其他新能源利用 | 设施建设运营 |

续表

| 一级分类 | 二级分类 | 三级分类 |
|---|---|---|
| 生态保护和适应气候变化 | 自然生态保护及旅游资源保护性开发 | 设施建设运营 |
| | 生态农牧渔业 | 项目实施及设施建设运营 |
| | 林业开发 | 项目实施及设施建设运营 |
| | 灾害应急防控 | 设施建设运营 |

资料来源：中国金融学会绿色金融专业委员会网站。

（3）其他（中国人民银行、交易商协会、证监会、沪深交易所）。2015年，中国人民银行就银行间债券市场发行绿色金融债券下发第39号公告，2016年，上海交易所与深圳交易所相继发布《关于开展绿色公司债券试点的通知》与《关于开展绿色公司债券业务试点的通知》，2017年，证监会与交易商协会先后正式发布《关于支持绿色债券发展的指导意见》和《非金融企业绿色债务融资工具业务指引》，这些文件主要对募集资金的投向、管理披露、认证等内容做出了规定与指导。

表7　其他国内绿色债券政策主要内容

| 具体内容 | 人民银行：2019年第39号公告 | 上交所与深交所：《关于开展绿色公司债券试点的通知》 | 证监会：《关于支持绿色债券发展的指导意见》 | 交易商协会：《非金融企业绿色债务融资工具业务指引》 |
|---|---|---|---|---|
| 募集资金投向 | 绿色产业项目［主要参考中国金融学会《绿色债券支持项目目录（2015年版）》］ | 绿色产业项目［主要参考中国金融学会《绿色债券支持项目目录（2015年版）》］ | 绿色产业项目［参照中国金融学会《绿色债券支持项目目录（2015年版）》］ | 绿色产业项目［参照中国金融学会《绿色债券支持项目目录（2015年版）》］ |
| 募集资金管理 | 开立专门账户或建立专项台账，对绿色金融债券募集资金的到账、拨付及资金收回加强管理 | 专项账户用于资金的接收、存储、划转与本息偿付 | 开立募集资金专项账户进行募集资金管理；受托管理人对资金使用和专项账户管理情况进行监督 | 设立募集资金监管账户，由资金监管机构对募集资金的到账、存储和划付实施管理 |

| 信息披露 | 存续期内,发行人应当按季度向市场披露募集资金使用情况,并在规定时间前披露年度资金使用情况报告 | 发行时,募集说明书应当披露拟投资的绿色产业项目类别、项目认定依据或标准、环境效益目标、绿色公司债券募集资金使用计划和管理制度等内容;存续期内,发行人披露绿色公司债券募集资金使用情况、绿色产业项目进展情况和环境效益等内容,受托管理人在年度报告中披露上述内容 | 发行时,募集说明书应当披露拟投资的绿色产业项目类别、项目认定依据或标准、环境效益目标、募集资金使用计划和管理制度等内容;存续期内,发行人按照相关规则规定披露绿色公司债券募集资金使用情况、绿色产业项目进展情况和环境效益等内容,受托管理人在年度报告中披露上述内容 | 发行时,注册文件中应当披露绿色项目符合相关标准的说明及环境效益目标等;存续期间,除债务融资工具应当披露的,还规定时间内披露半年及年度募集资金使用和绿色项目进展情况 |
|---|---|---|---|---|
| 第三方认证 | 发行前,鼓励申请发行绿色金融债券的金融机构法人提交第三方机构出具的评估或认证意见;存续期内,鼓励发行人从采用第三方评估机构披露年度报告 | 发行前,鼓励发行人提交第三方机构出具的绿色项目评估或认证报告;存续期间,鼓励发行人按年度向市场披露由第三方机构出具的绿色标识认证 | 申报前及存续期间,鼓励发行人选择第三方评估机构对项目绿色属性进行认证 | 鼓励对债务融资工具进行评估并披露绿色程度;鼓励对项目发展即环境效益进行跟踪评估 |

资料来源:中国人民银行、银保监会、证监会网站整理。

对于绿色债券的信用评级,中国人民银行 2015 年第 39 号文中要求发行人每期债券发行前将信用评级机构出具的债券信用评级作为备案资料。证监会《关于支持绿色债券发展的指导意见》中鼓励信用评级机构在报告中对发行人的绿色信用记录进行考量并披露。

3. 国内外绿色债券标准差异

(1) 募集资金投向的项目范围差异。一是部分项目存在不同的认定。

国外两个绿色债券标准的制定背景主要基于发达国家，其所处的后工业化阶段决定了绿色债券募集资金对化石能源的排斥。国家发改委制定的《指引》与金融学会制定的《目录》中绿色债券投向项目都包含"燃煤电厂超低排放和节能改造""煤炭清洁利用""尾矿、伴生矿再开发及综合利用"等化石能源项目。二是项目的分类标准不同。国际标准 GBP 与 CBS 依据资金用途和可追索性对债券采用了相同的分类方法，将其划分为募集资金债券、募集资金收益债券、项目债券及证券化债券，国内各项标准主要按照发行主体来进行分类管理。国家发改委主管绿色企业债，侧重于从国家产业政策来细化绿色项目分类，人民银行及交易商协会主管绿色金融债和绿色债务融资工具，证监会和深沪证交所主管绿色公司债工具。

（2）标准制定主体差异。一方面国际上权威的两项绿色债券标准是由市场需求而催生的国际组织或行业协会发起制定的，而经济国情决定了我国基本是绿色债券相关的监管部门自上而下出台制定的相关标准。另一方面国外标准制定工作起步早，体系相对完善，包含了债券界定、募集资金管理、认证要求、信用评级等全流程标准，国内债券发行分属于不同部门监管，因此标准相对分散，一致协同性有待完善。

（3）募集资金管理差异。一是资金账户管理。相对而言，国内对绿色债券募集资金设置了更为具体的管理要求。人民银行、上交所、深交所及证监会都要求发行人开立专门账户对募集资金进行管理和监督。国际上 GBP 也要求设立专门账户进行管理，但是 CBS 中未提出账户设立相关标准。二是资金具体使用上。GBP 中对募集资金的使用上规定相对笼统，要求用于绿色项目相关的投资和贷款上，国内相对来说更为细化。

（4）第三方认证意见差异。国内外对第三方认证基本上都采取的鼓励而不是强制。但是在认证机制上，国际标准 CBS 建立了相应的配套认证机制，明确了认证机构资质、认证流程，国内目前尚未对独立评估机构的准入、认证和评估出台具体的规定。

# 三　绿色保险制度

绿色保险可以称之为"环境责任保险"，是以投保人对第三方造成污染损害而承担的损害赔偿为标的的保险。该保险以绿色环境保护为核心，旨在降低企业成本，促进企业加强环境保护。绿色保险在我国兴起较晚，但美国、欧洲等国家起步较早，已经积累了大量的经验，通过与国外较为典型美国、法国、德国的绿色保险制度作比较，找出两者之间的差距。

1. 国际绿色保险制度

**表8　三个代表性国家绿色保险制度**

| 具体内容 | 美国 | 法国 | 德国 |
| --- | --- | --- | --- |
| 保险模式 | 强制责任保险 | 任意责任保险为主,强制责任保险为辅 | 强制责任保险与财务保证或担保相结合 |
| 保险范围 | 突发意外事故造成的环境损害和单独、反复性或继续行造成的损害 | 突发意外事故造成的环境损害和单独、反复性或继续行造成的损害 | 突发意外事故造成的环境损害 |
| 责任范围 | 人身损害、财产损失、清除污染 | 人身损害、财产损失、污染企业倒闭或停产损失 | 人身损害、财产损失、污染企业倒闭或停产损失 |
| 责任限额 | 严格限定赔偿限额 | 无过错环境污染损害限制赔偿 | — |
| 保险机构 | 专业环境保险公司 | 技术委员会作为承保机构 | — |

资料来源：游春：《绿色保险制度建设的国际经验及启示》，《海南金融》2009 年第 3 期；梁雪珍：《我国绿色保险模式选择研究》，安徽财经大学硕士学位论文，2012。

2. 国内绿色保险制度

2008 年，我国保监会与中国环境保护部共同发布了《关于环境污染责任保险的指导意见》，提出了我国开展环境污染责任保险的原则和目标，我国绿色保险工作开始起步。2013 年，国务院的两部门发布了《关于开展环境污染强制责任保险试点工作的指导意见》对环境污染责任保险重新进行试点，明确试点企业范围，对保险企业的保费条款、保费设计、环境风险评估防范及污染理赔做出了要求，绿色保险政策试点进一步扩大。

**表9** **《关于开展环境污染强制责任保险试点工作的指导意见》主要内容**

| 保险模式 | 强制责任保险与任意责任保险相结合。涉及重金属污染物产生和排放的企业及纳入地方法规投保企业范围的要求强制投保，石化化工等其他高环境风险企业鼓励投保 |
| --- | --- |
| 保险范围 | 以突发、意外事故所造成的环境污染直接损失为主 |
| 责任范围 | 赔偿范围包含人身和财产损失、施救费用、清污费用等 |
| 责任限额 | 投保企业依据本企业环境风险水平等因素合理估算，自主确定投保金额 |
| 保险费率 | 有管理的浮动制。根据企业环境风险评估结果，在基准费率的基础上，合理确定适用于投保企业的具体费率 |
| 企业风险评估 | 氯碱、硫酸等行业，按照技术指南开展评估。尚未颁布指南行业，参照已发布技术指南评估方式，综合考虑生产因素、厂址环境敏感性、环境风险防控、事故应急管理等指标开展评估 |

资料来源：中国银保监会网站。

### 3. 国内外绿色保险制度差异

（1）保险范围差异。目前国外发达国家基本上环境污染责任保险的承保范围同时包含突发意外事故造成的环境损害和单独、反复性或继续性造成的损害，保险范围在不断扩大。我国此阶段保险范围仅限于突发意外事故造成的环境损害。随着我国进入环境问题高发期，应逐步将累积性损害纳入承保范围，如累计排污导致的自然保护区损害等，以此维护第三方受害人的利益。

（2）保险模式差异。鉴于各国经济发展状况、环境情况及污染产生方式的不同，其各自绿色保险模式也不尽相同，美国采用强制责任保险制度，法国采用任意责任保险为主、强制保险为辅制度，而德国采用强制责任保险与财务保证或担保相结合制度。美、法、德代表了当前国际上的三种绿色保险模式。我国绿色保险起步较晚，在试点政策阶段采用强制责任保险和任意责任保险相结合的模式，未来随着我国生态文明的建设，强制责任保险为主，任意责任保险为辅的模式将会更适应发展趋势。

（3）责任限额差异。由于企业污染对第三人造成的损失赔偿费用较高，易产生道德风险和逆向选择问题，随着绿色保险制度的日趋成熟，美国、法国、德国等国家对环境责任保险实行限定赔偿限额，以促进投保企业、保险机构能够主动采取措施防止污染，加强环境保护。我国目前实行有浮动的保费费率，投保企业可以根据本企业环境风险水平等因素可能造成的环境损害，确定足以赔付环境污染损失的责任限额，并据此投保。

（4）承保机构差异。1988 年美国成立专门的保险机构——环境保护保险公司，法国建立专门机构技术委员会作为承保机构。除此之外，存在着其他两种承保机构模式，一是联保集团，意大利 1990 年成立了由 76 家保险公司成立的联保集团。二是英国式的非特殊承保机构，如英国的环境责任保险由财产保险公司自愿承保。我国目前的环境责任保险以商业保险机构承保为主。

# 四　ESG 投资

ESG 即为将环境（Environment）、社会责任（Social Responsibility）、公司治理（Corporate Governance）因素纳入投资决策过程中的投资理念。近年来，越来越多投资者在配置资产时偏向绿色收入占比较高的公司，因此国际上日益关注上市公司的 ESG 信息，逐渐形成了相对完善的 ESG 信息披露和绩效评价体系。ESG 体系由信息披露指引、企业绩效评价及投资指引三个维度构成。

1. 国际 ESG 体系

目前国际上应用较为广泛的 ESG 框架为联合国责任投资原则（PRI）和全球报告倡议组织（GRI）发布的《可持续发展报告指引》。截至 2018 年，全球共有超过 2000 多家机构签署了 PRI 原则，目前加入该原则的中国机构有 29 家，主要为公募机构和保险资管机构。

表 10　PRI 与 GRI 主要内容

| | | |
|---|---|---|
| 具体内容 | 联合国责任投资原则机构（UN PRI）、联合国环境规划署金融行动机构（UN FI）联合国全球合约机构（UN GC）；联合国责任投资原则（PRI） | 全球报告倡议组织（GRI）：《可持续发展报告指引》 |
| 信息披露 | 要求投资机构适当披露 ESG 资讯，并提出了可行性方案：<br>1. 提供有关 ESG 议题的标准报告；<br>2. 将 ESG 议题纳入年度财务报告；<br>3. 提供有关采用或遵守相关规范、标准、行为准则或国际倡议的信息；<br>4. 支持促进 ESG 信息披露的股东倡议和决议 | 强调报告必须抓关键的重点，即"实质性"原则。这个原则要求发布报告的机构/企业正确界定其在经济、社会、环境三大板块中可持续发展的核心问题 |
| 绩效评价 | UN PRI 提示性地列举了 ESG 框架的部分考量因素，如环境指标"减缓和适应气候变化""控制危险、有毒、核废物"等，社会指标"劳动力多元化与平等""保护人权"等，公司治理指标"现代企业治理结构""劳资关系维护"等，评级机构收集相关信息，设计评估方法，对公司 ESG 表现进行评级 | 环境绩效指标包括 12 类 34 项，涵盖物料、能源、污水和废弃物、废气排放等领域；社会绩效指标包括 30 类 48 项，涉及劳工实践、人权、社会影响、产品责任等领域。评级机构收集相关信息，设计评估方法，对公司 ESG 表现进行评级 |
| 投资指引 | 依据 ESG 评级结果构建 ESG 指数，为 SRI 提供重要指引 | 依据 ESG 评级结果构建 ESG 指数，为 SRI 提供重要指引 |

　　资料来源：陈宁、孙飞：《国内外 ESG 体系发展比较和我国构建 ESG 体系的建议》，《发展研究》2019 年第 3 期。

### 2. 国内 ESG 体系

　　国内除香港联交所于 2012 年出台的《环境、社会及管治报告指引》[①]外，目前还没有其他专门针对金融 ESG 的指引规范。

---

[①]　2019 年 5 月 17 日，香港联合交易所发布有关检讨《环境、社会及管治报告指引》，如果意见和建议征询顺利，届时上市公司需要在 2021 年按修订后的指引刊发 ESG 报告。

表11　香港联交所《环境、社会及管治报告指引》主要内容

| 具体内容 | 香港联交所《环境、社会及管治报告指引》 |
|---|---|
| 信息披露 | 上市公司必须每年披露 ESG 资料;ESG 报告中须声明发行人 ESG 管理的方法、战略、优先次序及目标,并解释这些如何与公司业务相关;关于 11 个环境及社会方面政策及实践的描述以及环境相关的关键绩效指标披露提升至"不披露就解释" |
| 绩效评价 | 将绩效评价指标分为四个范畴,分别是工作环境质素、环境保护、营运管理及社区参与。其中第一个范畴包含工作环境、健康与安全发展及培训、劳工准则四个层次,9 个关键绩效评价指标,第二个范畴包含排放物、资源使用、环境及天然资源三个层次,12 个关键绩效评价指标,第三个范畴包含供应链管理、产品责任等三个层面,9 个关键绩效评价指标,第四个范畴包含社区投资一个层次,2 个关键绩效评价指标。发行人依据各自的理解,自行计算关键绩效指标。 |

资料来源:中国德勤网站。

### 3. 国内外 ESG 体系比较

从国内外 ESG 体系框架来看，两者在主体和信息披露及评价指标方面存在一定差异。

（1）主体差异。最初国外 ESG 体系的形成主要以自发运动为主，后来联合国等国际组织联合构建与完善 PRI 与 GRI 等 ESG 框架体系，PRI 与 GRI 均不具有强制力约束，是企业自发自愿遵守的原则。香港联交所发布的指引是交易所层面指定的，主要针对上市企业，对上市企业具有强制约束力。

（2）信息披露差异。PRI 要求投资机构适当披露 ESG 信息，并提供了可行方案，GRI 注重报告中关键信息和重点的披露，相对来说，香港联交所指引中强制性要求每年披露，较国外信息披露的要求更高。

（3）评价指标体系存在差异。国内外在对 E、S、G 评价指标具体设置方面存在一定的差异。如 PRI 与 GRI 在社会责任指标设置方面都含有"人权"，但港交所指引中未提及此项。此外，在 E、S、G 的指标层次划分上也存在着差异。GRI 将社会责任与公司治理绩效指标统一归入社会绩效指标，而港交所指引将社会责任和公司治理绩效指标进一步细分。

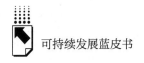
## 五 启示与借鉴

1. 建立绿色金融法律体系

自 2007 年我国开始绿色金融实践后，相继出台了绿色信贷、绿色债券、绿色保险等相关政策，为市场主体指明绿色活动方向，引导其行为符合政策法规奠定基础。国外发达国家已建立起相对成熟的绿色金融法律体系，而目前我国没有专门的绿色金融法，尚未将绿色金融上升到法律地位。国家各部门发布的政策多为指导性文件，约束力相对较差，加之这些文件多数只针对其负责的领域，彼此之间缺乏关联性，标准不统一，使绿色金融的长期实践效果大打折扣。建议制定专门的绿色金融法，在法律中明确涉及绿色金融的相关机构的环境法律责任，建立环境信息披露机制，完善绿色金融风险防范的制度框架。

2. 强化市场引导

国外诸如赤道原则、绿色债券原则（GBP）、气候债券原则（CBS）等绿色金融标准是受市场驱动由国际协会等非政府组织发起制定的，是一种"自下而上"的模式。我国绿色金融体系相关标准基本是由国家行政部门主导下达的，是一种"自上而下"的模式。建议强化市场引导机制，完善对绿色金融主体的激励与奖惩机制，将环境风险内部化，提高企业、金融机构积极参与绿色金融体系建设，最终建立"自上而下"与"自下而上"相结合的绿色金融标准，以更好地指导推进绿色金融实践。

3. 统一绿色项目标准

由于我国信贷、债券、证券、基金等金融产品分属于银保监会、证监会、保监会等监管机构，其中尤其是不同类型的债券发行又由不同的国家机构进行审查管理。因此在绿色项目范围的界定等标准上有一定的重合交叉以及矛盾的地方，如国家发改委《绿色产业项目目录》将"绿色服务"涵盖其中，而中国金融学会委员会《绿色债券支持项目目录》中未包含，这在很大程度上造成了金融机构难以对绿色项目进行判定，不利于政策法规的有效执行。建议由国家相关部门牵头借鉴国家绿色标准制定原则，结合国内经济情况、环境污染和风险等实际，制定统一的绿色项目认定标准。

4. 完善第三方评估认证机制

国际绿色金融指导原则和标准主要通过第三方独立机构和评估机构对项目的运行进行监督管理。《赤道原则》要求 A 类和 B 类项目在申请绿色贷款时提交环境和社会影响评估报告，交由第三方机构进行独立审查，项目运行期间，要求贷款人聘请第三方机构监测定期提交的披露信息。《气候债券原则》（CBS）要求发行人在绿色债券发行前、存续期间提供第三方机构出具的评估报告以认证绿色性质。而国内绿色项目的审查监督主要依赖国家监管部门。建议国家完善第三方评估机构、信用评级机构准入和评估认证机制，鼓励更多的高质量的评估认证机构进入市场，充分发挥其认证、审计和评估的监督作用。

# 参考文献

安国俊：《绿色基金：政府与社会资本合力推动绿色发展》，《金融时报》2016 年 8 月 25 日。

曹倩：《我国绿色金融体系创新路径探析》，《金融发展研究》2019 年第 3 期。

操群、许骞：《金融"环境、社会和治理"（ESG）体系构建研究》，《金融监管研究》2019 年第 4 期。

陈宁、孙飞：《国内外 ESG 体系发展比较和我国构建 ESG 体系的建议》，《发展研究》2019 年第 3 期。

董银霞：《国际绿色保险制度发展现状》，《现代经济信息》2012 年第 17 期。

光琳、徐倩、王慧：《基于赤道原则的我国商业银行绿色信贷发展策略研究》，《武汉金融》2017 年第 10 期。

黄斌斌：《我国绿色信贷制度研究》，广西师范大学硕士学位论文，2018。

蒋华雄、谢双玉：《国外绿色投资基金的发展现状及其对中国的启示》，《兰州商学院学报》2012 年第 5 期。

金希恩：《全球 ESG 投资发展的经验及对中国的启示》，《现代管理科学》2018 年第 9 期。

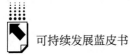
梁雪珍：《我国绿色保险模式选择研究》，安徽财经大学硕士学位论文，2012。

李迎旭：《绿色信贷认定的国内外比较与经验借鉴》，《对外经贸实务》2015年第7期。

史刘珂婕：《我国绿色保险发展问题思考》，《现代商贸工业》2019年第17期。

王树强、庞晶：《中外绿色金融制度对比及其启示》，《天津商业大学学报》2019年第3期。

王宗鹏：《绿色债券认证标准国际经验借鉴》，《合作经济与科技》2017年第12期。

游春：《绿色保险制度建设的国际经验及启示》，《海南金融》2009年第3期。

张辰旭：《绿色债券监管标准的比较研究》，《福建论坛》（人文社会科学版）2018年第9期。

# 借 鉴 篇

**Experiences**

# B.7
# 国际城市可持续发展指标综述及案例

Allison Bridges　刘梓伊　廖小瑜*

**摘　要：** 本文结合可持续发展要求经济、社会与环境协调发展的内涵，
简要回顾各组织及政府为推动发展转型而制定的指标体系和
框架，简要介绍世界范围内主要考核体系，其中，有的指标
原则上符合社会、经济与环境协调发展的"三重底线原则"
（Triple Bottom Line），而其他指标体系则偏离了 TBL 框架，
对考核的重点赋予明显高于其他发展维度的权重。充分借鉴
已有考核指标体系，可为中国可持续发展评估指标体系的完
善及发展转型的实践提供重要启示。为更好地理解城市可持

---

* Allison Bridges，美国哥伦比亚大学地球研究院博士后研究学者，研究方向：可持续发展科学；
刘梓伊，美国哥伦比亚大学可持续发展管理硕士研究生，研究方向：可持续发展科学；廖小
瑜，美国哥伦比亚大学运筹学、地球环境工程专业本科生，研究方向：运筹学、地球环境工
程。其他重大贡献、参与者：哥伦比亚大学地球研究院尤思森、张超。

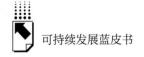
续发展状况，本文从发达国家和发展中国家中甄选出部分城市，对其可持续发展指标情况进行分析，并与中国的领先城市进行比较，这些城市包括美国纽约、巴西圣保罗、西班牙巴塞罗那、法国巴黎、中国香港以及新加坡。

**关键词：** 　国际城市　可持续发展指标　国际城市案例

# 一　国际可持续发展目标考核体系对比分析

中国改革开放以来的发展历程，既反映了中国的独特国情，实际上也是"二战"以来全球发展历史的缩影。纵观全球，人们对发展的认识随着人类社会的演进而不断深化，各国的社会发展也历经多次转型。"二战"以后，主要资本主义国家面临的最大问题就是如何通过经济发展来减少或消除贫困，这时的发展几乎等同于经济增长，这就是第一代"以增长为核心"的发展观；但是，经济增长带来社会不公、两极分化、社会腐化甚至社会动荡等问题，引发了人们对经济增长之外的社会发展的关注，产生了第二代"以人为本"的发展观；随着资源环境问题和压力凸显，第三代"可持续发展观"应运而生，倡导人们正确处理发展过程中人和自然的关系以及代际公平问题。总之，人们对发展的认识是在人类发展的进程中不断深化的：从早期对物质的关注逐渐转到对人的关注，从片面的经济增长逐渐演变为"以人为本"的全面发展，从短期的增长逐渐转为长期、协调、可持续的发展。

激励政策的设计及引导是实现发展转型的基础性前提。政策制定者可以制定各种各样的指标框架来塑造发展战略，许多研究人员已经证明指标体系的适当使用与发展转型间的正相关关系。对于我国的发展转型，如何执行规划并实现发展目标是地方发展转型的核心内容，而建立合理有效的评估监测体系将有助于将战略目标具体化，有利于执行工作的开展。结合可持续发展要求经济、社会与环境协调发展的内涵，应在构建发展测量指标体系的过程中，简要回顾各组织及政府为推动发展转型而制定的指标体系和框架。下述内容简要介绍了世界范围内主要考核体系，其中，有的指标原则上符合经济、社会与环境协调发展的"三重底线原则"（Triple Bottom Line），而其他指标体系则偏离了 TBL 框架，对考核的重点赋予明显高于其他发展维度的权重。充分借鉴已有考核指标体系，可为中国可持续发展评估指标体系的完善及发展转型的实现提供重要启示。

## （一）人类发展指数

人类发展指数（HDI）是世界范围内评估各国发展的重要且通行的指标体系。20 世纪后期发展观念的演变，尤其是"以人为本""全面协调可持续发展"观念的形成，催生了 HDI 的出现。自 1990 年联合国开发计划署（UNDP）首次发布 HDI 以来，该指数被广泛用于测度和比较各国/地区的相对人类发展水平，日益成为"世界各地区提高人类发展意识的工具"（UNDP, 2014）。人类发展指数主要衡量一个国家或地区在三个方面的发展成就：健康长寿的生活，用出生时预期寿命衡量；知识的获取，用平均受教育年限和预期受教育年限衡量；体面的生活水平，用人均 GDP 或 GNI（PPP 美元）衡量（UNDP, 2004）。HDI 的推出将决策者、媒体和非政府组织的注意力从传统的经济统计转向人的发展，吻合了"以人为本"的发展理念，因此成为各国/地区衡量综合发展的重要工具。自 1997 年开始，UNDP 联合中国有关机构，每 2~3 年发布一份《中国人类发展报告》，并公布中国各省、自治区、市的人类发展指数。HDI 指数在一定程度上突破了以往仅用 GDP 或人均 GDP 等单一指标和实际生活质量指数等综合指标来衡量经济发展的局限，得到广泛的应用。但 HDI 因指标选择范围、阈值确定、各一级指标等权重分配等原因受到的批评或质疑从未停止过。但是，HDI 指数主要涵盖了经济发展和社会发展，对于以代际公平及环境生态为核心的"可持续发展"理念的反映却相对不充分。HDI 的主要贡献者、诺贝尔经济学奖得主阿马蒂亚·森（Amartya Sen）在不同场合也反复强调，HDI 的提出是

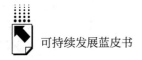

为了引起人们对人类发展问题的关注，基于数据可得性等角度考虑，很难包含影响发展的所有指标，但它是一个可变的动态开放的体系。当前，UNDP及学术界开始对 HDI 指数进行扩展，比如，UNDP 提出了多维贫困指数（MPI）、性别发展指数（GDI）、人文贫困指数（HPI）和人类绿色发展指数等指标，用以进一步表征及考核发展水平。

### （二）可持续发展城市发展指数

2015 年，联合国可持续发展解决方案网络与贝塔斯曼基金会联合发布了 OECD 国家的可持续发展指数，以简化的方式追踪 34 个 OECD 国家（地区）实现可持续发展目标的进度、明确需要优先解决的发展问题，描述了不同国家（地区）在实现可持续发展目标方面的现状。随后，与英国海外发展研究院等的研究结合，各方联合提出一种评估可持续发展目标记分卡，反映了不同地区可持续发展趋势，旨在提出其亟待提升和完善的领域。目前，该指数已在包括美国和中国在内的多个国家普遍应用，可基于此形成发展转型的对比分析。在美国方面，于 2018 年 6 月发布的研究报告显示，联合国 SDSN 与多个研究机构联合设计了美国可持续发展城市发展指数（U. S. Cities SDG Index），目前已对 100 个美国城市进行了分析考核。该考核主要基于 2015 年发布的联合国可持续发展框架及 17 项全球可持续发展目标，利用联合国的翔实数据及在可持续发展领域的研究基础，对各城市的发展表现进行排名评比，进而为地方的发展转型提供重要激励。

### （三）世界银行营商指数

世界银行新近发布了 2018 年营商指数（Doing Business Ranking），该指数对于招商引资及企业的区位选址具有突出的参考价值。营商指数主要基于两个加权的核心指标，一个是"距最优实践差距"，另一个是"营商自由度"。其中，"距最优实践差距"是以同一领域内最佳的管理实践为基准，比较各主体与其的表现差异，进而评测现有的不足及提升的空间。具体而言，营商指数涵盖 10 个营商主题的 41 项指标，包括"创业""获准建设"

"电力供应""资产注册""信用获取""税赋""跨境贸易""合同执行保障"等。中国环境保护领域所倡导的"环境领跑者制度"与营商指数的这一设计具有相似的理念。另外,"营商自由度"则基于比较的视角评价了不同区域营商的行为空间。基于这一设计,世界银行利用掌握的全球范围数据库,已对美国、俄罗斯、日本、印度、中国、巴西、墨西哥、孟加拉等国的营商环境进行分析评价,为企业投资提供了重要参考。

### (四)可持续发展委员会的可持续发展指标

自 1996 年以来,联合国可持续发展委员会(CSD)发布了三个版本的可持续发展指标(ISD),以进一步制定出面向 21 世纪的可持续发展共同愿景。该指标的目标是支持各国"通过各自的努力来制定和实施国家可持续发展指标"。ISD 是通过与各国际利益相关者的会议、试点测试、修订和专家审查制定的。最新的版本包括 14 个主题,涵盖了可持续发展的四个支柱——经济、环境、社会和制度——以及 50 个核心指标。各国政府如果希望根据需要和实际情况对指标做出调整,可以使用由联合国创建的一套简单的矩阵来评估可用数据的备用情况。50 个核心指标来源于范围更大的 96 个指标,这 96 个指标可按国家分布对可持续发展进行更加全面、差异化的评估。由于这些指标中有一些正在被广泛使用的核心指标系列,如果针对不同国家对变量框架进行调整,就更容易对框架进行管理。基于下列原因,一般可在所有地区使用核心指标:(1)这些指标可根据现有数据或大多数国家随时可获得的数据计算得出;(2)可对其他指标提供补充,并涉及范围更广的问题;(3)这些指标涉及与某个国家发展转型相关的一系列主题。

### (五)可持续性指标版

国际可持续发展研究所(IISD)在 1990 年年底推出了可持续性指标版(DS),主要对以下指标进行了定量描述和解析:19 个社会指标(如儿童体重、免疫、犯罪等)、20 个环境指标(例如水、城市空气、森林面积

等)、14 个经济指标(例如能源使用及回收、国民生产总值等)以及 8 项
制度指标(如互联网、电话、研发支出等)。这一可持续性指标版近年来
已经在国际科学界得到应用,现在已包含了 200 多个国家的数据。例如,
意大利城市帕多瓦在其 2003 年名为"可持续的帕多瓦-PadovA21"的《地
方 21 世纪议程》中采用了可持续性指标版,生成了与环境保护、经济发
展及社会推进相关的 61 个指标。但是,这只是证实该工具在城市背景下
有用性的唯一实例。与其他一些指标体系不同,DS 在制定评估方法方面非
常明确,但该方法的高度灵活性及局部可适用性使之很难进行不同城市的
发展比较。

## (六)城市代谢框架

欧洲环境局(EEA)开发的城市代谢框架,可对城市基于代谢流的可
持续发展而非其当前的发展状况进行分析。该框架由五个主要维度组成,包
括城市流动、城市质量、城市模式和城市动能。从能源消耗人均二氧化碳排
放量、水资源强度、人均 GDP、失业率和绿色空间等指标来看,它们已经
完整地涵盖了可持续发展的三个基本方面。尤其,这个框架强调了城市资源
的动态流动,并揭示出它将如何自动地推动系统达到平衡状态。借助该框
架,欧洲能以低成本方式为其城市的新陈代谢开展持续性的监测。此外,它
的量度框架还具备扩展功能,可适用不同规模的城市。使用这个框架很简
单,只需使用现成的数据源即可,但它并不能最全面地反映一座城市的可持
续性。此外,它现有数据信息及评价范围只针对欧洲,而尚未覆盖欧洲以外
的其他区域(欧盟,2015)。

## (七)全球报告倡议

联合国环境规划署(UNEP)与美国非政府组织环境负责任经济联盟
(CERES)于 1997 年发起了全球报告倡议组织(GRI),以提高各类不同组
织报告的质量、结构和扩大其覆盖面。GRI 被广泛地应用于发展绩效的评
估,也是多行业进行发展管理的主要方式。GRI 主要考虑了以下类别项下的

82 个指标系列：（1）经济绩效；（2）环保绩效；（3）社会绩效：劳动力；（4）社会绩效：人权；（5）社会绩效：社会；（6）社会绩效：产品。尽管 GRI 衡量的是基于三重底线原则的可持续性，但重点强调社会和环境方面。另外，值得一提的是，第四版的 GRI 指南在加权体系或方法方面存在不透明的缺陷和漏洞（Das & Das，2014）。

### （八）SCI 可持续性指标

总部设在加拿大的非政府组织可持续城市国际（SCI）的"可持续性指标"可帮助确定可持续发展的动因，并准确评估这些动因在促进全球各城市可持续发展中的表现情况。指标的制定者们广泛借鉴了城市可持续性指标的研究成果，在其基础上选择制定经济、社会和环境方面最常见也是最容易衡量的指标。其多维度指标包括：失业率和经济增长；绿色空间、水质和温室气体的减少；以及住房质量、教育和健康（SCI，2012）。这些核心指标不仅灵活而且易于实施，不论城市规模和位置如何均可适用；此外，它们还广泛涵盖了一系列可持续性目标。然而，"可持续性指标"赋予健康指标与治理指标的权重很小（欧盟，2012）。

### （九）可持续城市指数

"可持续城市指数"由英国领先的可持续发展非政府组织"未来论坛"编制，可根据这一指数对英国 20 个最大城市的可持续性进行排名。该指数通过整合经济、社会和环境因素，可清晰地反映出一座城市的可持续发展状况。"可持续城市指数"涵盖 13 个变量的指标包括：（1）环境绩效（如空气质量、生态影响、生物多样性）、（2）生活质量（如预期寿命、教育、失业等），以及（3）未来保障（如经济、回收利用、食品），反映了城市环境治理的动态过程。这些指标是根据 20 座城市数据及其可用性而选择的，借此保持了评分方法的平等性。各组所有指标都被赋予了同等的权重，同时在整座城市排名中各组权重均相同。从英国的发展实践来看，自从使用这些指标以来，大多数城市已有稳定的改进（未来论坛，2009）。

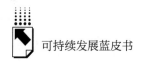

### （十）STAR 社区评级系统

在美国，社区评估和评级可持续性工具（STAR）已经成为帮助公民领袖将可持续性管理纳入总体规划的框架工具。它以 TBL 框架为指导，包括七个目标区域的 44 个目标：（1）建筑环境；（2）气候与能源；（3）经济与就业；（4）教育、艺术和社区；（5）股本和授权；（6）健康与安全；（7）自然系统。相比而言，STAR 评分方法并无科学基础，但具有显著的透明性优势。由于目前没有对单一可持续性目标的重要性或价值高于任何其他目标的全球统一评分标准，STAR 的各目标领域都是以 100 分为权重（Singh 等，2012）。根据其在实现社会可持续发展方面的影响，每个目标有 7 项具体目的，分数从 10 到 20。若每项具体目的符合"社区可实现社区级成果、地方行动或两种类型评估措施的结合"的要求，则可获得满分。最终考核的分值是根据支持性 STAR 目的、作为标准的成果优势（如国家标准阈值、标准趋势目标、STAR 设置阈值、地方设置阈值、地方设置趋势或总体趋势）及其资料来源和数据质量（如，外部数据集，标准化采集或地方采集）来确定的。STAR 已在美国有普遍的应用，如亚利桑那州的凤凰城、加利福尼亚州的洛杉矶、得克萨斯州的普莱诺等城市在可持续性城市计划中均已采用。

### （十一）罗盘可持续性指数

AtKisson 集团是一个致力于可持续性研究的国际咨询机构，其制定的"罗盘可持续性指数"提供了一个包容性的可持续性评级系统，就像一个指南针，它将指标分为四个象限（N = 自然、E = 经济、S = 社会、W = 福利），并将其汇总成一个总体的可持续性指数。具有同样权重的指标则分布在一个 0 ~ 100 的量表上；具体单位通过规范判断确定，且没有科学依据。汇总时，"罗盘可持续性指数"使用简单的取平均数法，相较而言并没有复杂的加权计算过程。2000 年，在佛罗里达州奥兰多市的大奥兰多健康社区倡议"2000 年遗产"可持续性报告中，该方法被作为核心进行了试点，且现已在美国其他城市使用（Atkisson，2001、2005）。

## （十二）欧洲"绿色之都"奖

欧洲委员会于每年颁发的欧洲绿色资本奖涉及 12 项环境和社会指标，包括地方交通、自然和生物多样性、环境空气质量、水资源管理、能源绩效及综合环境治理。该框架将重点放在对环境和城市化的影响方面，因而并未平衡三重底线中的其他两个要素。同时，该指标要求符合条件的城市须至少达到 10 万人口。自从斯德哥尔摩在 2010 年获得了首个绿色之都奖以来，37 个欧洲城市就一直参与分享最佳实践并引入政策以解决地方及全球性环境问题（Berrini，2010）。这些城市每年发布多份报告，涉及方法、最佳实践及基准，并对参与城市的各指标领域进行比较（欧盟，2015）。

## （十三）绿色城市指数

与其他组织发布的考核体系不同，知名企业西门子集团的绿色城市指数（GCI）同样被用于评估欧洲各城市的环境可持续性。作为各城市评估和比较工作的组成部分，西门子专家组建立了下列 8 种类别 30 个指标集：交通、能源、环境治理、二氧化碳、水、废物及土地利用、建筑和空气质量。该指标集覆盖城市环境可持续性的主要方面，并重点关注能源和二氧化碳排放量。此外，该指数对指标集进行了结构化设计，以使用公开可用数据。同时，GCI 对每个指标进行标准化处理，以便对各城市进行比较（欧盟，2015）。欧洲绿色城市指数的第一个应用项目是在 2009 年实施的，对来自 30 个国家的 30 个主要欧洲城市进行评比考核。至 2013 年，该指数对 130 座城市的环境绩效进行了衡量和评级。通过比较，一个主要发现是财富和环境绩效之间存在明显的正相关。但是，GCI 的主要缺陷是：未能直接反映一座城市当前的社会和经济状况。

## （十四）环境绩效指数

由耶鲁大学、哥伦比亚大学和世界经济论坛联合开发的环境绩效指数（EPI），以一种量化和数字标记方法对一国政策的环境绩效进行衡量。之前的环境可持续性指数（ESI）包括 265 个指标，主要关注两个首要的环境目标：（1）环境卫生：减少对人类健康的环境压力；（2）生态系统活力：提高生态系统活力，促进有效的自然资源治理。该指数分别计算了六个与环境政策相关的核心类别的分数，即环境卫生、空气质量、水资源、生物多样性和栖息地、生产型自然资源及气候变化（Emerson 等，2010）。所有指标得分从 0 到 100，指标权重利用主要要素分析进行评估并以加权和的形式进行汇总（Singh 等，2012）。加权取决于数据的可用性以及指标影响政策变更的方式。如果特定指标的基本数据可靠性差或与同一问题类别的其他数据相比相关性低，则指标权重低。由于有些国家普遍缺少政策和行动，某些类别内的指标权重在政策问题及目标范围内就会按比例增加。该指数的优势是揭示了城市发展如何改变自然环境，但缺陷在于未能涉及其对社会和经济维度的重大影响问题（Esty 等，2008）。

### （十五）健康城市指数

作为健康城市项目的组成部分，世界卫生组织欧洲健康城市网络建立了"健康城市指数"（HCI），这是一套由 53 个指标组成、用于衡量城市健康水平的指数。HCI 指数有助于全球决策者进行有效干预，以提高城市化背景下的社会健康水平。该指数包括空气污染、水质、污水收集等环境指标；死亡率、公共交通及疫苗接种率等社会指标；以及流离失所、失业和贫穷等经济指标。世界卫生组织将选定的指标分为四个主要类别：健康促进、卫生服务、社会关怀和环境改善（包括物质环境、社会环境和经济环境）（Crown，2003）。然而，HCI 的不足在于其重点强调了可持续发展中的"健康"部分，而对于发展转型相关的其他方面缺乏关注（世界卫生组织，2015）。

### （十六）全球城市指标计划

世界银行的全球城市指标计划（GCIP）旨在提高城市居民的幸福感，推进社会能力建设（世界银行，2009）。在该计划中，由国际专家组进行质的评估，主要关注可持续性的社会方面。该计划分为两个主要类别：
(1) 城市服务；(2) 生活质量，共包含 63 个指标。城市服务包含 12 个主题，包括教育、金融及能源。生活质量包括六个主题，即经济、文化、环境、社会公平、技术和创新。GCIP 首次在拉丁美洲和加勒比地区推行方法试点，目前全球有上百个参与城市。CGIP 可灵活适用于多种规模的城市，因此，各城市之间不存在科学可比性。但是，CGIP 没能形成科学合理的加权指标组合，难以对城市绩效进行更为全面的描述及考核（世界银行，2008）。

### （十七）全球城市实力指数

日本森纪念财团建立的"全球城市实力指数"根据城市实力对全球 44 个主要城市进行排名，以招商引资，调动资产来保障经济、社会和环境的发展。尽管该指数吸收了社会和环境变量，但其主要的关注点在经济方面。它采用六项主要用于表征城市实力的指标：经济、研发、文化交流、宜居性、环境和可达性（MMF，2015）。该指数为得分分数，即所有类别绩效之和。由于每座城市都会获得评分，意味着得分为 1500 的城市比得分为 1000 的城市表现优异 50%。与其他使用类似方法的指标体系不同，通过提高具备高横向标准偏差的指标权重可以拓宽综合得分的范围并改变排名。如目前并不存在透明化的方法来确保具有统计噪声的指标在整体指数组成中权重较低。

## 二 国际城市研究案例

为了更好地理解城市可持续发展状况，我们从发达国家和发展中国家中甄选出部分城市，对其 2018 年度可持续发展指标情况进行分析，并与中国的领先城市 2018 年度指标进行比较，这些城市包括：美国纽约、巴西圣保罗、西班牙巴塞罗那、法国巴黎、中国香港以及新加坡。

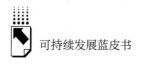

## （一）美国纽约

**表1　美国纽约主要可持续发展指标**

| 可持续指标 | 纽约 | 珠海 | 中国城市平均值 |
| --- | --- | --- | --- |
| 人口（百万） | 8.62 | 1.77 | 6.62 |
| GDP（十亿元） | 5447.78 | 268 | 530 |
| GDP增长率（%） | 4.0 | 10.8 | 7.63 |
| 第三产业增加值占GDP比重（%） | 83.25 | 50.06 | 49.78 |
| 城镇登记失业率（%） | 4.50 | 2.3 | 2.9 |
| 人均城市道路面积（平方米/人） | 17.40 | 51.45 | 15.62 |
| 房价收入比 | 0.18 | 0.14 | 0.16 |
| 每万人城市绿地面积（公顷/万人） | 15.66 | 112.97 | 51.72 |
| 空气质量PM2.5年均值（微克/立方米） | 5.40 | 30 | 44.1 |
| 每万元GDP水耗（吨/万元） | 2.51 | 20.11 | 61.49 |
| 单位GDP能耗（吨标准煤/万元） | 0.01 | 0.39 | 0.67 |
| 污水处理厂集中处理率（%） | 100.00 | 96.36 | 91.85 |
| 生活垃圾无害化处理率（%） | 100.00 | 100.00 | 98.44 |

资料来源：NYC Open Data.（2019，5，18），https：//data. cityofnewyork. us/Environment/Water – Consumption – In – The – New – York – City/ia2d – e54m. New York。

Stringer，S. M.（n. d.），https：//comptroller. nyc. gov/reports/new – york – city – quarterly – economic – update/. New York。

GreenPeace.（2018，1，1），https：//www. greenpeace. org. cn/air – pollution – 2017 – city – ranking/. China。

### 1. 经济发展

纽约市生产总值为5.4万亿元（大纽约地区生产总值为11.6万亿元），与西班牙和加拿大两国的国内生产总值相当。在中国较大的都市中，纽约市的生产总值相当于北京和上海生产总值的总和（约为5.8万亿元），但是中国城市的平均GDP增长率远超过美国城市。美国城市的国内生产总值增长率很少超过4%，而中国一线城市的生产总值增长率普遍在7%左右。中国城市数十年的经济增长导致失业率处于历史低位。纽约的失业率（4.50%）

几乎是中国城市平均失业率的两倍（2.9%）。纽约市的经济主要以服务业为基础，其中金融、医疗保健和专业服务行业占比较高。随着制造业继续推动中国城市经济的发展，目前只有北京与纽约市的服务业增加值水平逐渐相当。

2. 社会民生

纽约市是美国人口最稠密的城市，同时该市的公路和公共交通基础设施也处于国内较高水平。纽约市投资出行方式多元化已超过150年，目前拥有广泛的地铁系统、水运系统和自行车道，同时包含人均城市道路面积为17.40平方米。与中国城市相比，纽约市人均道路面积比北京、上海以及广州多，但少于珠海，纽约市人均道路面积高于中国城市平均值。

纽约市的平均房价高于其他任何美国城市，在全球排名第三。虽然与美国其他城市相比，纽约的最低工资较高，但曼哈顿市中心的经济适用住房资源依旧短缺。纽约市的房价收入比是0.18，相比于中国可持续发展排名较高的城市〔（深圳（030），北京（0.33），上海（0.37）〕来说，房屋购买力较强。

3. 资源环境

纽约拥有超过11000公顷的市政公园，但每万人城市绿地面积①相对较小，为每万人15.66公顷。中国一线城市人均绿地面积约为纽约市的8.6倍，每万人有135.45公顷。纽约市的标志性公园得到了各种方式的支持，包括私人慈善事业、非营利组织和当地的城市保护政策。纽约的"OneNYC可持续发展计划"于2015年取代了2007年的"PlaNYC计划"，旨在到2030年将居住在公园步行距离内的住户比例提高到85%。此外，该市还将增加街道树木和花坛的数量，同时也改善了高需求社区中维护不善的公园。

在20世纪60年代，纽约市的空气和水道是美国污染最严重的领域。随着联邦环境保护局（EPA）的成立，联邦、州和地方的法律法规开始限制城

---

① 纽约市绿地面积不包括没有植被覆盖的休闲用地。

市污染活动，如垃圾焚烧、煤和石油发电、含铅汽油的使用。今天的纽约，PM2.5 和二氧化硫的含量处于历史最低点，但运输和工业仍然给纽约市的空气质量带来挑战。2017 年的纽约市 PM2.5 平均值为 5.4 微克/立方米，比 2014 年降低了 40%。中国综合排名最高的城市珠海的该值年均为 30 微克/立方米。中国最佳空气质量的城市三亚 2017 年的 PM2.5 平均值为 15.2 微克/立方米。2017 年中国城市的 PM2.5 浓度平均值为 44.1 微克/立方米，是纽约的 8 倍。

4. 消耗排放

纽约市拥有超过 100 万栋建筑和 800 万居民，但由于具有极高的生产总值，每单位 GDP 能耗及水耗远低于中国城市平均值。在过去的十年中，城市领导者实施了多项提高能源效率的计划，其中包括"绿色建筑计划"，要求建设者发布建筑物报告、节能法规、基准年度能源使用情况和温室气体减排目标。尽管这些努力使纽约成为美国能源效率第二高的城市，但城市建筑仍然是纽约最大的温室气体排放源。根据 OneNYC 计划，该城市的目标是到 2050 年减少 80% 的温室气体排放，激励太阳能发电，并提高建筑能效。为了改善水资源管理，该市将在十年内投资超过 10 亿美元，以保护上游水库和流域。

5. 环境治理

纽约的污水处理率为 100%。而目前排名靠前的中国城市并不能达到相同水平。与美国大部分地区一样，纽约下水道设计为雨污混合溢流口。当强降雨和污水的组合超过处理厂的容量时，多余的水将被排放到城市的水道中。纽约市近几年的投资加强了管理雨水以及额外的溢流水箱的能力。纽约市的 14 个污水处理厂每天能处理超过 4000 万吨的污水。

纽约的生活垃圾处理率为 100%，中国大多数城市也是如此。纽约目前正在规划设计在 2030 年成为零废弃城市，以减小日益增加的向州外垃圾填埋场输送垃圾的需求。OneNYC 项目的废物管理目标包括提高路边回收的转移率、扩大有机物收集，以及提高餐馆和商业企业的私人废物服务效率。

## （二）巴西圣保罗

**表 2　巴西圣保罗主要可持续发展指标**

| 可持续指标 | 圣保罗 | 珠海 | 中国城市平均值 |
|---|---|---|---|
| 人口（百万） | 12.18 | 1.77 | 6.62 |
| GDP（十亿元） | 1315.93 | 268 | 530 |
| GDP 增长率（%） | 2.6 | 10.8 | 7.63 |
| 第三产业增加值占 GDP 比重（%） | 76 | 50.06 | 49.78 |
| 城镇登记失业率（%） | 14.2 | 2.3 | 2.9 |
| 人均城市道路面积（平方米/人） | 22.50 | 51.45 | 15.62 |
| 房价收入比 | 0.19 | 0.14 | 0.16 |
| 每万人城市绿地面积（公顷/万人） | 2.6 | 112.97 | 51.72 |
| 空气质量 PM2.5 年均值（微克/立方米） | 18.00 | 30 | 44.1 |
| 每万元 GDP 水耗（吨/万元） | 5.27 | 20.11 | 61.49 |
| 单位 GDP 能耗（吨标准煤/万元） | 0.15 | 0.39 | 0.67 |
| 污水处理厂集中处理率（%） | 60.00 | 96.36 | 91.85 |
| 生活垃圾无害化处理率（%） | 98.00 | 100.00 | 98.44 |

资料来源：*State of São Paulo's GDP is higher than the Brazilian average, according to Seade Foundation.*（2018, 05, 12）. Retrieved from Investe São Paulo：https：//www. en. investe. sp. gov. br/news/post/state - of - sao - paulos - gdp - is - higher - than - the - brazilian - average - according - to - seade - foundation/。

GreenPeace.（2018, 1, 1）. https：//www. greenpeace. org. cn/air - pollution - 2017 - city - ranking/. China。

### 1. 经济发展

尽管巴西在过去十年间政局不稳、经济衰退，但 2017 年巴西仍是世界第九大城市经济体。与中国类似，巴西几十年来经济快速发展，但是从 2014 年起，巴西遭受了历史上最严重的经济衰退，同时高层政治丑闻和腐败指控不断，从居高不下的失业率以及逐渐下降的 GDP 增长率可以看出巴西的经济仍然未开始回暖。到 2017 年，GDP 增长率跌至 2.6%，失业率上升至 14.2%。2017 年，几乎所有中国城市的 GDP 增长率均高于圣保罗，圣

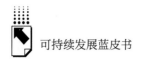

保罗 2017 年失业率接近中国城市平均值的 5 倍。从历史上看，工业城市圣保罗现在是巴西的金融中心，且逐渐转型为服务型经济体。2017 年，服务业增加值为 76%。这个数据高于上海（69%）和深圳（58%）等中国综合排名靠前的城市，高亦于中国城市的平均水平（49.78%）。

2. 社会民生

圣保罗是巴西人口最多、城市化面积最大的城市，城市不断向外扩展，人口密度是香港的四分之一。圣保罗的交通基础设施以道路为主，人均道路面积为 22.5 平方米/人，远高于中国城市的平均水平（15.62 平方米/人）。圣保罗交通拥堵严重，为配套快速发展的郊区，政府大力投资建设公路，加快货车运输在城市内外发展。该市还投资了南美洲最大的地铁系统。虽然现代地铁系统备受好评，但仍无完全法覆盖圣保罗城市化的全部区域。

圣保罗的房价与巴西其他城市相比较高，同时也长期面临住房短缺问题。由于城市居民收入严重不平衡，精英住房成本与 20% 住在非正规房人口的住房成本之间差距巨大。圣保罗的房价收入比为 0.19，该市的房屋购买力低于中国主要城市。

3. 资源环境

圣保罗市政府长期支持环境监管，但是执法强制力不足和预算限制约束了各项举措的有效实施。由于圣保罗市城市绿地面积①很小（2.6 平方米/每万人），因此每个中国城市在这方面的表现都优于圣保罗。为弥补不足，该市计划在拥挤的道路上投资垂直花园，并增加整座城市的行道树数量。

由于工业和制造业仍然是圣保罗经济的重要部分，空气质量仍是当地面临的大问题。尽管 PM2.5 的年平均值比上年略有下降（从 19 微克/立方米下降至 18 微克/立方米），但圣保罗的空气质量仍然达不到世界卫生组织的目标要求。从 20 世纪 70 年代起，圣保罗市通过了多项工业污染法规，空气质量稳步提高。现在城市主要的空气质量问题与臭氧和颗

---

① 圣保罗绿地面积统计不包括没有绿植覆盖的公共休闲空地。

粒物有关。2009 年市政气候变化政策推进空气质量改善，对此下文将进一步讨论。

4. 消耗排放

圣保罗每万元 GDP 的耗水量为 5.27 吨，不及中国城市平均水平的十分之一。圣保罗的水资源难以满足未来 20 年的需求，2014～2015 年严重的旱灾让该市的大部分地区失去水源。为增加供给，该市与地区水务部门进行合作，改善可用水的供应及水质管理。新投资的设施和项目有水处理厂、减少漏水项目以及从邻近水坝输水的基础设施。

2009 年，该市通过出台《市政气候变化政策》设定了减少温室气体排放的目标。该政策旨在以扩大绿地面积、改善建筑材料质量、增加公共交通设施和推广可再生燃料，来改善空气质量、减少二氧化碳排放。尽管该市在 2009 年至 2015 年间未能实现减排 30% 的目标，但是圣保罗气候委员会在 2017 年提出了新建议，包括减少城市公交车排放，引入新的重型车辆排放标准，并在城市垃圾填埋场建沼气发电厂。该举动使该市 2017 年的能源消耗量降低至每万元 0.15 吨标准煤，低于所有中国城市同年的每万元能源消耗。

5. 环境治理

圣保罗的生活污水处理率为 60%，低于绝大多数中国城市。圣保罗所处的 22 个流域都存在较严重的水体污染。近年来，圣保罗为改善水质和污水处理进行许多努力，包括前文提到的投资污水处理厂、扩展卫生系统以及世界银行为改进管理系统进行额外投资。

该市的固体废物处理率为 98%。这一比率高于该市的污水处理率，与中国和其他国际化城市的比率持平。圣保罗在 20 世纪 70 年代开始提供有限的垃圾回收服务，目前向 70% 的大都市区提供服务。此外，多数生活垃圾送至垃圾填埋场，由工人继续将废物分类出有回收价值的材料。同时，私营公司高价为城市提供废物处理服务。城市为大力降低费用，建设新的沼气厂和增加废物转移。

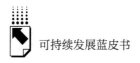

## （三）西班牙巴塞罗那

**表3 西班牙巴塞罗那主要可持续发展指标**

| 可持续指标 | 巴塞罗那 | 珠海 | 中国城市平均值 |
|---|---|---|---|
| 人口（百万） | 1.62 | 1.77 | 6.62 |
| GDP（十亿元） | 601.35 | 268 | 530 |
| GDP 增长率（%） | 3.3 | 10.8 | 7.63 |
| 第三产业增加值占 GDP 比重（%） | 87.10 | 50.06 | 49.78 |
| 城镇登记失业率（%） | 13.1 | 2.3 | 2.9 |
| 人均城市道路面积（平方米/人） | 6.33 | 51.45 | 15.62 |
| 房价收入比 | 0.08 | 0.14 | 0.16 |
| 每万人城市绿地面积（公顷/万人） | 17.33 | 112.97 | 51.72 |
| 空气质量 PM2.5 年均值（微克/立方米） | 18.10 | 30 | 44.1 |
| 每万元 GDP 水耗（吨/万元） | 0.03 | 20.11 | 61.49 |
| 单位 GDP 能耗（吨标准煤/万元） | 0.15 | 0.39 | 0.67 |
| 污水处理厂集中处理率（%） | 100.00 | 96.36 | 91.85 |
| 生活垃圾无害化处理率（%） | 100.00 | 100.00 | 98.44 |

资料来源：Ajuntament de Barcelona. （2018）. *Statistical yearbook of Barcelona city. Year 2018* . Retrieved from Estadística：http：//www. bcn. cat/estadistica/angles/dades/anuari/。

*Atmospheric Environment.* （n. d.）. Retrieved from Port de Barcelona：http：//www. portdebarcelona. cat/en/web/el – port/qualitat – de – l – aire/。

GreenPeace. （2018，1，1）. https：//www. greenpeace. org. cn/air – pollution – 2017 – city – ranking/. China。

### 1. 经济发展

中世纪以来，巴塞罗那一直是西班牙重要的经济和行政城市，如今已成为西南欧的主要文化、经济和金融中心。西班牙是受经济危机打击最重的欧洲国家之一。巴塞罗那 GDP 在 2007～2009 年和 2010～2012 年间急剧下降，但近几年略有上升。与中国城市（平均 7.63%）相比，其增长率仍然很低（3.3%），但与其他欧洲城市相当。经济危机也严重影响了失业率，失业率在 2012 年 3 月达到了 24% 的峰值。2017 年，虽然失业率有所下降，但是仍高达 13.1%。历史上巴塞罗那的工业以纺织业为主，商业传统悠久，现在的主导产业是服务业。旅游业、贸易和出口是当地的经济支柱。因此，巴塞罗那第三产业增加值占 GDP 的比重（87.10%）高于所有中国城市（珠海50.06%，深圳58%，北京80.56%）。

2. 社会民生

巴塞罗那是加泰罗尼亚地区最大的城市，其市区延伸至周边多座城市，巴塞罗那市有162万人口。但同时，巴塞罗那面积只有102平方公里，北京约为其100倍，香港或纽约市约为其10倍。巴塞罗那是一个交通枢纽，巴塞罗那港是欧洲主要海港，也是最繁忙的欧洲客运港口之一。巴塞罗那机场是西班牙第二大机场，每年可接待超过4000万乘客；当地高速公路网庞大，高速铁路连接法国和欧洲其他地区。然而，巴塞罗那人均道路面积①（6.33平方米）大幅度少于中国城市（珠海人均51.45平方米，深圳人均27.93平方米，中国主要城市人均15.62平方米）。

在2017年，加泰罗尼亚政治局势的不稳定对巴塞罗那的房地产市场产生了负面影响，使巴塞罗那的房价在第四季度猛烈下跌，房屋收入比（0.08）与中国综合排名前十的城市（如珠海0.14，北京0.32，深圳0.30）相比，其居民住房购买力更高。

3. 资源环境

巴塞罗那政府长期致力于环境监管，被视为欧洲智慧城市的典范，也是生活质量的国际基准。然而当地城市绿地的可用性较中国城市低，人均绿地面积②（人均17.33平方米）是中国该指标表现最好的城市深圳（人均225.03平方米）的约1/15。该市内建设的城市公园占全市面积的10%，超过95%的居民可以在不到300米的步行路程内进入绿地。此外，巴塞罗那人均绿地面积超过纽约（人均15.66平方米）和巴黎（人均14.54平方米）。

巴塞罗那的空气质量优于大多数中国城市，然而，该市主要运输干道沿线的空气质量仍然存在问题，2013年被评为污染第三大的欧洲城市。巴塞罗那一直以来致力于解决这一问题，目前正在实施改善空气质量的具体计划

---

① 西班牙的道路面积统计不包括高速公路和隧道。
② 绿地面积统计不包括没有植被覆盖的公共休闲用地、私人居民绿地，以及道路绿带。

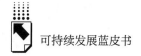

（2015～2018 年）：该计划确定了污染物的主要来源（港口和公路运输）和推行的项目，如城市河港绿化、建立空气质量和排放模型、随机控制柴油车辆排放、改善公共交通、促进非机动交通和汽车共享，规定物流时间表，以及限制使用燃油供暖。

4. 消耗排放

巴塞罗那在节水方面是欧洲的基准。单位 GDP 耗水量（0.03 吨/万元）约为中国综合排名最高的城市珠海（20.11 吨/万元）的千分之一。与中国该指标表现最好的唐山市（2.55 吨/万元）相近，深圳和北京每万元 GDP 分别耗水 8.96 吨、14.10 吨。这得益于巴塞罗那 2000 年起推行的公民意识运动，公民承诺在 1999 年至 2014 年减少 20% 以上的耗水量。

同样，巴塞罗那在能源消耗方面（0.15 吨标准煤/万元）也优于中国城市，耗能比中国该指标表现最好的城市北京（0.26 吨标准煤/万元）、深圳（0.36 吨标准煤/万元）、珠海（0.39 吨标准煤/万元）高出许多。巴塞罗那在多年前已经启动一项能源改进计划（2002～2010 年和 2011～2020 年）：诊断巴塞罗那实际的能源状况，提供更好的基础设施，并向可再生能源转型以减少废气排放，来实现更好的供应网络管理和适中的房屋保温，改善公共照明，构建城市空调网络。

5. 环境治理

巴塞罗那生活污水处理率达 100%，与中国综合排名较高的城市一致。巴塞罗那拥有完善的污水管网和计算工具，可根据河流流量模拟下水道网络的运行方式，以免污染河流和海水。该网络包含雨水和污水调节水箱，能够吸收洪水时的水流。截止到 2017 年，巴塞罗那大都市区有 7 个污水处理厂。

巴塞罗那回收并处理所有居民的生活垃圾，因此家庭垃圾的无害化处理率为 100%，与 60% 的中国城市一致。巴塞罗那市附近的 Garraf 垃圾填埋场于 2008 年关闭，改造成绿色梯田农业景观，并建成了四个生态公园，以更好地管理和处理城市固体废物，包括堆肥、甲烷化和材料回收等。巴塞罗那"21 世纪议程"的指标着重于废品加工，推广再利用与再循环文化，例如有机材料和选择性废品的回收。

### （四）法国巴黎

表4　法国巴黎主要可持续发展指标

| 可持续指标 | 巴黎 | 珠海 | 中国城市平均值 |
|---|---|---|---|
| 人口（百万） | 2.14 | 1.77 | 6.62 |
| GDP（十亿元） | 777.33 | 268 | 530 |
| GDP增长率（%） | 2.20 | 10.8 | 7.63 |
| 第三产业增加值占GDP比重（%） | 77.54 ** | 50.06 | 49.78 |
| 城镇登记失业率（%） | 7.1 | 2.3 | 2.9 |
| 人均城市道路面积（平方米/人） | 7.48 | 51.45 | 15.62 |
| 房价收入比 | 0.29 | 0.14 | 0.16 |
| 每百万人城市绿地面积（公顷/万人） | 14.54 | 112.97 | 51.72 |
| 空气质量PM2.5年均值（微克/立方米） | 9.90 | 30 | 44.1 |
| 每万元GDP水耗（吨/万元） | 2.34 | 20.11 | 61.49 |
| 单位GDP能耗（吨标准煤/万元） | 0.05 | 0.39 | 0.67 |
| 污水处理厂集中处理率（%） | 100.00 | 96.36 | 91.85 |
| 生活垃圾无害化处理率（%） | 100.00 | 100.00 | 98.44 |

** 巴黎行政区数值。

资料来源：AirParif.（2018，03）. https：//www.airparif.asso.fr/_pdf/publications/bilan－2017－anglais20180829.pdf. Pairs，France。

GreenPeace.（2018，1，1）. https：//www.greenpeace.org.cn/air－pollution－2017－city－ranking/. China。

1. 经济发展

巴黎的GDP增长率低于大多数中国城市：珠海10.8%，深圳8.8%，北京6.7%，但与其他西方城市相当。法国历史上有一段30年的经济增长期（1945～1975年），也受到了2007年经济危机的影响。巴黎经济以服务业为主导，目前正发展成为法国的金融和信息技术中心。同时旅游业也是其最大的收入来源之一。旅游业方面，巴黎推出了一项可持续住宿计划，以促进旅游业的可持续发展。巴黎奥委会承诺将减少2024年巴黎奥运会的碳排放，缩减其碳排放至2012年伦敦奥运会的一半。与中国城市的城镇居民失业率相比，巴黎失业率虽然高达7.1%，但是与往年相比正在下降，由经济危机导致的低迷局面正在改变。

2. 社会民生

巴黎是欧盟中面积最大的城市。该市是一个铁路、公路和航空运输枢

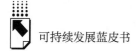

纽，有两个国际机场。继莫斯科地铁后，它拥有欧洲第二繁忙的地铁系统。巴黎古城保留了其大部分历史街道，因此巴黎市的人均城市道路面积（7.48平方米）比中国城市少。

巴黎的房屋价格在2017年世界排名第6[①]，高于北京、上海等中国城市，房价收入比为0.29，远高于中国平均水平（0.16），说明巴黎居民的房屋购买力更差。

3. 资源环境

巴黎的人均城市绿地[②]面积为14.54平方米，比中国综合排名较靠前的城市低：珠海112.97平方米，深圳225.03平方米，北京61.44平方米。巴黎政府于2016年12月通过了一项新法律，允许巴黎居民在城市中根据自己的创意增加绿色植被，争取在2020年前使巴黎的绿化面积达到100公顷。

巴黎的空气质量优于大多数中国城市，PM2.5的年平均值为9.9微克/立方米，大约为中国排名最高城市珠海的三分之一。在过去的几年内，巴黎的排放量持续减少，这主要得益于当局采取的行动，例如关闭部分城市公路、扩大公共空间的植被面积，以及修改城市规划和法规来生产可再生能源。巴黎市已将五个石油发电厂转换为天然气或生物燃料发电厂，提高资源效率并产生可更新能源。同时，巴黎市促进汽车共享和自行车道建设，以实现2024年零柴油车辆目标和2030年零汽油燃料汽车目标。

4. 消耗排放

巴黎的耗水量很低，每生产1万元GDP只消耗2.34吨水，比中国排名靠前城市低接近4倍及更多（珠海，20.11吨；深圳，8.97吨；北京，14.10吨）。同时，巴黎正在完善测量设备，以更好地识别供应网络上出现的泄漏。

巴黎在单位GDP能耗方面领先于中国所有城市，约为中国城市平均值的十三分之一（巴黎为0.05吨标准煤/万元，深圳为0.36吨标准煤/万元，珠海为0.39吨标准煤/万元，北京为0.26吨标准煤/万元）。同时，巴黎一

---

① 就每平方米的购买价格而言，2017排名前十位的城市分别是伦敦、香港、纽约、特拉维夫、东京、巴黎、莫斯科、维也纳、日内瓦、新加坡。

② 巴黎市的绿地面积统计不包含没有植被覆盖的公共休闲用地、私人绿地，以及道路绿带。

直在努力减少能源消耗。巴黎实行的"气候计划"采取的措施包括：在巴黎东部建立太阳能发电站和地热井，以及通过建筑物的生态改造来解决能源供应不稳定问题。同时该市在逐步应用智能公共照明技术，该举措将照明能耗直接降低到2004年水平的25%。

5. 环境治理

同大多数中国排名较靠前的城市一样，巴黎拥有100%的生活污水处理率。同时，巴黎在大力建设新的水箱，以防止在大型风暴中污水处理厂上游的污水和雨水溢出。

由于巴黎市政回收并处理了所有居民生活垃圾，巴黎的生活垃圾的无害化处理率为100%，与大多数中国城市一样。巴黎致力于更好更便捷的废物管理，并且力争在2050年实现"零利用废物"的目标。为达到该目标，巴黎市政府大力投资废物分类收集站建设，并增加厨余垃圾的路边回收。

## （五）中国香港

表5　中国香港主要可持续发展指标

| 可持续指标 | 香港 | 珠海 | 中国城市平均值 |
|---|---|---|---|
| 人口（百万） | 7.39 | 1.77 | 6.62 |
| GDP（十亿元） | 2305.06 | 268 | 530 |
| GDP 增长率（%） | 3.8 | 10.8 | 7.63 |
| 第三产业增加值占 GDP 比重（%） | 61.42 | 50.06 | 49.78 |
| 城镇登记失业率（%） | 3.1 | 2.3 | 2.9 |
| 人均城市道路面积（平方米/人） | 5.70 | 51.45 | 15.62 |
| 房价收入比 | 0.62 | 0.14 | 0.16 |
| 每万人城市绿地面积（公顷/万人） | 55.99 | 112.97 | 51.72 |
| 空气质量 PM2.5 年均值（微克/立方米） | 24 | 30 | 44.1 |
| 每万元 GDP 水耗（吨/万元） | 5.50 | 20.11 | 61.49 |
| 单位 GDP 能耗（吨标准煤/万元） | 0.14 | 0.39 | 0.67 |
| 污水处理厂集中处理率（%） | 98 | 96.36 | 91.85 |
| 生活垃圾无害化处理率（%） | 100 | 100.00 | 98.44 |

资料来源：HKTDC. (2019, 6, 4). http://hong - kong - economy - research. hktdc. com/business - news/article/市場環境/香港經貿概況/etihk/tc/1/1X000000/1X09OVUL. htm. Hong Kong。

GreenPeace. (2018, 1, 1). https://www. greenpeace. org. cn/air - pollution - 2017 - city - ranking/. China。

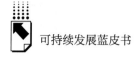

1. 经济发展

香港是中国的特别行政区。中国在 1997 年以"一国两制"的原则恢复了对香港的主权。作为通往中国内地的主要门户，香港经济的特点是自由贸易和低税收。目前，香港是世界第八大贸易经济体。GDP 为 2.305 万亿人民币，香港经济是中国内地城市平均 GDP 的四倍左右。然而，中国内地城市平均的 GDP 增长率约为香港 GDP 增长率的两倍。

香港的失业率（3.1%）比珠海高 0.8 个百分点，与中国内地城市的平均失业率相当。自香港回归以来，其经济发生了巨大变化。目前，香港是世界第十五大服务输出地。香港服务业增加值占比为 61.42%，其中四个主要服务行业增加值占 GDP 增长值的 57.1%（贸易及物流，金融服务，专业服务及其他工业商业支援服务，旅游）。中国内地城市第三产业增加值占比平均为 49.78%。

2. 社会民生

由于岛上空间有限，香港是世界上人口密度最大的城市之一。2017 年香港人口为 739 万，是珠海的近五倍，约为深圳人口的 59%，但香港大部分土地无法进行新的开发。根据国际住房支付能力的年度统计调查，2017 年香港房价被伦敦超越降至全球第二，在此之前的七年中，香港房价一直为全球第一。

由于住房需求旺盛而空间有限，香港人均道路面积相对较少（人均 5.7 平方米），而珠海人均道路面积为 51.45 平方米，深圳 28 平方米，中国城市人均道路面积为 15.62 平方米。

3. 资源环境

香港的城市绿地面积为每万人 55.99 公顷，与中国主要城市平均值（每万人 51.72 公顷）相近。深圳的这一数字为每万人 225.03 公顷，珠海为每万人 112.97 公顷。

与内地大部分城市相比，香港的空气质量较好。2017 年的 PM2.5 年均值为 24 微克/立方米，同年，中国城市的平均值为 44.1 微克/立方米，接近香港的两倍。

4. 消耗排放

香港每万元 GDP 能源消耗量（0.14 吨标准煤）和耗水量（5.5 吨），分别约为内地城市平均值的五分之一和十二分之一。中国内地城市的万元 GDP 平均耗水量为 61.49 吨，万元 GDP 平均能耗为 0.67 吨标准煤。

5. 环境治理

香港的污水处理率为 98%，高于中国内地城市的平均值（91.85%）。香港岛环境保护署制订了 16 项污水处理计划，以满足香港的污水处理需求。这些计划安排了污水处理的基础设施，将污水引入设备进行处理后再排入海洋。这些计划正逐步推行，以配合香港目前及未来的发展需要。

香港生活垃圾的处理率为 100%，与中国大多数城市一致。香港共有 13 个封闭式堆填区，其修复工程已于 1997 年至 2006 年完成，尽量减少对环境潜在的不利影响，确保设施安全以实现更好利用。

## （六）新加坡

**表 6　新加坡主要可持续发展指标**

| 可持续指标 | 新加坡 | 珠海 | 中国城市平均值 |
|---|---|---|---|
| 人口（百万） | 5.61 | 1.77 | 6.62 |
| GDP（十亿元） | 1627.77 | 268 | 530 |
| GDP 增长率（%） | 3.6 | 10.8 | 7.63 |
| 第三产业增加值占 GDP 比重（%） | 72.12 | 50.06 | 49.78 |
| 城镇登记失业率（%） | 2.2 | 2.3 | 2.9 |
| 人均城市道路面积（平方米/人） | 15.43 | 51.45 | 15.62 |
| 房价收入比 | 0.32 | 0.14 | 0.16 |
| 每万人城市绿地面积（公顷/万人） | 64.29 | 112.97 | 51.72 |
| 空气质量 PM2.5 年均值（微克/立方米） | 14 | 30 | 44.1 |
| 每万元 GDP 水耗（吨/万元） | 1.80 | 20.11 | 61.49 |
| 单位 GDP 能耗（吨标准煤/万元） | 0.04 | 0.39 | 0.67 |
| 污水处理厂集中处理率（%） | 93 | 96.36 | 91.85 |
| 生活垃圾无害化处理率（%） | 100 | 100.00 | 98.44 |

资料来源：Statistics Singapore. （2018）. *Singapore Service Sector 2017*. Retrieved from https：//www. singstat. gov. sg/modules/infographics/singapore – services – sector。

GreenPeace. （2018，1，1）. https：//www. greenpeace. org. cn/air – pollution – 2017 – city – ranking/. China。

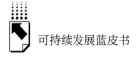

1. 经济发展

新加坡是一个拥有 561 万人口的城邦岛国，一直沿用英国议会政府体制下的治理结构。新加坡多年来一直是亚洲乃至全世界的贸易中心。新加坡马六甲海峡是世界上最繁忙的港口，地处印度和中国之间。新加坡的经济增长平稳，2017 年 GDP 增长率为 3.6%，国内生产总值为 1.63 万亿元，比北上广深稍低，其中第三产业增加值占 GDP 的 72.12%。但由于新加坡制造业和服务业发展稳健，当地城市失业率相对稳定，为 2.2%，与珠海（2.3%）相当，比中国城市平均失业率（2.9%）稍低。

2. 社会民生

新加坡被称为一个年轻的移民国家，是一个多元化和多种族的社会，主要由第二代和第三代移民组成。新加坡人口为 561 万，与所有中国城市的平均水平（662 万）相比相对较少。新加坡的人均道路面积为 15.43 平方米，与中国城市的平均水平（人均 15.62 平方米）相近。道路基础设施开发占用了新加坡宝贵的土地空间。虽然新加坡人口密度极高，但其道路并不拥挤，早在建设初期，新加坡就将 12% 的国土面积用于道路修建。同时新加坡还斥巨资建设公共交通，截至 2015 年，新加坡已运营的轨道线路长达 183 公里，地铁占了 84%。

新加坡的房价在 2013 年达到峰值，此后一直在下降。但是在 2017 年全球房价排行榜中仍然排名第十，房屋购买力与中国大部分城市相比并不乐观。

3. 资源环境

新加坡也被称为"花园城市"，拥有四个自然保护区，350 多个公园，全岛有超过 300 公里的公园连接道路。新加坡以持续发展创新为基，建设了绿色屋顶、层叠的垂直花园和植被墙壁，以拓展其绿色基础设施。新加坡每万人绿地面积为 64.29 公顷，超过大多数中国城市，但远低于珠海（每万人 112.97 公顷）和深圳（每万人 225.03 公顷）。

与中国大多数城市相比，新加坡的空气质量更好。2017 的 PM2.5 年均值为 14 微克/立方米。珠海和深圳等综合排名较高的中国城市 PM2.5 年均排放量为 30 微克/立方米和 28.5 微克/立方米，新加坡该数值远低于中国城市平均值（44.1 微克/立方米）。

4. 消耗排放

新加坡每万元 GDP 耗水量为 1.8 吨，远远低于所有中国城市。中国城市的万元 GDP 平均耗水量为 61.49 吨。但是由于缺乏收集雨水的土地，新加坡几十年前面临过严峻的干旱问题。如今，新加坡采用了多管齐下的创新方法，以确保可持续的水资源供应。

作为一个没有大量自然资源的经济体，新加坡很容易因能源成本上升而影响其经济竞争力。提高能源效率也是新加坡减少温室气体排放的关键战略之一。新加坡每万元 GDP 能耗（0.04 吨标准煤）约为珠海（0.39 吨标准煤/万元）的十分之一，远低于中国城市的平均值（0.67 吨标准煤/万元）。

5. 环境治理

新加坡的污水处理率为 93%。这一比率高于中国城市的平均比率（91.85%），但低于深圳（96.81%）和珠海（96.36%）。新加坡开发了一种深隧道下水道系统，该系统通过重力用深隧下水道输送废水。废水将被进一步纯化成超洁净的高级再生水以供重复利用。

多年来，新加坡的固体废物产量大幅增加，约 21% 的生活垃圾被回收利用，其余 79% 被处理并运往垃圾填埋场。新加坡的生活垃圾处理率为 100%，与中国大多数城市一致。

## （七）图表比较

**图1　各指标排名第一的城市**

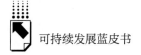

### 1. 各城市指标表现

图表解释：网格区域为在各项指标上中国城市最好表现的汇总，深灰色区域对应中国城市的平均表现，浅灰色区域对应于某一城市的整体指标表现。对于所有指标，得分越高（最大部分/最接近外圈），城市表现越好。

计算：通过将原始数据与最小/最大值之间的绝对差，除以最大值和最小值之间的差来计算表现。

城镇登记失业率、空气质量、能源消耗和水资源消耗的公式如下：

$$表现 = \frac{|\,原始数据 - 指标下最大值\,|}{指标下最大值 - 最小值}$$

其他所有指标，公式如下：

$$表现 = \frac{原始数据 - 指标下最大值}{指标下最大值 - 最小值}$$

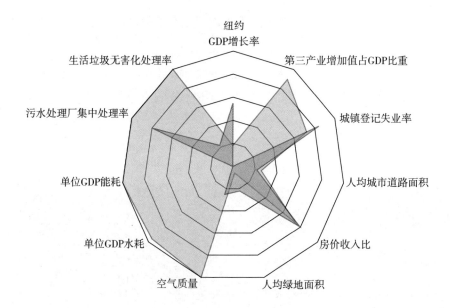

**图2 美国纽约可持续发展指标**

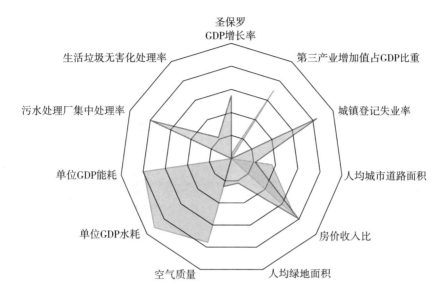

**图3　巴西圣保罗可持续发展指标**

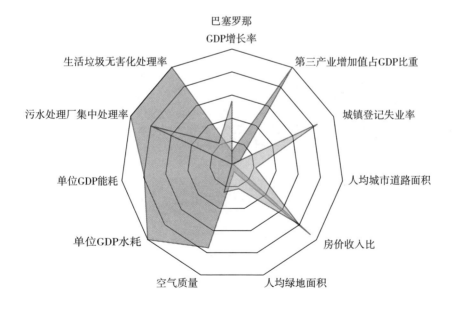

**图4　西班牙巴塞罗那可持续发展指标**

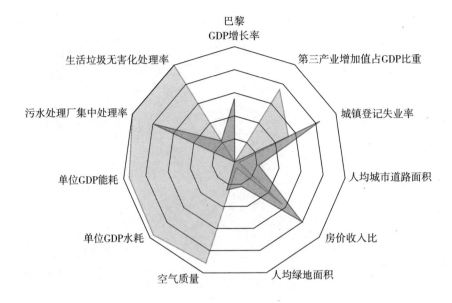

**图5  法国巴黎可持续发展指标**

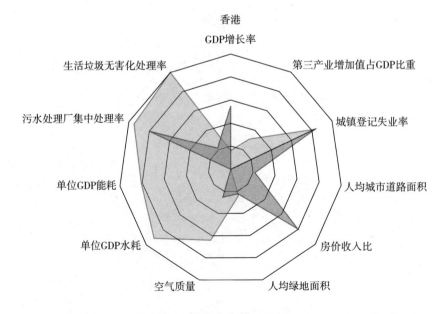

**图6  中国香港可持续发展指标**

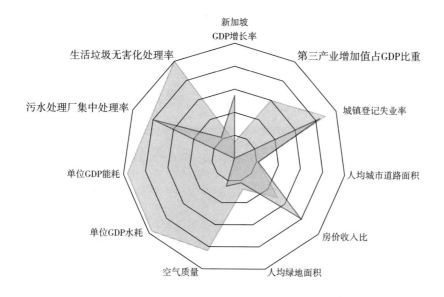

**图7 新加坡可持续发展指标**

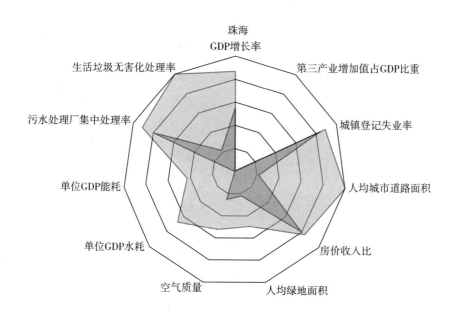

**图8 珠海可持续发展指标**

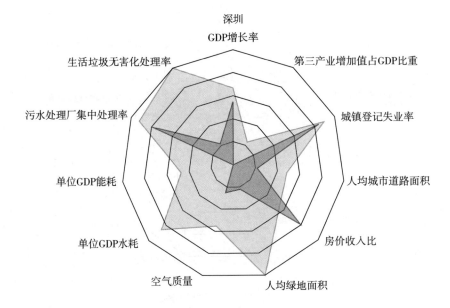

**图9 深圳可持续发展指标**

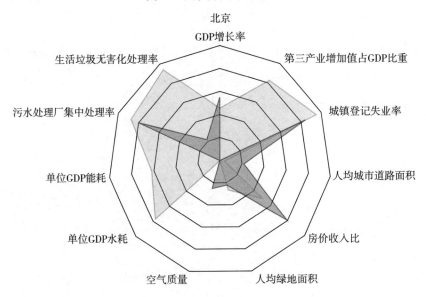

**图10 北京可持续发展指标**

2. 分类别比较

——经济发展

就经济发展而言，中国城市总体上优于上述国际城市：珠海（10.8%），深圳（8.8%），北京（6.7%），甚至中国城市的平均经济增长率（7.63%）也远高于巴塞罗那、纽约、巴黎、圣保罗和新加坡（在 2.2% ~4.0%）。城镇登记失业率的分布与之类似，中国城市的失业率为 0.7% ~4.3%，而国际几个主要城市的失业率则普遍高于 4.4%（新加坡除外），圣保罗和巴塞罗那更达到 13% 以上。

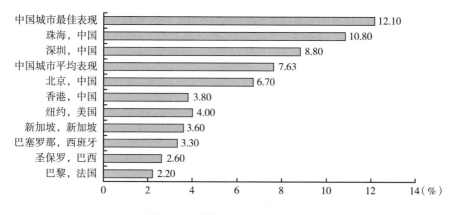

图 11　各城市 GDP 增长率比较

然而，服务业增加值占 GDP 的比值表现出相反趋势，西方城市的表现略好（72.1% ~87.1%），而除香港外的中国城市平均值为 49.78%，其中珠海为 50.06%，深圳为 58.48%，北京为 80.56%。

——社会民生

就社会民生分类中的城市人均道路面积指标而言，中国城市与国际城市相比没有明显的差异。但无论如何，因各国家/地区对道路交通状况定义及口径不一，研究者应该谨慎地解释该指标，使之更好地反映城市的可持续性水平。

就居民住房购买力而言，案例中除新加坡外国际城市居民的住房购买力均比北京和深圳更高。由于具有较高的人均 GDP，纽约居民的房屋购买力（0.18）甚至与中国城市平均值（0.16）接近。

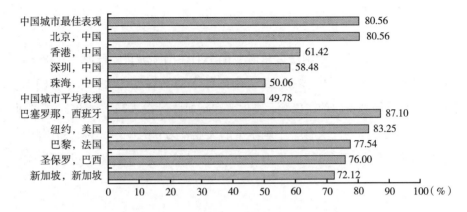

**图12　各城市第三产业增加值占 GDP 比较**

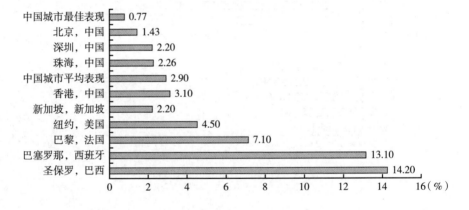

**图13　各城市登记失业率比较**

——资源环境

中国城市人均绿地面积明显大于西方城市，中国城市该指标的平均水平高于除新加坡以外的其他国际城市。然而，城市人均绿地面积的计算和衡量方式在不同城市之间存在很大差异。多数取决于计算中包含或不包括的绿地属性、位置和拥有权。

——消耗排放

就自然资源消耗和污染物排放而言，本研究中多数西方城市的水资源使用效率远高于中国城市，且空气质量优于绝大多数中国城市。除巴西圣保罗

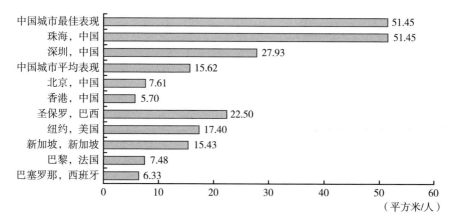

**图14　各城市人均道路面积比较**

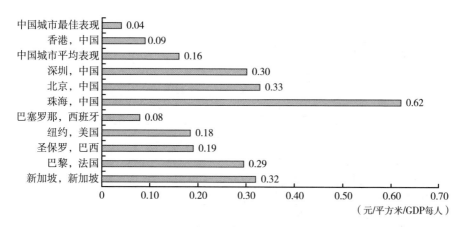

**图15　各城市房价收入比比较**

以外，所有西方城市的万元 GDP 耗水量都比中国城市要少。从万元 GDP 能耗来看，国际城市指标表现仍然较为突出。

——环境治理

从环境管理的角度看，中国城市和西方城市的表现非常相似。除圣保罗外的国际城市均已实现100%的生活垃圾无害化处理，同时中国城市也在逐步改善该指标的表现。珠海、深圳和香港已经达到了100%的处理率。然而，中国城市的平均值只有98.44%。从污水处理厂集中处理率的指标来看，纽约、巴黎和巴塞罗那达均已达到100%处理。新加坡的污水处理厂集

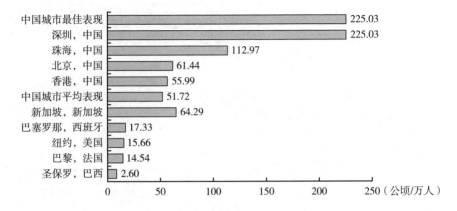

图16　各城市每万人城市绿地面积比较

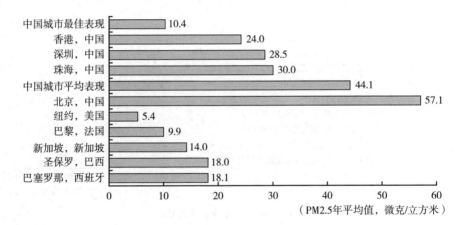

图17　各城市空气质量比较

中处理率（93%）排在北京、珠海、深圳和香港（94.98%~98%）之后，但比中国城市平均值（91.85%）要高。巴西圣保罗的污水处理率（60%）比上年（51%）有所提高，但与研究中其他城市相比差距仍然很大。

　　总体而言，中国城市在经济增长率方面处于领先地位，而西方城市在资源利用、废气减排和环境治理方面表现更好。在社会民生方面各城市无明显差异。

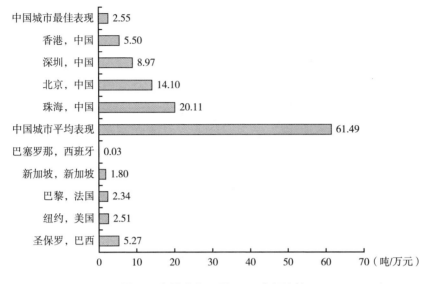

**图 18　各城市每万元 GDP 水耗比较**

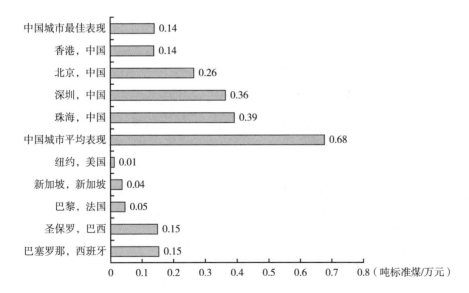

**图 19　各城市万元 GDP 能源消耗比较**

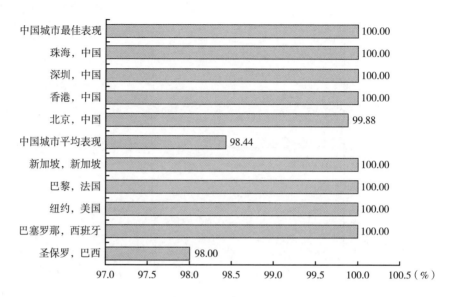

**图20　各城市生活垃圾无害化处理率比较**

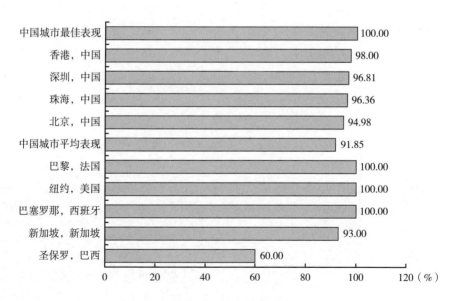

**图21　各城市污水处理厂集中处理率比较**

# 部分参考文献

AirParif. (2018, 03). https：//www. airparif. asso. fr/_ pdf/publications/bilan – 2017 – anglais20180829. pdf. Pairs, France.

Ajuntament de Barcelona. (2018). Statistical yearbook of Barcelona City. Year 2018. Retrieved from Estadística：http：//www. bcn. cat/estadistica/angles/dades/anuari/.

Atmospheric Environment. (n. d. ). Retrieved from Port de Barcelona：http：//www. portdebarcelona. cat/en/web/el – port/qualitat – de – l – aire/.

Atkisson, A. , & Hatcher, R. L. (2001). The compass index of sustainability：Prototype for a comprehensive sustainability information system. *Journal of Environmental Assessment Policy and Management*, *3*（04）, 509 – 532.

Atkisson, B. A. , & Hatcher, R. L. (2005). The compass index of sustainability：A five-year review. In *write for conference "Visualising and Presenting Indicator Systems"*, *Switzerland*.

Berrini, M. , & Bono, L. (2010). Measuring urban sustainability：Analysis of the European Green Capital Award 2010 and 2011 application round. Ambiente Italia.

Crown J. (2003). Healthy cities programmes：health profiles and indicators. In：Takano T, ed. Healthy cities and urban policy research.

Das, D. , & Das, N. (2014). Sustainability reporting framework：Comparative analysis of global reporting initiatives and dow jones sustainability index.

European Commission. (2012). Targeted summary of the European Sustainable Cities Report for Local Authorities. European Commission.

European Union. (2015). Science for Environment Policy IN-DEPTH REPORT：Indicators for Sustainable Cities. European Commission. Retrieved from：http：//ec. europa. eu/environment/integration/research/newsalert/pdf/indicators_ for_ sustainable_ citi es_ IR12_ en. pdf

Esty, D. C. , Kim, C. , Levy, M. , Mara, V. , Srebotnjak, T. , &Paua, F. (2008) .2008 Environmental Performance Index. Yale Center for Environmental Law & Policy, Center for International Earth Science Information Network.

Forum for the Future. (2009). The Sustainable Cities Index：Ranking the Largest 20 British Cities.

GreenPeace. (2018, 1, 1). https：//www. greenpeace. org. cn/air – pollution – 2017 – city – ranking/. China.

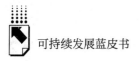
HKTDC. (2019, 6, 4). http：//hong – kong – economy – research. hktdc. com/business – news/article/市場環境/香港經貿概況/etihk/tc/1/1X000000/1X09OVUL. htm. Hong Kong.

Mori Memorial Foundation. (2015). Global Power City Index 2015. Retrieve from：http：//www. mori – m – foundation. or. jp/english/ius2/gpci2/.

NYC Open Data. (2019, 5, 18). https：//data. cityofnewyork. us/Environment/Water – Consumption – In – The – New – York – City/ia2d – e54m. New York.

Sina Finance. (2018, 02, 28). http：//finance. sina. com. cn/7x24/2018 – 02 – 28/doc – ifyrzinh0082253. shtml. China.

State of São Paulo's GDP is Higher than the Brazilian Average, according to Seade Foundation. (2018, 05, 12). Retrieved from Investe São Paulo：https：//www. en. investe. sp. gov. br/news/post/state – of – sao – paulos – gdp – is – higher – than – the – brazilian – average – according – to – seade – foundation/.

Statista Research Department. (2019, 04, 17). Annual Air Pollution Level of Particulate Matter (PM2. 5) in Singapore from 2007 to 2017 (in microgram per cubic meter). Retrieved from Statista：https：//www. statista. com/statistics/879258/singapore – annual – air – pollution – level – pm2 – 5/.

Statistics Singapore. (2018). Singapore Service Sector 2017. Retrieved from https：//www. singstat. gov. sg/modules/infographics/singapore – services – sector.

Stringer, S. M. (n. d.). https：//comptroller. nyc. gov/reports/new – york – city – quarterly – economic – update/. New York.

Sustainable Cities International. (2012). Indicators for Sustainability：How cities are monitoring and evaluating their success.

Singh, R. K., Murty, H. R., Gupta, S. K., & Dikshit, A. K. (2012). An overview of sustainability assessment methodologies. Ecological Indicators, 15 (1), 281 – 299.

World Health Organization. (2018). WHO Global Ambient Air Quality Database (update 2018). Retrieved from https：//www. who. int/airpollution/data/cities/en/.

World Health Organization (WHO). (2015). WHO Healthy Cities—Revised baseline Healthy Cities Indicators. Centre for Urban Health.

World Bank. (2008). Global City Indicators Program Report：Part of a Program to Assist Cities in Developing an Integrated Approach for Measuring City Performance.

Zhu, J., & Zhang, T. (2017). *Final Report for Chemical Speciation of PM2. 5 Filter Samples.* Hong Kong：The Hong Kong University of Science & Technology.

# 案 例 篇

**Cases**

# B.8
# 科技、智能引领绿色物流发展

潘佳丽 *

**摘　要：** 在电子商务高速发展时代，随之同步增长的物流业所带来的
交通堵塞、包装废弃物等问题日益得到关注，发展绿色物流
已成为城市在物流转型升级方面的必然趋势。绿色物流城市
就是通过科学结合城市规划或顶层设计，从仓储、配送、包
装、回收等物流全链路来构建绿色物流模式，促进经济与环
境协同发展，为电商持续增长的挑战搭建可持续发展的物流
基础。

**关键词：** 绿色物流　绿色包装　绿色回收　绿色仓储　绿色物流城市

* 潘佳丽，菜鸟网络公共事务部资深经理。

近年，随着互联网和电子商务的高速发展，电商物流也呈现指数级增长，并呈现多元业态。快递是其中主要形态之一，据国家邮政局数据统计，2018 年中国快递业务量超过美、日、欧发达经济体之和，规模连续 5 年稳居世界第一，成为全球包裹的主要动力源和稳定器。全国大中城市平均每年至少产生上亿件快递包裹，消耗大量的纸箱、塑料包装和胶带等资源，需要越来越多的配送车辆进行运输，伴随而来的是持续上升的包装垃圾、交通拥堵、资源能源过度消耗、城市环境压力不断加大。

党的十九大报告提出，生态文明建设是中华民族永续发展的千年大计。绿水青山就是金山银山，绿色发展成为"十三五"期间"五大发展"的新理念。物流业的绿色发展也已吹响号角，发展绿色物流不仅是物流业发展的实际需要，也是转变经济发展方式的迫切要求。融合互联网和大数据等数字时代智能手段，联合助力绿色物流成为物流业绿色化转型的一个重要趋势。

# 一　多管齐下发展绿色包装

一是包装减量化。菜鸟网络自主研发的智能装箱算法，可以选择最优箱型匹配消费者订单，提升纸箱空间利用率，实现减量包装。经测算，此算法平均可以减少 15% 的包材使用，是目前行业内最成熟的包装轻量化智能解决方案。该技术目前已经在超过 15 座城市覆盖天猫超市和菜鸟物流园区电商商家的所有物流包裹，正逐步推广到更多的城市仓库，并已经面向全行业开放。

二是包循环化。菜鸟联手天猫超市、零售通推广原箱发货和回收纸箱发货，一年向消费者送达数亿个绿色低碳包裹，大量减少新纸箱使用，其中原箱发货的比例约占 50%，纸箱复用比例占 20%。

目前，天猫超市和零售通 70% 的包裹发货不再用新纸箱，让全国各城的百万零售通小店参与到绿色物流城市建设中来。

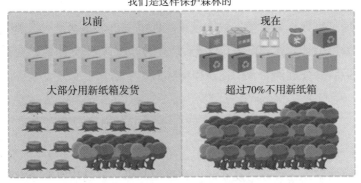

**图1  菜鸟与零售通纸箱复用**

# 二  科学智能布局绿色末端

菜鸟网络发挥大数据及互联网技术优势，对社区和校园的最后一公里配送进行科学分析，根据需求密度合理布局社区末端网点。同时，菜鸟网络通过技术赋能提升末端网点的智能化管理水平，并融入绿色元素，以"布局＋试点＋标杆"模式在城市发展绿色智能的末端网络。

1. 智能末端布局

菜鸟网络开发全套末端网点的信息化智能系统，科学规划城市末端网点布局，并逐步设立标准化末端网点和智能快速柜，同时实现电商－消费者－站点的全流程信息链路畅通，为业务高峰单量提供站点预警及建议提前工作部署。同时菜鸟网络通过整合快递企业，实现共同标准化配送服务，提升配送效率，降低配送成本，减少交通拥堵。

2. 绿色集约配送

菜鸟驿站作为快递末端公共服务设施，向全行业开放，各家快递企业的包裹都可通过菜鸟驿站派送，避免站点重复投入建设，也提高了末端派送人

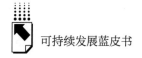

员的效率，同时减少车辆反复进出，大大减少了能源消耗。同时，通过应用智能物流信息管理系统，融合智能设备，提供绿色化服务，实现规范标准化运营融合绿色创新元素，解决快递车辆和人员进出等安全问题，提升物流管理水平和最后一公里消费者的物流服务体验。

## 三　率先发展绿色回收网络

菜鸟驿站率先在行业内设立绿色共享回收箱，鼓励消费者分类投放废弃纸箱和塑料，并配备小工具，让消费者可以方便地拆包装并把纸箱投入回收箱，供寄件时二次再利用。这是菜鸟驿站的逆向回收方式，通过循环使用纸箱，菜鸟驿站省下单独购买纸箱的钱，同时，寄件人也不需要单独支付快递盒的钱，不仅节约了包装成本也实现了绿色寄件，经济实惠又绿色环保。同时，消费者在投递纸箱时可使用手机上的菜鸟裹裹、淘宝或支付宝 APP 进行扫码，进入线上回收专区，选择投递纸箱数量，即有机会收获蚂蚁森林绿色能量。

截至目前，菜鸟"回箱计划"已在全国 200 多个城市铺设了 5000 多个绿色回收箱，不仅覆盖了菜鸟校园和社区驿站，甚至包含部分城市的机关单位。2018 年"双十一"，线下回收纸箱超过 1300 多万个，推动公众参与城市绿色物流发展和建设。

接下来，菜鸟网络将在政府支持下，联合快递企业，支持更多城市共同铺设 5 万个绿色回收箱，构建全国绿色回收最后一公里网络。菜鸟和快递公司的绿色回收箱，每年预计可以循环再利用上亿个快递纸箱，减少的碳排放相当于种下了 74 万棵梭梭树。同时，菜鸟网络已联合合作伙伴在部分城市试点探索下游回收供应链构建，以结合垃圾分类推广和处理，形成绿色闭环。

## 四　促进绿色配送网络发展

一是替换新能源车。菜鸟网络促进阿里生态体系内逐步用新能源物流车取代传统燃油车，并通过加载智能车载终端，提高车辆与货物的运转效率，根据订单动态，生成最优线路，降低单车行驶距离和降低空驶率。目前菜鸟联手合作伙伴推广的新能源车已经覆盖40城。以深圳为例，使用菜鸟智慧新能源车，利用智能路径优化技术后单车行驶距离减少约30%，空驶率降低10%，成本节省超过2成。

二是推广新能源车。菜鸟网络联合合作伙伴共同搭建新能源车生态体系，通过供应链金融方式推广新能源物流车在城市的使用，同时助力实现物流车辆的合规化和全面线上数据化，让城市配送更加环保。

三是末端配送清洁化。菜鸟网络与快递企业合作伙伴在城市最后一公里配送中采用电动三轮车，并通过提前路径优化进行智能调度，实现清洁能源配送。

# 五 发展绿色仓配网络

### 1. 仓储科学布局

在绿色仓配上，菜鸟创新智能分仓、前置备货、门店发货等模式，引领城市物流网络的效率极大提升。在试点城市，单个包裹配送距离可从700公里缩短至约400公里，通过城市仓发出的包裹距离可减少至100公里，门店发货则可在3公里范围内实现"分钟级配送"，大大缩短配送距离、提升配送时效，不仅减少能源消耗、降低碳排放，也推动快递包裹简易包装。

### 2. 仓储清洁能源

2018年1月，菜鸟广州增城物流园首个屋顶太阳能光伏电站正式落成并网。随着不断发展，菜鸟"绿园"群年发电量预计将超过10亿度，每年减少的碳排放超过100万吨，相当于种植了2000万平方米的阔叶林。

### 3. 仓储智能管理

菜鸟用IoT物联网技术打造的"未来园区"，利用边缘计算、人工智能等核心技术，构建数字化物流园，将人工作业模式变成更高效的自动化作业。从进入园区开始，每一个人员的识别、每一辆车辆的导引，都由数字化方式完成。未来园区内通过传感器，将各种设备、设施连接在一起，从而实

**图 2　广东增城物流园区光伏屋顶**

现对园区温度、湿度，甚至井盖下水位等环境进行实时感知，一旦出现异常，可立即报警，不再需要人工在监视器前 24 小时值守。以菜鸟在无锡的首个未来园区为例，无论是温度、湿度还是堆高，都可以主动识别、智能控制，整个园区运营效率相较于传统园区提高 20%。

## 六　加强绿色物流倡导

2017 年 10 月开始，厦门市政府、中华环境保护基金会和菜鸟网络科技有限公司，在厦门联合启动全国首个"绿色物流城市"，探索绿色物流发展路径，树立绿色物流先进典型，引领未来发展方向。绿色物流城市主要以电商物流为率先示范，结合城市发展提出绿色智慧物流体系建设的整体方案，从绿色包装、绿色回收、绿色运输，绿色仓储等全维度，促进实现交易 - 物流配送 - 消费者的全流程绿色化，并结合绿色宣传教育，通过示范试点率先建设一个可复制、可推广、可持续的绿色物流城市。2019 年，在生态环境部的支持指导下，菜鸟联合杭州启动绿色物流城市共建。

为让消费者有更加明显的绿色认知，菜鸟网络联合中华环境保护基金会为不同城市设计绿色物流城市多款专属版绿色环保快递袋和共享循环箱，并逐步开展"绿色快递进校园、进社区、进机关"活动及研讨会等宣传工作，帮助公众提升绿色物流城市共建的环保意识。

2019 年世界环境日期间，菜鸟联手中国主要快递公司推出了一组机场海报，向公众传播绿色环保理念，并在电子面单上发布绿色公益广告，号召消费者加入绿色环保行动："一人回收一纸箱，希望您拆快递后，把纸箱放入身边的绿色回收箱、分类垃圾箱。"绿色物流正在成为新时尚。

中国物流正在进行绿色和智慧的转型升级，需要社会各界的共同努力，菜鸟网络将继续发挥平台优势，通过技术、智能、协同支持，与政府、快递企业、商家等多方联动，加速推进物流行业绿色化。

# B.9

# 数据智能驱动城市可持续发展

*杨 军**

**摘 要:** 在数字经济时代,数据成为城市发展的新资源,数据智能成
为城市可持续发展的新技术,如何发挥城市数据的价值是新
型智慧城市发展的重要命题。新型智慧城市是数字基础设施
和传统基础设施融合的系统,而城市大脑就是支撑城市可持
续发展的数字基础设施,就像是城市的数据智能操作系统,
其核心是利用实时全量的城市数据资源全局优化城市公共资
源。在互联网+政务服务、城市的精细化治理、公共安全、
交通等众多领域,城市数字基础设施已经为城市创造的数据
价值。

**关键词:** 数据智能 新兴智慧城市 数字基础设施 数据智能操作系
统 城市大脑

## 一 数据成为城市可持续发展的新资源

一座城市繁荣的秘密是城市给人们提供更多分工协作的连接机会,带来
更好的生活体验。更多协作的连接产生,就有更多的创新产出,政府就有资
金和动力投入基础设施建设让连接更方便、生活体验更好,进而能够吸引更
多的人口,城市就能持续地繁荣,这就是城市可持续发展的"飞轮"效应。

---

\* 杨军,阿里云智能研究中心战略总监。

但是由于土地、水、环境等物理资源是有限的，城市的规模不可能无限制地增长下去。并且当城市规模增大，交通拥堵等问题造成远距离协作的成本呈现指数级增加，连接的成本上升，就会影响城市的创新产出，城市发展的"飞轮"就会减速甚至停滞，城市的可持续发展就会面临严峻的挑战。

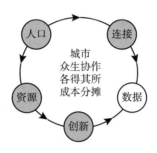

**图1　数据成为城市发展"飞轮效应"里的新资源**

数字经济的到来，让人们惊喜地发现，数据也可以增加城市的连接机会，带来更好的居住体验，数据是像土地、人口一样对城市非常有价值的资源。一方面，以前的连接更多是线下的连接，只有当面才能做成生意，今天很多连接机会更多来自线上，来自数据的流动，点点手机外卖小哥就送餐来了，背后都是数据在连接。另一方面，很多过去线下连接的场景今天也可以数据化了，比如去小卖部买东西，今天你要扫二维码，就变成线上的行为。数据化连接带来数字体验是今天中国城市和美国城市的比较优势。

因此，如何将城市的数据转变成价值，如何利用数据实现物理资源与居民需求的精准匹配，成为可持续发展过程中的一项新议题。

## 二　数据智能成为城市可持续发展的新技术

科技是让城市突破规模天花板、实现可持续发展的一个重要工具。比如城市规模变大之后，连接的时间成本会指数级增加，人类发明了汽车地铁，交通科技减少了连接时间；当自动化和化工技术应用于农业，就能让单位面

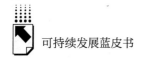

积的土地出产更多的粮食，养活更多的人。

而在数字经济时代，大数据、人工智能也会成为支撑城市可持续发展的重要技术。数据智能发挥作用，必须依赖大量数据，就是前面谈到的连接数据，是人们日常活动所产生的城市"活数据"，再利用算法和算力，就可以知道城市里每个人的个性化需求，城市管理者也可以精细化去满足一小部分人的个性化需求。

利用大数据、人工智能等数据智能技术可以重塑城市的科学决策、社会治理和公共服务的理念、流程和工具，能够驱动城市管理的理念创新、技术创新、流程创新和治理方式创新的全方位、系统性变革。

例如，在交通治理领域，杭州市的城市大脑利用数据和算法来优化信号灯路口 1300 个，覆盖杭州 1/4 路口。城市大脑通过智能调节红绿灯，在杭州萧山区的部分路段的初步试验中，车辆通行速度最高提升了 11%。在主城区，城市大脑实现视频实时报警，准确率达 95% 以上。在苏州工业园区的两个试点中，利用人工智能算法优化客车运营线路和发车频次，在不增加客车数量的前提下，高峰时段公交的客流量分别增加近 17% 和 10%。在马来西亚的吉隆坡引入利用实时视频计算等人工智能算法，实现救护车优先调度功能，测试显示救护车到达医院的时间可缩短 48.9%。

在环境保护领域，2019 年 3 月，北京市通州区正式引入城市大脑，用实时数据和算法来防控环境污染。全区接入了 1437 路城市环境监测视频、1100 个大气监测及扬尘预警传感设备；打通融合城管委、住建局、环保局等多部门的信息平台；平均每 10 分钟就可以完成一次全区域视频扫描。

在城市管理方面，临港主城区从 2018 年 10 月起，已经实现"城市大脑"调度无人机自动巡查管理城市，5 分钟出勤、日飞行里程达到 100 公里以上。不仅能在海岸线巡航，潮汐将至时发出警报督促游客离开，而且能识别人员、物品滞留、垃圾遗洒，并根据具体情况及时报警，数据和人工智能算法还能帮助 40 平方公里辖区内 100 多位公务员有条不紊地管理和服务近 10 万人口、8 万多大中小企业的日常生活和生产作业。

图2 通州市城市管理中心引入数据智能防控环境污染

# 三 智慧城市发展从"互联网＋"迈入"智能＋"阶段

"互联网＋"阶段的主要任务是利用互联网、物联网的技术和入口构建人、物、内容和服务的连接能力，将城市服务方便触达更多人群，是新型智慧城市建设的起点。

而"智能＋"阶段的主要任务是利用大数据、人工智能等技术为城市的管理者构建数据智能的运用能力，依托数据的实时共享，利用人工智能算法提供决策支撑和精准化的治理能力，是新型智慧城市建设的基础和关键。

智能+阶段：数据智能驱动的新型智慧城市
利用数据智能构建现代化治理体系和治理能力

互联网+阶段：互联网+城市服务
利用互联网APP建立连接

IT+阶段：智慧城市
利用流程软件提升内部协同效率

图3 智慧城市发展的三个阶段

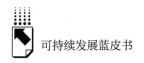

要获得数据智能的运用能力亟须建立数据智能的基础设施。新型智慧城市建设是一个时间跨度长、持续演进的过程，需要"一盘棋做谋划，一张图干到底"，在简约、共享、互联互通的建设前提下，为了灵活支撑不同城市管理部门和不同委办局的业务应用需求，建设能够支撑数字城市持续演进的统一的数据智能基础实施成为当务之急。

## 四　城市需要构建数据智能基础设施

未来城市一定是数字基础设施和传统基础设施融合的系统。要发挥城市的数据价值，城市就需要一个数据智能的基础设施。对于城市的居住者来说，除了物理空间的基础设施，比如城市的公共区域、道路、建筑之外，数字的基础设施也影响着城市的居住体验，数字基础设施不是物理城市的数字孪生，而是城市不可分割的一部分。

因此，新一代智慧城市就是数据智能驱动的城市，是指用云计算大数据、人工智能等数据智能科技来构建起城市数据智能的数字基础设施，用数据去把城市资源分配给最需要的人，分配给最需要的场景，提升城市物理资源利用效率。

"城市大脑"的本质就是城市的数字基础设施，就像是城市的数据智能"操作系统"。城市的数据智能操作系统，将整座城市数据、算法、计算能力打通和共享，和智能手机操作系统很类似，是城市智慧应用的支撑平台。有这个应用支撑的平台，城市不同的管理部门、各个委办局的智能应用可调动整座城市数据资源、算法资源、计算资源。而城市大脑就是为整座城市提供集约化的数据和算法资源。因此交通、环境保护以及城市管理、政务服务等方面的智能业务应用，就像是各个委办局在城市大脑上部署的一个个"APP"。

城市的数据智能"操作系统"抽象成数据中台、业务中台和应用支撑平台三层架构。

数据中台提供了全域数据汇聚、加工、融合、治理、挖掘及可视化展示

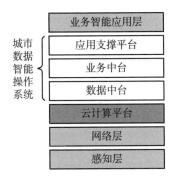

**图4 城市数据智能操作系统示意**

的能力，实现对数据的全生命周期管理。通过城市数据和社会数据的充分融合，依托数据中台可对数据进行深度挖掘，构建数据模型，为智能应用提供标准规范的数据，实现从数据到智能的价值转换。

业务中台是根据城市的智能化应用沉淀出的各类应用的共性需求，集成了通用的业务设计模块，能够以API形式供应用支撑平台和智能应用来灵活调用。

应用支撑平台根据智慧城市典型应用场景，比如交通、环境、公共安全等不同的应用领域，集成所需要的功能模块，搭建各行业智能化引擎，形成一些该领域的智能应用组件，能够快速搭建不同场景的智能应用。

业务智能应用层，包括实现智能交通、城市精细化治理、公共安全等智能应用，助力城市管理者提升城市服务和社会治理的数字化、智能化、精细化水平。

此外，云计算平台是数据智能操作系统运行的底座，提供了计算、存储、数据库、网络、安全等基础服务，并依托大数据计算服务，实现计算资源的统一调度、数据资源的统一存储；基于视觉计算引擎，可提供海量视频的实时计算服务；通过物联网引擎服务，可以实现千万级物联设备统一接入，感知数据的统一存储与共享。

## 五 数据智能为可持续发展带来更多的创新实践

截至2018年年末，我国城镇居民占全国总人数的六成，城市居民的获得感和体验提升对社会的可持续发展意义重大。以城市大脑为代表的城市数字基础设施，帮助解决城市治理突出问题，助力城市治理科学化、精细化、智能化，更精准地随时随地服务企业和个人，使城市的公共服务更加高效、更快速响应，实现城市资源的精准匹配，驱动城市的智慧化管理和运营。

在互联网＋政务服务领域，数据智能让老百姓少跑腿，互联网协同办公平台提高行政人员的服务效率。让数据多跑路，百姓就能少跑腿，不仅服务体验好，而且减少交通出行，减少碳排放，为城市的可持续发展开创了一种全新的实践。此外，互联网＋政务服务从标准化、便捷化、精准化和智能化四个维度提升了居民的城市居住体验。

标准化：协助政府优化服务流程，创新服务方式，推进数据共享，实现政务服务的标准化，全面提升群众和企业办事便捷度和满意率。

便捷化：移动政务"掌上办"，构建多端多渠道多形式相结合、相统一的便民服务"一张网"，实现自然人和法人网上办事一次认证、多点互联、"一网"通办。

精准化：运用"互联网＋"思维和大数据手段，做好政务服务个性化精准推送，为公众提供多渠道、无差别、全业务、全过程的便捷服务。

智能化：基于协同系统办公平台，智能化应用帮助减轻政府机关人员工作负担，有效提升工作效率。

在城市精细化治理方面，北京市西城区城市大脑构建全区风险地图，直观体现工作重点，促进管理模式转变；以金融街区域智慧停车试点为抓手，促进服务能力的升级。

在社会治理方面，衢州城市大脑实现了公共安全视频监控资源"全域覆盖、全网共享、全时可用、全程可控"目标。

在智能交通方面，杭州城市大脑、上海城市大脑、海口城市大脑和苏州城市大脑立足本地实际需求，创新了不同的交通智能应用，极大地推进了交通治理体系智慧化和治理能力现代化的建设。

在公共服务方面，支付宝城市服务平台和全国几百座城市在社保、养老、公积金、一网通办等公共服务领域开展数字化转型创新。

在产业经济建设领域，依托城市大脑打造产业经济平台，在天津津南、苏州高新区助力区域经济高质量发展。在智慧旅游、智能农业、工业互联网、智慧园区、双创、政企服务等方面助力澳门、海口、杭州、西安、铜陵、重庆、上海临港、山西长治等地进行数字经济创新。

在科学施政领域，通过数据智能辅助行政人员进行行业监管和决策支撑。在协同办公、安全生产监管、消防应急、生态环保、精准扶贫、社会公益和绿色政务等方面和各地政府共同创新解决方案。2018 杭州·云栖大会上，浙江省委副书记、省长袁家军介绍，浙江省政府系统已经有超过一百万人使用钉钉，协同效率大幅度提升。杭州市余杭区的智能安监系统实现了24 小时在线监测，消防应急系统发现警情 5000 余起，挽救 4 起重大的财产损失。海南省委副书记李军调研精准扶贫时指出，用好"钉钉"管理系统，压实全省脱贫攻坚战队责任。支付宝城市服务频道的垃圾分类回收服务，目前已经覆盖 160 多座城市。

在公共安全行业，数字警务室将智能能力前移至派出所，通过即时挖掘全量视频数据的价值，实现智能预警、精准打击、犯罪预测、安保的公安业务应用闭环，在多座城市取得良好实战结果。基于时空分析解决方案，可实现轨迹画像、隐藏嫌疑人发现、以案找人、区域防控的智能业务应用。警务风控解决方案，通过融合线上与线下、离线与实时、数据与智能，主动实时地发现风险警情，帮助公安客户提升警情发现能力的准确性和及时性，减少人工研判成本。众多解决方案均在公共安全行业通过实战检验，提高了警务工作效率。

此外，基于钉钉平台的"团圆"打拐系统，用于全国一线 6000 余名打拐民警即时上报各地儿童失踪信息，并能通过高德 LBS 定位技术向失踪地周边群众精准推送。该系统上线三年来，共发布走失儿童信息 3978 条，找回 3901 名失踪儿童，找回率达 98%，获得了 2017 年度全国公安机关改革创新大赛金奖，并在 2017 年国庆前后，亮相北京的"砥砺奋进的五年"大型成就展。

在出入境在线服务方面，以支付宝城市服务为入口，支持国家出入境管

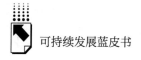

理局为群众提供 24 小时网上服务，上线首日即实现超过 10 万用户在线办理出入境业务。

在互联网＋监管领域，通过监管系统互联互通和监管数据共享共用，借助监管风险控制体系和开放的监管应用体系的建设，实现规范监管、精准监管、联合监管、监管的全覆盖，推动城市职能部门例如食品安全监管、公共安全监管等监管行为更加精准、高效和智能，通过新技术，帮助创新城市监管的新模式。

# 六　结语

我们目前看到的城市大脑还只是在交通、公共安全、综合治理方面在部分城市开始试点，只是证明了城市的数字基础设施对于城市的可持续发展已经能够产生价值，并具有巨大的潜力。城市的数据智能操作系统这样的数字基础设施是一个开放的协作平台，在汇聚了城市级的算法、算力和数据的基础上，未来，基于城市全量数据的开放平台，集合全社会更多方的力量和智慧一定会诞生城市治理的"超级应用"。就像苹果、安卓都有应用市场，真正让智能手机体验好的不是智能本身，而是有各种各样、丰富的智能应用。

2007 年乔布斯发明苹果手机的时候，并不知道会有一个新的互联网时代到来。城市大脑的未来也很类似，未来基于城市级数据算法的统一平台，会诞生大量城市治理领域的创新，因此在今天这个时间节点上，很多创新是没有办法去预知的，这也是城市大脑这样的城市数据智能操作系统具有潜力的地方。

相信未来会有更多的城市管理部门和生态合作伙伴一起投入城市数字基础设施和应用创新、生态创新中来，为城市的可持续发展贡献更多的创新实践。

# B.10

# 从"连接"到"赋能"

## ——高德地图构建智慧城市的"智能+"之道

董振宁　苏岳龙　陶荟竹*

**摘　要：** 作为中国最大人地关系属性大数据平台和移动互联网基础设施，高德地图在建设智慧城市的进程中是根基，同时也是引导者。在智能出行行业的发展中是生态创造者，也是决策建言人。在发展传统地图服务的同时，高德早已打造自有数据底盘深度被渗入交通基础设施层面，并在其他商业领域发挥着重要的作用。

**关键词：** 智能交通　智慧交通　城市大脑　共享出行

"连接真实世界，让出行更美好。"

这句高德人对自己的愿景不仅折射出其作为中国最大人地关系属性大数据平台和移动互联网基础设施的使命感，更传达了高德人作为出行智能化发展全产业链中的重要构建者的责任感。

"高德地图自成立以来就一直领先行业发展的步伐。"

千禧年后成立的高德，顺应当时拨号网络的普及化，将传统地图数字化。随后，计算机技术和网络大规模普及化，高德地图转型成为当时国内第一家导航软件服务商。在加入阿里集团后，高德地图更是率先试

---

* 董振宁，高德地图副总裁；苏岳龙，高德地图高级数据分析专家；陶荟竹，高德地图资深数据分析师。

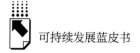
水，成功地将身份转型为出行行业中的互联网工具。近年来，伴随着智慧城市建设的大步伐，高德地图早已将自己打造成为互联网位置服务生态平台。

在高德，不论是在技术部还是在产品部，大家都说一句话："数据是根，引擎是核，应用是抓手。"

高德人将海量位置数据（如道路数据、POI 数据、公交数据、背景数据、高精数据、动态数据等）运用自动化平台生产优化；通过独立开发的引擎，将原本无序无意的数据编译为具有深度出行价值的出行数据（例如定位数据、搜索数据、规划数据、交通数据、地图渲染等）；最终将其应用在开放平台 Amap/Auto，供所有出行者与管理者使用。

## 一 人地属性时空大数据——高德，位置数据的"帝国"

### 1. 高德地图的数据实力

从一个图商，发展为软件服务商，再到互联网工具，形成现今的互联网平台，高德地图在转变其商业模式的进程中，积累了雄厚的数据基础及经验。目前，高德地图平台中的道路属性信息超过 400 种，三维模型数据涉及 7500 平方公里以上，服务覆盖全国 31 个省/自治区/直辖市及港澳。

每时每刻，高德都在提供中国最好的地图服务。在用户、交警、应用、汽车及景区五大行业内都成为标配服务。

用户标配：超过 7 亿用户使用高德地图，日活数量破 6000 万；交警标配：与全国超过 150 座城市的交管部门进行合作；应用标配：为超过 30 万款移动 App 提供位置服务；汽车标配：已经与主流汽车品牌达成合作；景区标配：与国家旅游局合作，为全国 5A/4A 景区提供旅游服务；高德的位置服务涵盖面之广可以直观地量化为：10 部手机有 9 部使用高德位置服务。

### 2. 高德地图的产品及服务形态

高德地图的产品目前不仅服务于移动手机客户端，同时支持 PC 端、Web 服务端及车机产品。基础功能涵盖了地图、定位、搜索、路径规划及导航等。

**图1 高德地图产品及服务形态**

### 3. 高德地图的商业发展战略

高德目前主要打造两层应用服务，即 AMAP 和 AUTO。

首先，AMAP 整合大出行、信息与共享出行服务于一体。大出行包括驾车、公交、地铁、步行、骑行（自行车、电动车）、货车、飞机、客车及火车等；信息业务涵盖搜索、附近、景区地图、POI 信息（如充电桩、加油站等）；共享出行包括网约车及共享单车等。

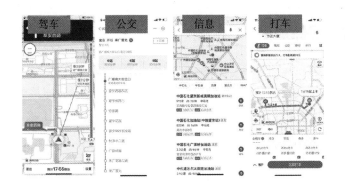

**图2 AMAP 平台：大出行、信息及共享出行服务**

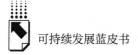

其次，AUTO 平台重点服务于车载导航用户，提供丰富的搜索与导航服务。

**图3　AUTO 平台：搜索、导航服务**

## 二　人地属性时空大数据——"智能 + " 出行的"基石"

基于高德人地属性时空大数据，赋能人、车、路。对人的驾驶行为、绿色出行和共享出行进行深度分析，同时还能够支持车辆行驶过程中的管控、排放和出行时间预测研究，为城市规划、道路交通健康状态诊断、信号优化提供全方位数据支持，助力中国交通强国梦。

1. 城市大脑智慧交通应用："1 + 3 + 1"

"1 + 3 + 1"即一个数据底盘平台，联通交通组织优化、交通信号优化、交通诱导，输出指挥调度决策平台。

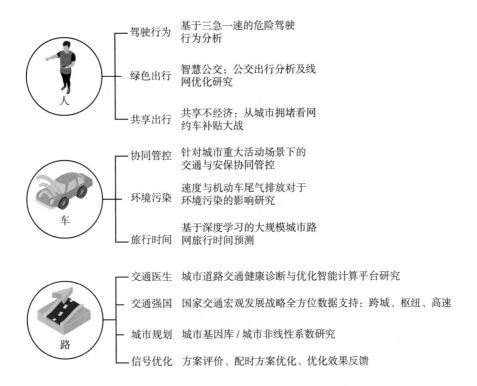

**图4 基于人车路的人地属性时空大数据应用方向**

2. 城市大脑智慧交通应用示范：视频感知能力

智慧交通的基础是感知，我们利用视频 AI 的算法实现了对拥堵和异常交通事件的感知。不仅可以秒级检测到拥堵路段，把拥堵的图片推送给广大出行者，还可以看到拥堵路段当前的通行状态和事件的视频回放，帮助管理方研判分析。把视频检测和高精地图结合起来，再结合高德交通大数据能力，我们把路况和事件的精度做到了车道级，构建城市全量交通数据底盘，为交通精细化管理、"智能＋出行"提供全方位支撑。

3. 城市大脑智慧交通应用示范：信号优化

针对路口实际情况，结合高德数据与路况实时视频数据，对信号相位进行优化。

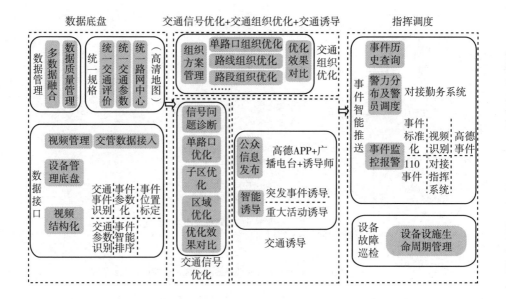

**图5　城市大脑智慧交通应用："1+3+1"**

4. 城市大脑智慧交通应用示范：组织优化

通过对重点拥堵交叉路口进行渠化设计，优化其路口通行能力。

5. 城市大脑智慧交通应用示范：智慧诱导

2019年春运期间，全国40多家交通管理部门与高德地图联动，通过交警推荐、规划避堵路线的模式对春运重点道路进行服务保障。据统计，2月1日至2月11日，在整体流量平稳的前提下，拥堵路段车流量下降23%，通行速度提升31%，通行时间缩短56.9%，提供路线规划近2000万次，帮助用户超775万人。譬如当G56杭瑞高速西向东方向易发拥堵，江西交警果断通过"交警推荐"功能规划避堵路线，建议高德用户绕行G50沪渝高速，最终将全天拥堵延时指数峰值较上年同期最大降低74.6%；此外，历史数据显示宣广枢纽东向西易发拥堵，宣城交警在2019年1月23日~2月10日的春运期间通过"交警推荐"功能规划避堵路线，推荐高德用户绕行G50沪渝高速，道路通顺度显著提升，较上年同期最大全天拥堵延时指数下降22.3%。

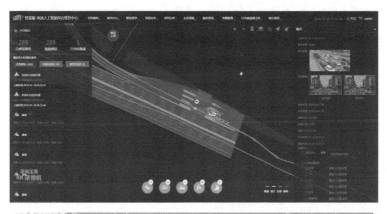

图6 城市大脑智慧交通应用：视频感知能力

图7 城市大脑智慧交通应用：路口溢出配时优化

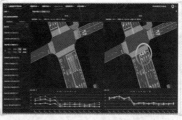

图8　城市大脑智慧交通应用：交通组织优化

图9　城市大脑智慧交通应用：智能诱导

## 三 人地属性时空大数据——赋能商业场景：案例分享

高德的大数据平台可以分析用户行驶轨迹的热力图，如果某处突然增加了很多用户出行轨迹，或是某个路段的热力突然消失，很可能意味着新增道路或过期道路，这时就可以安排有针对性的采集。处理后就进入数据发布的环节，借助增量更新技术，高德目前已能够实现小时级的增量发布，而对于用户反馈的报错信息，可以在 30 分钟内完成从获取到发布的全过程。这就是一个完整的地图数据闭环，要保证一张地图可以实时更新，成为一个"活地图"，就需要这背后的大数据平台的强大支持。当然了，这些大数据也可以为高德、为阿里带来无限的商业价值。

目前，高德导航电子地图全域覆盖中国内地及港澳，数据库已包含 31 个省/自治区/直辖市和香港、澳门两个特别行政区，337 个地级以上城市，2856 个区县，429 万道路里程、近 4000 万 PQI 兴趣点 20 大类 692 个小类，商业品牌 323 个的数据，数据资源涵盖用户在衣、食、住、行等各方面。

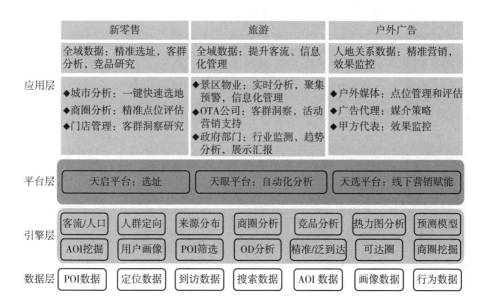

**图10 高德人地关系数据赋能商业场景架构**

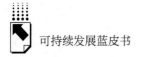

高德人地关系数据赋能商业场景的产品能力分为四层，从最底层的数据，到各种算法引擎，最终组合成产品平台，并应用于各种商业化场景。目前商业场景主要有三个：新零售，旅游，户外广告。

新零售：服务范畴很广，从选地，到选店，到看人，分析客户，到竞品研究都覆盖。

旅游：为政府，景区物业，OTA 都提供人流分析、信息化管理，已经拥有大趋势大范围的研究数据。

户外广告：赋能户外媒体，评估管理自己的点位，甚至实现不同点位的销售溢价。

**案例 1：天启——新零售门店选址管理平台**

线下零售最重要三个词是：位置，位置，位置！零售品牌商传统选址方式一般是进行线下踩点、数据采样，准确率低，一般单店开店成本在百万级（包括装修等），如果选址错误，成本非常高；同时在跨区域、跨城市选址时时间成本非常高，以星巴克为例，计划到 2022 年 9 月前把门店开到 6000 家，也就是说每年要新增 600 家门店，这种业务的扩张速度对资源、效率的要求是非常高的。高德基于人地关系大数据，精准数字化客户全国任意区域的特点，包括地理概括、交通情况、人群分布、人群偏好特征分布、同业商家分布等，能够分钟级帮客户实现区域筛选。

同时基于高德独有的人地关系大数据模型算法能力，能基于客户已有业态经营情况匹配供需，预测商家所选位置未来业绩情况，赋能商家数据化决策。高德的选址能力可以通过 API、SAAS、定制平台等多种方式赋能商家。目前该选址能力已经赋能海底捞日常业务运营，并获得海底捞优秀合作伙伴嘉奖。同时和 YUM 集团（肯德基母公司）、星巴克等多品牌在合作对接中。该能力可以在地产等多行业赋能。

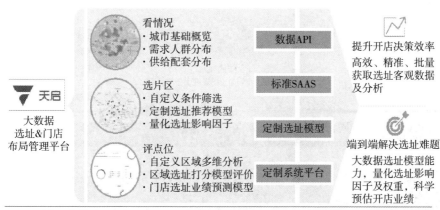

图11　天启平台架构

### 案例2：天眼——人群洞察多维分析平台

传统咨询公司在做咨询分析时一般采用线下数人头、采样的方式，样本偏差大、准确率低、时间成本高，同时在工具上使用传统分析软件，易用性不高、大数据量计算速度慢。高德利用自身人地关系大数据挖掘、计算、分析的丰富经验，开发了天眼人群洞察多维分析平台。

该平台支持多源数据、大数据量融合计算，同时支持人地关系圈人的方式进行群体大数据量圈选，通过专利的自然语言操作方式友好交互，并提供单维、多维、显著性分析等多种分析组件赋能客户分钟级分析。目前该系统已经与益普索、尼尔森、德勤等多客户展开合作。

### 案例3：天选——线下广告营销赋能平台

传统户外广告主要是通过包段方式投放，广告主、广告代理对投放决策、投后效果评估没有有效数据抓手，同样，对媒体方而言，不能有效管理自身资产、衡量媒体价值。天选线下广告营销赋能方案通过高德人地关系大数据将户外媒体数字化，赋能将区域人群特征、人群偏好与广告主广告物料

取代传统调研
低效高成本的数据服务

全面满足
深度/广度/时效性/灵活性分析需求

服务高阶决策
数据价值赋能增长

| 拓展多源数据洞察边界 | 高精准定位目标人群 | 自助式实现复杂大数据挖掘 |
| --- | --- | --- |
| 支持多源数据融合 | 自然语言编译圈人 | 全息画像任意多维交叉分析 |
| • 天眼提供开放、安全存储环境 | • 多种LBS规则圈人方案 | • 高德全量、全维、实时大数据画像 |
| • 支持接入客户方自有数据 | • 常见ID格式圈人方案 | • 支持单维、二维、定制多维分析 |
| • 支持接入它源数据 | • LBS&ID融合圈人方案 | • TCI显著性分析 |
| | • 60+画像标签圈人方案 | • 在线分钟级报告产出 |

**图12　天眼平台功能**

相匹配，使得整个投放链路对广告主、广告代理可量化、可分析、可闭环决策，进而赋能媒体方优化资源配置、提升资源效率。

洞察真实世界、户外营销精准可衡量　　提供全链路大数据服务

观看174918人
男103371人；
女71547人
IT行业84612人
有车人群37162人
……

基于高德人地关系
赋能户外营销领域

| 户外媒体 | 资产管理、精准营销、媒体分析、竞品对比、效果监控 |
| 广告代理 | TA分布、媒介分析、策略支持、效果评估 |
| 甲方客户 | 媒介策略、效果监控 |

投放前　　　投放中　　　投放后
　　　投放监测；TA覆盖　实际到店评估；
　　　　　　　　　　　户外曝光统计；
　　　　　　　　　　　线上/线下转化对比分析

**图13　天选平台服务**

目前该系统已经赋能分众业务运营并得到一致认可，同时在和线下广告多客户展开合作。

**案例 4：分享——营销赋能**

利用高德 LBS 能力，可以打通线上线下媒介资源，使电梯广告与淘宝/天猫摇一摇互动整合营销。

高德场景围栏服务

**图 14　电梯广告与淘宝/天猫互动整合营销策略**

# B.11
# 绿色金融的国内外实践与案例

王军　刘媛媛*

**摘　要：** 绿色金融实践始于 20 世纪 80 年代初美国的"超级基金法
案"，该法案要求企业必须为其引起的环境污染负责，从而使
得银行高度关注和防范由潜在环境污染所造成的信贷风险。
随着生态责任与低碳环保意识的普及，以英、美为代表，越
来越多国家借助绿色金融解决环境资源领域的市场失灵问题。
当前，中国绿色金融发展遵循"自上而下—从顶层设计到有
效推动"及"自下而上—从试点运行到标准进阶"相结合的
方式，在实践引领和政策承诺方面处于世界领先。通过研究
国内外绿色金融实践发现，我国绿色金融体系还有待完善，
需要从法律规范、环境信息披露、绿色专业机构发展、金融
系统市场化绿色业务运作及风险管理等方面着手，以推动我
国绿色金融的进一步健康发展。

**关键词：** 绿色金融　绿色金融标准　绿色信贷　绿色债券　绿色保险
ESG 投资

## 一　绿色金融的国际经验与典型案例

从国际发展实践来看，绿色金融主要在国家、企业（绿色企业、银行）

---

* 王军，中原银行首席经济学家，中国国际经济交流中心学术委员会委员，研究方向：宏观经
济，金融；刘媛媛，中原银行战略发展部研究部副总经理。

和个人三个层面上围绕三大领域开展活动：一是通过提供金融产品和服务促进绿色企业发展、绿色项目运营和绿色技术革新，如绿色信贷、绿色证券、绿色基金和绿色保险等；二是通过金融附加条件引导绿色消费，如减税让费、低息贷款、环保信用评估等；三是通过提供绿色金融产品来制衡公共生态环境资源分布，如开展碳交易和提供碳金融产品等。

## （一）宏观层面：健全政策体系以加大绿色金融支持力度，强调以市场化方式代替行政管制解决环境问题

绿色金融的发展与各国政府在法律方面的积极探索、政策方面的税收减免以及多主体多领域的合作息息相关。美国和英国发达的金融市场和完善的法律体系，促进了科学完备的绿色金融体系的快速形成。

1. 美国——以法律保障为前提，运用资本手段调整绿色金融市场结构

美国绿色金融实践起步较早，在资源消耗以及环境污染方面取得了很多先进经验。20 世纪 70 年代，美国制定了涉及大气污染、废物处理、水资源等 20 余部有关环境保护的法律，每部法律都对污染者或公共机构提出了严格的措施要求，地方法规还明确了对金融机构、市场中介、行业监督机构及个人等主体的约束规范与政策支持，为绿色资金的优化配置奠定了坚实的基础。如，美国 1980 年出台的《全面环境响应、补偿和负债法案》，要求银行必须为客户造成的环境污染支付修复成本，且贷方责任可追溯，政府不仅约束银行，还对投资者和第三方评级机构设立了环境条款。美国也是最早实施以市场导向为核心的碳交易制度、出台《美国清洁能源安全法案》的国家，美国从能源部到地方能源机构对节能车辆制造和清洁能源项目提供贷款担保，以期通过降低融资成本来推动美国清洁能源技术的进步，极大地丰富了资本市场对绿色金融市场的投资。

此外，为保障绿色金融行项目的资金来源，美国绿色产业银行应运而生，特许纽约、夏威夷、康涅狄格等州成立绿色产业银行，通过管辖环保低碳产业的财政支持和资本配置，吸引民间资金投资绿色项目。还有诸如环境保护保险公司等专业机构，推动了美国绿色金融产品创新发展。

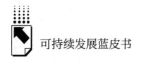

2. 英国——运用市场化方式，通过支持私人部门活动鼓励和发展绿色金融

与美国不同，英国主要依靠市场力量自下而上发展绿色金融，凡是市场能自发调节的，政府尽量不介入或少介入。英国政府大力支持环境保护，通过严格环境执法，建立污染收费、征税，环保补助等建立在产权法和污染者付费原则上的许可交易机制，有效地激励绿色环保项目和行为。2012 年 10 月，英国政府出资 38 亿英镑成立绿色投资银行（GIB），GIB 是英国立法支持的以盈利为目的的国家级绿色投资基金，GIB 绿色绩效关注的五个目标包括：减少温室气体排放；提高自然资源的使用效率；保护或美化自然环境；保护或加强生物多样性；促进环境可持续发展。据统计，2013～2016 财政年度，GIB 参与了英国 48% 的绿色项目，有效解决了绿色基础设施项目建设中的市场失灵问题，引导大量私人投资投向绿色产业。

英国成熟的资本市场以及国家强有力的环保投入为英国培育了一批重视声誉、负责任的绿色投资者，他们自发致力于绿色融资标准的完善和优化，英国的金融机构在负责任投资、绿色债券、不可燃碳、可持续银行、气候信息披露、保险风险等多项全球倡议的发起和推动中起到了重要作用，通过不断提升信息披露水平与风险管理能力，倒逼英国金融机构将绿色金融理念融入日常经营的各个方面，在绿色金融产品开发、环境风险管理、可持续投融资等方面积累了较为丰富的经验。如，汇丰银行（HSBC）2005 年成为全球首家实现碳中和的大型银行，实现了自身二氧化碳的零排放。类似地，伦敦证券交易所也大力支持可持续投资，拥有 50 种各类环境、社会和治理（下称 ESG）指数[①]。

**项目案例 1**

**英国 GIB-Addenbrooke's 医院的热电联产项目**

为推进英国国家医疗服务体系的能源改造升级，GIB 与英国英杰华集团

---

① 杨娉、马骏：《中英绿色金融发展模式对比》，《中国金融》2017 年第 11 期。

旗下的资产管理公司合作，1∶1 投资 3600 万英镑，以 PPP 方式为医院提供综合热电动力装置、生物质能锅炉、高效双重燃料锅炉以及垃圾焚烧供电技术，并采取诸如新型照明、改进加热和照明控制措施，为该医院节省了大量能耗成本。医院竣工后每年可降低 3 万吨 $CO_2$ 当量，碳排放量相比改造前降低了 47%。

对该医院的投资仅为 GIB 支持英国国家医疗服务体系（NHS）实现能效目标的地方案例之一。对于类似的项目，GIB 可直接债权投资，也可与 Aviva ReALM 能源中心基金、法国基础设施协会（Societe Generale Equipment Finance）等机构联合投资，或通过 GIB 能效基金（SDCL 和 Equitix）来投资。虽然投资的组织方式灵活多样，但所有投资组合都遵循三个主要原则：（1）还款来源要有保障，偿还贷款的资金主要来源于系统运行过程中节省的能源支出；（2）贷款期限与热电联产系统的生命周期一致；（3）提供有市场竞争力的融资利率。

GIB 本着不与私人资本竞争的原则，专门投向无风险记录、私人资本不愿投资，但经 GIB 判断收益有保障的绿色前沿领域，其治理结构和绩效结构的设计确保其能够提供包括专业的绿色技术咨询、环境与气候风险管理及融资解决方案在内的整合服务。GIB 实质上起到了 PPP + 绿色金融实验室的作用，在为项目量身定制融资方案的同时也尽可能地保证模式的可复制性，进而不断推动符合经济、社会和环境诉求的项目落地，使得更多绿色项目的商业模式趋向成熟。[①]

### （二）微观层面：树立绿色发展理念以强化绿色标准执行，强调金融产品创新以促进生态环境保护

前期投入高、期限长、风险高、收益不确定是绿色金融项目的普遍特点，针对这些特点，当前国际金融机构在绿色信贷、绿色保险、绿色

---

① 资料来源：中央财经大学绿色金融国际研究院。

基金、绿色债券等领域不断丰富金融产品，持续完善绿色金融机制建设。

1. 绿色信贷

国际上支持绿色信贷的金融机构主要遵循"赤道原则"，金融机构通过尽职调查，提交企业环境风险评估报告，充分披露发现的环境问题。承诺加入赤道原则的银行会主动聘请第三方检测机构核实监督融资项目的动态评估信息，定期向公众披露银行实施赤道原则的经验与成果，旨在让金融机构主动将环境保护责任纳入自身经营管理的目标中，促进社会资本流向优质绿色项目。除在项目审查过程中加入风险环评外，银行还主动设计信贷优惠产品，在时间利率方面给予、绿色信贷企业优惠，引导居民绿色消费，如日本瑞惠银行的"瑞惠环保助手"，除提供环保融资外，在绿色能源汽车、绿色建筑等领域通过提供优惠的利率支持，鼓励消费者个体进行环保消费。

2. 绿色保险

主要分为绿色保险产品和保险资金的绿色投资两个方面。绿色保险产品主要为应对公共环境恶化和企业环境事故进行预期未来损失的投保，陆续推出环境污染的保单。此外，专业的保险机构有效推动了创新型保险的需求设计。如，瑞士再保险公司推出了太阳能辐射指数保险，将基于天气原因产生的发电量风险转移给保险公司，实现风险共担；美国通用汽车保险公司推出的绿色车险，将车险保费的折扣与汽车行驶里程挂钩，鼓励车主减少汽车的使用以及温室气体的排放；还有部分国家针对个人推出雾霾险等。

3. 绿色基金

国外设立的绿色基金多以入股的方式参与中小企业绿色项目运营，旨在解决中小环保企业融资难的问题，并为其提供相应的金融以及技术指导。国际层面，如欧盟委员会于2008年创办的全球能效和可再生能源基金、南非国家绿色引导基金等。国家层面，部分政府还建立战略投资基金，作为私人投资者在基础设施公私合作项目中的基金以支持国内资本市场，如亚洲基础设施基金（2010年）、非洲可再生能源基金（2014年）等。对申请绿色发展基金的企业不同国家根据企业类型给予了不同的优惠措施，如申请清洁能源基金企业，可根据能源利用绩效发放补助（美国）；对绿色基金投资者，仅征收 1.2% 的资本收益税和 1.3% 的所得税（荷兰）；对投资绿色产业超过 60% 的产业投资基金给予分红收入免税等优惠政策（韩国）等。金融机构层面，设置不同的绿色基金支持各类绿色产业发展，如美国富国银行的绿色基金主要投资清洁能源行业；荷兰财政绿色基金主要用于向环保项目提供低成本的绿色信贷；巴克莱银行的全球碳指数基金，是全球第一只跟踪全球减排交易系统中碳信用交易情况的基金。花旗创投基金主要投资于全球替代能源发展市场，用于支持替代能源小微企业的发展等。

4. 绿色债券

绿色债券作为近年来国际社会开发的新型金融工具，具有期限长、成本低、绿色可持续等显著特点，绿色债券因其发行主体不同，又分为绿色市政债、绿色金融债、绿色企业债等不同品种。继 2013 年 IFC 绿色债券（国际金融公司与纽约摩根大通共同发行）后，绿色金融市场进入高速发展阶段，以欧洲投资银行、世界银行为代表的开发银行是绿色债券市场最主要的发行人。如"欧洲 2020 项目债券"计划，旨在为能源、交通、信息和通信网络建设融资的债券由项目的负责公司承担发行责任，由欧盟和欧洲投资银行通过担保的方式提高信用级别，吸引更多的机构投资者。专业程度较高的绿色银行还能够为企业提供贷款担保、贷款损失准备和贷款捆绑等金融产品，期限较长的项目，还可采用直接投资或者通过高级、夹层、次级债券项目组合投资的方式，确保每个交易都能达到绿色银行要求的信用标准和投资标准。

此外，绿色金融的快速发展推动了世界各国资源交易市场走向成熟，如欧洲能源交易所、伦敦能源经纪协会、芝加哥气候交易所、巴黎碳交易市场、意大利电力交易所等。以碳交易市场为例，规范的碳交易市场带动了绿色金融的可持续发展。国际碳交易市场可分为配额交易和自愿交易两大类，配额交易是市场参与者从公共资源管理者手中购买碳排放配额，自愿交易是市场参与主体依据碳排放供需开展的交易行为。围绕碳排放市场衍生了一系列创新金融产品，包括绿色期货、抵押信贷、融资等，这些绿色金融产品既增加了碳交易市场的整体流动性，也满足了投资者的不同需求。根据世界银

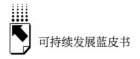

行的统计，全球仅以二氧化碳排放权为标的的交易额近5年就增长了近200倍。并且随着碳交易市场规模的逐步扩大，碳排放权交易将进一步带动世界绿色金融一体化发展。

**项目案例2**

**汇丰银行联手沃尔玛推出"可持续供应链融资计划"**

2019年年初，汇丰银行联合沃尔玛推出"可持续供应链融资计划"，为沃尔玛的供应商提供与其可持续发展水平相挂钩的融资利率。在该项融资计划下，参与沃尔玛"10亿吨减排项目"或"可持续发展指数项目"并取得成效的供应商，可根据其可持续发展评级，向汇丰银行申请相应的优惠融资利率。

据介绍，沃尔玛"10亿吨减排项目"的目标是到2030年前，将其全球价值链中产生的温室气体排放减少10亿吨。沃尔玛"可持续发展指数项目"由致力于改善消费品可持续发展的全球性组织"可持续发展联盟（TSC）"开发，通过收集和分析产品生命周期信息，帮助沃尔玛衡量供应商的可持续行为，并鼓励其不断改进。

在企业可持续发展的过程中，供应链往往具备最大的改善潜力。汇丰银行与全球最大的零售商沃尔玛合作，可以快速提升汇丰银行在绿色金融领域的地位，并为绿色供应链的可持续发展提供重要助力。①

## 二 绿色金融的国内实践与典型案例

### （一）绿色金融改革创新试验区

2017年6月14日，国务院常务会议决定在浙江、江西、广东、贵州、

---

① 资料来源：中国金融新闻网。

新疆5省（区）选择部分地方，建设各有侧重、各具特色的绿色金融改革创新试验区，支持地方发展绿色金融，推动经济绿色转型升级，并在体制机制上探索可复制可推广的经验。当月，中国人民银行、国家发改委等七部委联合印发试验区的总体方案，明确了浙江省湖州市、衢州市，广东省广州市花都区，江西省赣江新区，贵州省贵安新区以及新疆维吾尔自治区哈密市、昌吉州、克拉玛依市共计8个地方作为全国首批绿色金融改革创新试验区。

1. 绿色金融改革创新试验区的主要任务

国务院常务会明确了我国首批绿色金融改革创新试验区的五大主要任务。

一是支持金融机构设立绿色金融事业部或绿色支行，鼓励小额贷款、金融租赁公司等参与绿色金融业务。支持创投、私募基金等境内外资本参与绿色投资。

二是鼓励发展绿色信贷，探索特许经营权、项目收益权和排污权等环境权益抵质押融资。加快发展绿色保险，创新生态环境责任类保险产品。鼓励绿色企业通过发债、上市等方式融资，支持发行中小企业绿色集合债。加大绿色金融对中小城市和特色小城镇绿色建筑与基础设施建设的支持力度。

三是探索建立排污权、水权、用能权等环境权益交易市场，建立企业污染排放、环境违法违规记录等信息共享平台，建设绿色信用体系。推广和应用电子汇票、手机支付等绿色支付工具，推动绿色评级、指数等金融基础设施建设。

四是强化财税、土地、人才等政策扶持，建立绿色产业、项目优先的政府服务通道。加强地方政府债券对公益性绿色项目的支持。通过放宽市场准入、公共服务定价等措施，完善收益和成本风险共担机制。

五是建立绿色金融风险防范机制，健全责任追究制度，依法建立绿色项目投融资风险补偿等机制，促进形成绿色金融健康发展模式。

2. 地方绿色金融改革创新试验区建设着力点

五地八个试验区因地制宜、因材施策，在建设着力点上有所侧重。

浙江以绿色产业链整合为切入点，以绿色企业、绿色项目为依托，重点

对传统化工行业进行升级改造，支持产业结构全面升级，从而带动区域经济结构优化。

广东发挥"粤港澳大湾区绿色金融中心"的作用，探索建立绿色金融改革与经济增长相互兼容的新型发展模式，侧重发展绿色金融市场。

贵州整合绿色生态资源，发挥大数据信息共享机制的作用，拓宽绿色产业融资渠道，重点支持农业技术、基础设施及清洁能源项目建设，如生态农业、农村水利工程建设、生产排污处理等项目。

江西着力发挥财政支持下的绿色金融政策效应，通过构建绿色金融组织体系、创新绿色金融产品，平衡环境污染的"防"与"治"。

新疆利用独特的地理优势，探索生态资源、清洁能源相关的高端制造业和环境基础设施建设，充分发挥丝绸之路经济带核心区的示范和辐射作用。

3. 地方绿色金融改革创新试验区创新的政策举措

2018年6月12~13日，中国人民银行在浙江湖州举行绿色金融改革创新试验区建设座谈会，会议指出，试验区试点总体方案中85%以上的试点任务已启动推进。一年来，五省（区）对照国务院批复同意的总体建设方案，结合各地实际情况积极探索，先行先试，除设立专项资金、落实风险补偿、建立绿色产业项目库、完善绿色基础设施建设、推动绿色金融人才队伍建设外，还涌现出一些颇具特色的创新做法。

在浙江，湖州市编制了全国首个绿色金融发展五年规划，建立了与之匹配的考核体系和绩效评价体系，将绿色信贷纳入MPA考核，推动金融机构优化绿色资产配置，增强绿色金融创新动力和环境风险的管理能力，进而建立了绿色银行监管政策。衢州地区银行业金融机构在绿色信贷准入要求中纳入企业环保等级、能源消耗、污染气体排放、垃圾污水处理等绿色指标，还在全国首创安全生产和环境污染综合责任保险，创新生猪保险与无害化处理相结合的绿色保险模式，开启绿色金融支持禽畜粪污资源化利用的模式，以安全生产和环境污染综合责任险助推衢州传统工业的绿色发展。

在广东，广州市花都区建设绿色金融街，打造产、融、研一体化的绿色金融与产业发展集聚区，对进驻企业在投融资、项目运营、风险管理等方面提供金融服务，大力发展电子信息、新材料等高科技产业以及新能源汽车、智能装备等先进制造业。此外，广州碳排放权交易中心发布全国首个考量碳交易管控企业绿色发展能力的"中国碳市场 100 指数"，通过发展碳金融产品和相关衍生品，培育各类环境权益融资工具和市场，形成合理的环境权益定价机制和回报机制，提升企业节能减排的内在动力，进一步拓展由此衍生的碳配额回购、托管和远期业务。

在江西，赣江新区试验区大力推进绿色信息披露和绿色评级机制建设，通过引入联合赤道等第三方评估组织参与绿色认证，为金融机构绿色金融产品定价和风险管理提供决策依据。此外，赣江新区创新设立"绿色金融示范街"，工商银行等 7 家银行在此设立绿色支行，九江银行设立全省首家绿色金融事业部，人保财险设立绿色保险创新实验室，创新绿色金融产品，助力绿色产业发展。

在贵州，当地积极探索绿色金融支持以大数据为引领的战略性新兴产业的有效模式，助推大数据和生态文明建设、绿色金融发展相结合。贵州运用环境信用信息公示平台、行政处罚行政许可双公示系统，公布 300 家环境保护失信企业"黑名单"，督促企业自觉履行环境保护法律义务和社会责任。贵安新区试验区重点围绕绿色制造、绿色城镇、绿色交通、绿色能源和绿色消费等领域筛选了 76 个项目纳入数据库，此外，贵阳市公共交通（集团）有限公司通过资产证券化（ABS）方式实现融资 26.5 亿元，募集资金全部用于新能源和清洁能源公交车辆购置和公交设施运营，通过产品工具和商业模式创新，金融支持的可持续性不断增强。

在新疆，建设绿色金融改革创新试验区首个绿色项目库，以绿色项目为抓手，统一绿色项目支持标准，加快推进绿色金融资源向绿色行业、绿色产业聚集。通过推进绿色金融行业自律机制建设，进一步对金融产品和服务进行自律管理，引入绿色金融智库，积极推动试验区与中国金融学会绿色金融专业委员会、中国投资协会绿色发展中心、国际绿色经济协会、中国腐殖酸工业协会、北京环境交易所等五大智库对接，达成了一系列战略合作协议，在农业、绿色制造、石化等传统产业的绿色转型和绿色化改造，以及循环经

济、环境保护等新型绿色产业培育和发展、绿色金融创新等领域开展了积极合作。

除五省（区）试点外，北京、重庆、青海、大连、内蒙古、四川等20多地均出台了绿色金融地方政策，承诺将通过财政、金融手段降低绿色项目、产业融资成本，其中包括贷款增量奖励、贴息、风险共担、挂钩财政存款奖励、差异化监管等。2016年9月，科技部与上海市共同推进"绿色技术银行"建设，即建立符合银行的运行管理机制，促使金融科技服务绿色产业发展，推动群体技术产业化，建成"绿色技术创新企业的种子中心"，支持绿色科技成果市场价值转化。

**项目案例3**

**贵州茶马新道项目**

贵州省位于长江和珠江两大水系上游，两江流域面积分别占贵州面积的65.7%和34.3%，是"两江"流域的重要生态屏障。贵州茶马新道项目是长江经济带水生态环境保障绿色金融项目的子项目之一。

目前贵州水污染主要源自农业。由于绿色生态相关产业（如电动汽车）、农民生产订单不稳定，单个绿色项目很难符合银行绿色资金风控要求，贵州贵安新区以推广绿色订单、绿色物流、绿色生态农产品为依托，打造绿色生态产业链项目，以产业链项目对接银行资金支持。

以推广绿色订单农业为基础，在项目地建设5个市级、40个县级绿色农产品仓储、冷链、分拣、加工、配送、新能源汽车充电及后续服务一体化，以大数据为支撑的绿色物流体系以及绿色订单为引导的绿色生态农产品生产基地，让贵州农产品以更高的价格远销海内外。贵州长江汽车有限公司将为该项目专项制造2万辆系列纯电动物流车用于配送，并在贵州省建成"车+桩+网"一体化的新能源产业链，每年可以减少碳排放量60万吨，纯电动物流车每公里电费不到0.2元，相较传统物流车每公里0.8元的燃油费，大大降低了物流成本，增加了农民收入。此外，项目将建设绿色生态农产品洁净分拣中心，配置生物垃圾肥料制作车间，将绿色生态农产品在洁净环境中进行分拣加工包装。同时，建设生物质肥工厂，集中对整个绿色智慧物流港的有机垃圾及生态农产品废弃物进行综合处理，变废为宝，制作生物有机肥，将有机肥提供给项目农产品基地循环利用。项目将为大数据绿色智慧物流护航，让生态农产品"安全"地"从地里到餐桌"。

该项目为农户解决了订单问题，提升农户的生产积极性，大家争相做绿色订单，同时还为电动卡车找到了出路。项目预计投资 170 亿元，为贵州建立了绿色的大数据平台的同时，带动了超过两万辆环保汽车的使用，为 40 个县、5 个市建立了汽车和农产品销售支持网络。①

## （二）绿色金融优秀实践者

提到绿色金融，就不得不提"赤道原则"，这是一套国际上适用于项目融资贷款的自愿性环境和社会标准。"商业银行成为赤道银行有两个目的，一是管住环境下行风险，减少污染型贷款，减少环境事故带来的财务损失和法律风险；二是在绿色金融领域开拓更多的业务，特别是在国际业务的拓展中能获得更多客户的认可，获得更多商业机会。"② 截至 2018 年年末，遍布全球 37 个国家的 94 家金融机构采纳了赤道原则，新兴市场约 70% 以上的项目融资来自这些金融机构。当前，国内的兴业银行、江苏银行、台湾国泰世华已承诺采纳"赤道原则"。

### 1. 兴业银行

兴业银行作为我国首家赤道银行，也是国内最早探索绿色金融的商业银行。2006 年，兴业银行与国际金融公司合作，率先推出国内首个银行"能效贷款"产品——"能源效率融资项目"，2008 年 10 月 31 日，兴业银行正

---

① 资料来源：《贵安新区报》。
② 《从"绿"到"金"——一本基于赤道原则的银行可持续发展实证研究力作》；中国金融新闻网，http://www.sohu.com/a/229162480_175647。

式承诺加入赤道原则，确立了绿色金融战略经营模式，围绕战略健全组织架构、完善产品和服务体系，真正将我国绿色金融事业与商业银行经营融合在一起，由绿色金融的提供者逐步成为国内外标准制定的参与者，真正走出了一条"由绿到金，寓义于利"的绿色金融之路。兴业银行绿色金融实践的特点主要如下。

战略重视，目标清晰。兴业银行自加入赤道原则以来，从战略战术，到政策举措，再到执行方案，都将绿色金融摆在了企业可持续发展的核心位置，兴业银行近期、中长期发展规划明确提出打造"一流的绿色金融综合服务提供商"，树立"全市场领先的绿色金融集团"品牌的战略目标。

完善的绿色金融体系，创新绿色金融产品。兴业银行是目前国内产品体系、服务体系最完整的"绿色金融综合服务商"，其产品分为集团客户、企业单位、个人金融三个层面，涵盖 10 项通用产品、7 项特色产品和 7 种绿金综合解决方案的集团化产品体系，与绿色相关产业联盟、服务机构共同研发合同能源管理、碳排放权交易、碳配额质押等创新产品，并推出绿色主题信用卡、绿色投资等个人金融特色品牌。

提升绿色队伍素质，打造专业服务团队。兴业银行将绿色金融提升到战略高度后，在总分行分别设立了绿色金融专业一级部门，拥有绿色金融专业团队逾 200 人，团队中大部分为绿色领域专业人才和银行资深产品/客户经理，为业务开展提供了强大的技术支持。多次为国内各级机构提供专业咨询，是国内绿色金融领域相关标准的重要制定者。

2018 年，兴业银行承诺加入赤道原则十周年，据统计，兴业银行十年来共落地赤道原则项目 344 笔，总投资超过 1.4 万亿元，绿色金融业务平均每年增长 30%，不良率控制在 0.2%。据评估，这些资金所支持的项目可实现我国境内每年节约标准煤近 3000 万吨，年减排二氧化碳近 9000 万吨，近乎相当于关闭 200 座 100 兆瓦火力发电站、10 万辆出租车停驶 40 年。兴业银行集商业银行行为与企业社会责任于一体，不仅实现了"赤道原则"的经济效益，更探索了一条具有兴业特色的可持续发展之路。

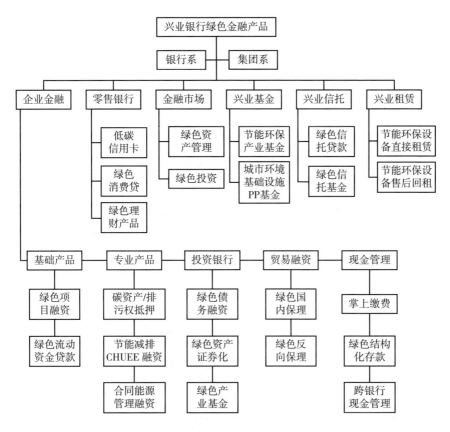

**图 1　兴业银行绿色金融产品**

**项目案例 4**

## 兴业银行合同能源管理未来收益权质押融资项目

合同能源管理就是以节省的能源费用来支付节能项目全部成本的节能投资方式。目前国内节能服务公司从经营规模来说，基本上还属于"中小企业"范畴，缺乏有效抵质押物，且节能环保领域中的合同能源管理商业模式特点在于项目投资"前期一次投入、后续多年回收"，传统的信贷服务已经难以适应其需求。

兴业银行以节能服务公司合同能源管理合同项下的未来收益权质押作为

主要担保，以项目本身的节能效益作为主要还款来源，依托专家团队力量，根据节能项目的技术成熟度以及节能效益的可实现程度等因素对节能效益进行量化评估，并为 X 企业精心提供合同能源管理融资专项服务方案，提供了 5 年期项目贷款，占项目总投资的 40%，用于购买配套件及工程改造支出；在还款方式上，分期还款方式与项目现金流频率相匹配。除了提供融资服务外，自有技术突出、业绩成长迅速的节能服务公司依托兴业银行综合化经营平台，获得财务顾问、咨询和现金管理等一揽子综合化服务，同时在股份制改造、私募融资、上市辅导等多方面获益。

兴业银行的合同能源管理融资业务，将非典型意义上权利质押确权变成标准化的担保品，同时辅以现金流管控措施，有效缓解了轻资产型的节能服务公司融资担保难题，为深入拓展节能服务产业链提供了有利条件。①

### 2. 江苏银行

作为国内首家采纳赤道原则的城商行，江苏银行正在全面对接国际标准，以赤道原则为行动指南，充分发挥城商行决策链短、高效灵活的优势，创新绿色金融产品，以国际化标准完善环境与社会风险管理，探索可持续发展路径，在体制机制、产品创新、风险管理、人才培养等方面取得了一定成效。

专营机构，考核导向。江苏银行于 2016 年年初在总分行设立了绿色金融专营机构，在总行设立绿色金融及 PPP 事业部（隶属公司部下设的二级部门），主要负责全行绿色金融与 PPP 业务的推广与获客渠道建设，牵头行业研究、产品研发、重点客户营销、环境风险管理及采纳赤道原则等工作；在分行设立绿色金融相关的专营团队，负责具体业务的申报、业务的批量化营销等工作。对分支机构的 KPI 考核方面，加入了绿色信贷指标，并考虑区域特点探索建立合理的个性化考核模式，通过考核激励机制调动分支机构推广绿色金融的热情。

---

① 资料来源：兴业银行。

战略引领，政策倾斜。江苏银行在探索实践中打造绿色金融行业范式，先后启动了绿色金融三年战略规划，制定了《江苏银行绿色信贷营销指引》《江苏银行环境与社会风险管理办法（试行）》等多项制度。在定价方面，优先支持绿色金融业务发展：一是下调 FTP 定价，给予政策倾斜，鼓励分行优选绿色金融项目；二是专项配置绿色信贷规模和费用奖励，总行对绿色金融客户实施独立审批，给予优惠利率。

协同资源，创新产品。江苏银行充分整合外部资源，聚集行业专家、环评机构、数据监控平台、行内金融骨干等专业力量共同参与绿色金融产品设计，培育产业人才金融专长，并采取"先行先试"政策，根据不同地区的业务发展水平以及政策导向，在部分分行推出了"碳资产抵押贷款""排污权抵押""能效贷款""合同能源管理项目贷款""光伏贷"等产品，根据产品使用情况持续优化升级，成熟后在全行推广。

## 三　当前我国绿色金融发展瓶颈及相关建议

随着绿色金融理念的推广，越来越多的国家开始将绿色金融纳入政策体系。我国在绿色金融整体规划、政策框架搭建和实施、试点运行、产品设计等方面已走在国际前列，形成了独具特色的发展模式，但在我国绿色金融从"跟跑"到"领跑"，中国标准与世界标准并轨的进程中，除加大政策与财政支持力度外，我们还需充分借鉴国际发展经验。

### （一）对标国际，尽快完善国内绿色金融体系

从国际来看，在建设绿色金融体系的共同目标下，发达国家与发展中国家仍有着明显的利益诉求差异，在绿色金融发展框架、要求、标准和流程方面尚未达成共识。从国内改革试验区来看，当前，浙江、贵州等试验区尝试制定绿色金融地方标准，或通过建立绿色项目库的形式探索解决标准模糊问题，但存在进度较慢和入库企业标准统一等问题。绿色金融标准的模糊，影响了金融机构对绿色金融产品和服务的定价。2019 年 3 月 6 日，国家发改委

等七部委联合印发《绿色产业指导目录（2019年版）》，规范了绿色产业认定标准，进一步完善了绿色金融标准化体系，但在绿色金融标准制定方面，各监管部门尚未统一，制约了政策和资金对绿色产业的引导和支持，不利于我国绿色产业的发展壮大。需要我国进一步对照国际标准，加强跨国、跨区域的经验分享与绿色金融合作，依据我国国情，尽快完善绿色金融国内体系。

### （二）统一的环境信息披露和使用相关标准

从我国绿色金融改革创新试验区前期实践来看，试验区在绿色金融信息采集、获取、更新方面仍存在困难，信息不对称问题较为严重。探索建立绿色金融业务全链条的环境信息披露机制，建立统一的环境信息披露和项目融资平台，不仅有利于投资者和金融机构识别融资主体，更有助于统筹运用债权、基金、信贷等金融工具进行合理的风险定价，更好地满足绿色项目融资需求。此外，欧美环境责任保险的发展历程表明，严格公正的法制环境为绿色金融产品的发展奠定了坚实基础。当生产企业违反环境保护法规的成本增加时，一方面企业需求风险规避的动机推动了绿色金融产品的创新与发展；另一方面也促使企业规范增强环保意识，规范经营行为，更有利于获得外部融资，促进绿色金融项目全面发展。

### （三）推动形成高效的绿色金融市场

绿色项目往往具有前期投入大、技术含量高、不确定性大、投资回报时间长的特点，在当前的绿色融资结构中，绿色信贷占主体地位。绿色资产证券化、环境权益抵质押融资等可持续的产品和服务创新乏力，能够降低企业负债率和融资成本、提高权益交易的经济收益的直接融资渠道未被充分利用。2019年5月，国家发改委、科技部对构建市场导向的绿色技术创新体系出台相关意见，提出引导银行业金融机构合理确定绿色技术贷款的融资门槛，发展多层次资本市场和并购市场，健全绿色技术创新企业投资者退出机制，鼓励绿色技术创新企业充分利用国内外市场上市融资。根据意见，到2022年，要基本建成市场导向的绿色技术创新体系。

## （四）加强第三方绿色评估机构专业能力建设

绿色项目信息不对称、期限错配、环境权益的抵押品范围受限成为制约金融机构支持绿色金融的重要因素，金融机构一方面要增强识别绿色项目的专业能力，更重要的是建立绿色金融风险防范体系。专业的第三方绿色评估机构能够助力金融机构快速形成绿色项目风险识别能力，建设专门的绿色融资审查体系。同时，监管部门也可以借助专业的绿色评估机构力量，加强绿色金融发展监管考核，有效防范信用风险和流动性风险。

**参考文献**

王亚童：《绿色金融发展的国际经验与启示》，《中国外资》2019 年 5 月 5 日。

安国俊：《绿色金融推动绿色技术创新的国际比较及借鉴》，《银行家》2019 年 3 月 15 日。

国家建设绿色金融改革试验区：《中国经济月报》2017 年第 6 期（总第 18 期），2017 年 6 月 1 日。

董方舟：《绿色金融在全球》，《中国金融家》2018 年 7 月 15 日。

阳晓霞：《从"绿"到"金"——一本基于赤道原则的银行可持续发展实证研究力作》，《中国金融家》2018 年 4 月 15 日。

朱倩：《寓义于利　点绿成金　兴业银行的绿色金融发展之路》，《重庆日报》2018 年 11 月 1 日。

# B.12
# 河南省济源市的简洁型市级环境性能指标

郭 栋 Satyajit Bose[*]

**摘 要：** 环境保护与经济增长这两个目标之间的潜在冲突，要求中国城市在地区层面对城市污染的经济影响作出评估。报告运用了经济学上的投入产出分析、经济活动和环境影响市级指标、各行业经济产出和环境污染基准关系的可用估计值，拟定了一个方法，以货币为单位对各行业对所在城市造成的空气污染进行量化分析。我们将环境会计框架运用到河南省的一个中小城市——济源市，为当地政府部门展示了如何根据基本的经济活动以货币为单位对空气污染进行追踪、管理，并提供了一套最基本的指标，供中国中小城市用来估算各行业所造成的空气污染的货币价值。我们所使用的方法利用了涵盖整个经济的总体模型，以大幅减少中国中小城市在粗略估算各行业每单位废物排放所产生的相对增加值时所需的指标数量。

**关键词：** 简洁型 市级环境性能指标 河南省济源市

　　环境保护与经济增长这两个目标之间的潜在冲突，要求中国城市在地区层面对城市污染的经济影响作出评估。本文运用了经济学上的投入产出分析、

---

* 郭栋，美国哥伦比亚大学地球研究院中国项目主任、可持续发展政策与管理研究中心副主任、副研究员，博士，研究方向：可持续发展科学；Satyajit Bose，美国哥伦比亚大学可持续发展政策与管理研究中心副主任，可持续发展管理硕士项目副主任，博士，教授，研究方向：可持续发展管理，绿色金融，金融。

经济活动和环境影响市级指标、各行业经济产出和环境污染基准关系的可用估计值，拟定了一个方法，以货币为单位对各行业对所在城市造成的空气污染进行量化分析。我们将环境会计框架运用到河南省的一个中小城市济源市，为当地政府部门展示了如何根据基本的经济活动以货币为单位对空气污染进行追踪、管理，并提供了一套最基本的指标，供中国中小城市用来估算各行业所造成的空气污染的货币值。我们所使用的方法利用了涵盖整个经济的总体模型（Ho 和 Nielsen 2007 年，世界银行 2007 年），以大幅减少中国中小城市在粗略估算各行业每单位废物排放所产生的相对增加值时所需的指标数量。

# 一　前言

虽然降低环境污染已经成了中国城市的一个高优先级目标，政策制定者和城市规划者的核心问题和潜在竞争性目标仍然是经济增长和充分就业。比如，中国政府在其"十二五"规划（2011～2015 年）中的目标就是，一方面要实现迄今为止尚未实现的节能减排目标，同时要实现 7% 的经济增长、增加 4500 万人的就业。

环保和经济增长之间的潜在冲突，要求中国各级政府以货币为单位评估城市环境污染。评估环境污染时，应计入环境污染所造成的经济损失，而不单是在物理层面上进行测算。货币化计量有助于确认产生每单位污染或者每单位资源消耗所能产生的最高增加值，这样各地级规划机构就能在行业层面准确制定出行政指令和激励举措。

各级市政府近年来承担了两重职能：一方面试点可持续发展政策，另一方面成为制定、实施可持续发展行动计划的领导者。这一趋势具有多方面的意义，最重要的是它反映出，全球人口正在日益向城市集中，因此，城市逐渐拥有了连很多中央政府都不具备的重要政策工具。全球城市所消耗的能源占到全世界能源总产出的 60%～80%，所产生的二氧化碳排放量占到全球排放量的将近三分之二（Kamal-Chaoui 和 Robert，2009 年）。从长远来看，要实现城市可持续发展，必须提高水和能源的使用效率、提高废物管理的性

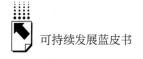

价比、缓解交通拥堵、净化空气。

城市作为当地重要的服务提供者和设施运营者具有独特的能力，可以通过采取具体措施减少化石燃料的使用，建立更多生态友好的排放计划、供水以及污水和固体废物管理系统。城市对以下关键系统具有直接的管理权限：给排水、废物与回收、公共交通、可持续服务交付、建设和规划规范，以及其他系统。此外，城市还具备创建本地化解决方案的能力。

虽然国家层面对环境污染和经济增长的评估工作已经开展了几十年，但中国各城市针对自己的这些工作才刚刚开始。城市正在微观层面对可持续发展指标进行聚合，所涵盖的对象涉及家庭、企业和政府机构，并将其融入地区层面的战略决策中。坚持可持续发展战略对保持城市活力至关重要，对提升城市的招商引资能力和宜居水平至关重要。如今，城市正加大可持续发展力度，以提升其宜居水平、促进经济增长、容纳以可再生资源为基础的多元生活方式。中国城市也开始将环境保护与经济发展融为一体，以提高城市发展的可持续性。

因此，本文的研究目的即把环境污染会计框架运用于一个试点案例，亦即中国一座中小城市济源市，从而定量计算出由企业排放而造成的空气污染的边际损害，并通过边际损害与排放数据的相乘计算出总的损害。在运用经济学上的投入产出分析时，我们引入了边际损害这一框架以找到下列问题的答案：济源市的哪些行业在以人民币为计价单位的空气污染损害与增加值的比率上最高？本文将确定一组数量最小的指标，供中国中小城市用于测算各行业所造成的空气污染损害的货币值。此外，本文最后还将帮助各城市环保部门开发一套简单的本地环境会计框架，以便于开展成本效益分析，以便于对经济活动、产业结构和城市污染的变化情况进行情景分析。

本文的其他部分安排如下：第二节简要讨论选择济源市为研究对象的原因，及其经济与可持续发展背景；第三节为简要的文献综述，所选文献皆关于环境会计及其在中国的进展情况；第四节简要阐述所采用的标定方法，这些方法用来估算城市排放所造成的边际污染损害；第五节对济源市所有行业排放出的 PM10 和 $SO_2$ 所造成的污染损害进行计算。最后，第六节总结了本研究所取得的发现，并讨论了这些发现在中国其他城市的适用性。

## 二 济源市情况简介

我们之所以选择济源市，是因为：它对第一、第二产业的依赖比较大，它处于一个人口众多而经济相对落后的省份，它是一个可持续发展实验区，它的规模适合做研究，以及该市的政府官员愿意合作、提供数据。

济源市是一个地级市，人口约 70 万，2011 年的城市化率为 51.44%。[①] 济源市是一个资源型城市，2012 年 GDP 为 430 亿元人民币，比上年增长 13%。[②] 到 2020 年济源将发展为一个较大的中等城市。济源生产的铅占全国的 20% 以上，拥有丰富的锌及其他矿物资源。其中，锌、铅和钢铁行业每年实现产值突破 100 亿元人民币。[③]

埃森哲（Accenture）和中国科学院（Lacy，Ding 等人，2013 年）最近开展的一项调查显示，越是经济发达的城市，经济增长、可利用资源以及环境状态之间的关系就越是失衡。此外，中国那些"资源型城市"的发展最不平衡。他们在研究中指出，中国那些人口为 100 万～300 万的中等城市将成为下一轮城镇化的主要目标，同时，这些城市也最有希望实现经济增长和环境质量之间的平衡。

济源属于河南省，河南省是中国的第二人口大省。在由北京师范大学和中国国家统计局的学者编写的绿色发展指标体系中，河南省在全国约 30 个省份里排名最后。虽然济源市以 64811 元的人均 GDP 在河南省排第一，[④] 但它的可持续发展仍面临着挑战。这些挑战包括：城市发展不平衡问题，主要体现在市中区生活着人数众多的农民工，他们的居住条件和生活水平严重落后于一般市民；产业结构缺乏可持续性，其采掘业和制造业占到全部经济产出的约 70%。如表 2 所示，第二产业现在呈现良好的增长势头，是目前济

---

① 据中国国家统计局 2010 年数据。
② 据济源市科学技术局 2013 年数据。
③ 据济源市政府 2013 年数据。
④ 据济源市政府 2013 年数据。

源市最具优势的行业。此外，通过简单计算可以发现，第二产业在总体经济中所占的比重也在上升，而第三产业的比重则在下降，这进一步表明，济源市的经济增长方式很不平衡。

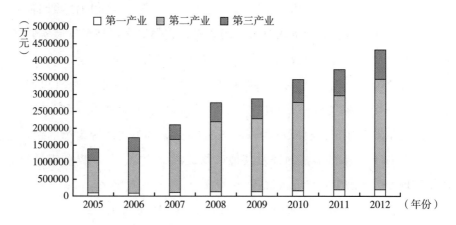

**图2 中国济源市各产业的 GDP 贡献（2005～2012 年）**

资料来源：济源市统计局（2013 年）。

济源市经济近年来增长快速，并于 2008 年成为河南的可持续发展实验区，成为该省首个县级水平的发展实验区。2011 年，济源市升级为国家可持续发展实验区。国家可持续发展实验区于 1986 年开始设立，其目的是通过示范和试点推进当地的可持续发展；根据各地区的具体社会经济条件和资源情况建立相应的实验区，提高当地的可持续发展能力，探索可持续发展的不同机制、不同模式。到 2014 年 3 月，中国共建有 160 个国家可持续发展实验区，分布于各市、区、县和农村。不同的实验区在发展主题、推进可持续发展的具体措施等方面都不尽相同。

比如，济源这个中小城市的目标就是通过推行城乡一体化政策，以实现可持续发展，并为其他中部城市树立榜样。在济源市 2010～2015 年国家可持续发展实验区总体规划中纳入了城乡一体化发展、结构调整、产业结构调整、城镇化、生态建设和环境保护，以推进经济、社会、政治、文化、生态的平衡发展。

国家可持续发展实验区制定了 60 多个指标，涵盖可持续发展的全部内容，指导政府部门对实验区建设进行追踪、调查并报告工作进展情况。济源市已将其中的 30 个指标编成了跨部门的指标体系，并根据该市的具体发展情况编制了相应指标。这些指标涵盖人口增长、生态、自然资源消耗、排放和废物、经济、社会以及科技和教育等领域。这些指标虽然可以对城市可持续发展进程进行追踪，不过尚不能胜任本文所提出的环境会计框架分析。

各地统计部门除了以统计年鉴的形式在行业层面发布生产和就业指标，还与能源管理部门和环境保护部门开展合作，以环境统计年鉴和能源统计年鉴的形式定期发布工业部门能源消耗、排放、废物等方面的数据。

本文所提议的环境会计体系可充分利用济源市所编制的跨部门可持续发展指标，来更好地编制资产负债表和集成流量报表，从而对资源使用情况及其对环境的影响进行追踪。

通过建立环境会计体系，可以对因土地使用、燃料使用，以及现有和拟建的住宅、商业、工业园区、交通模式所造成的温室气体排放量而引发的环境污染进行描述。另外，环境会计框架可以对所收集的可持续发展指标之间的互动关系提供清晰的解释和说明。

纳入边际损失估计后，会计体系即包含了完整的成本核算，亦即对污染影响的倾向货币化。该框架可对土地使用、绿色发展、新型交通等政策变化对城市可持续发展的影响进行估算。本研究规模宏大，旨在达成资产负债表和流量报告之间的平衡，并为济源市构建边际损失的相关评估指标，用以观察该城市在节能、废物处理、碳排放量、水平衡、景观、生物多样性等方面的发展。我们希望本文所论述的方法可方便地复制、推广到其他中小城市以及各经济开发区，供其跟踪、观察行业层面的经济和环境指标。

## 三 文献综述

为评估资源使用和污染的外部性如何建立一个综合的会计体系？这是环

境经济学领域一个悬而未决的问题。和其他资本一样，自然资源作为一项资产也是有限的，并且需要进行测量、预算和有效配置以实现资源使用的经济效益最大化。在国家层面，对环境会计进行论述的文献数量庞大，并可分为四种类型：环境材料货币流或物理流会计、环境保护支出会计、自然资源资产会计、基于环境调整的宏观指标构建。

20 世纪 70 年代所开展的关于环境会计的早期工作主要是建立账户以解释环境资源的使用情况，如森林、渔场、能源和土地。本文主要以物质流分析为主，计算资源的物理流以及每单位产出所造成的污染，而对其外部性则不进行货币化处理（Ayres 和 Kneese，1969 年）。欧洲国家中，那些最先采用环境账户的国家随后开始为大气污染物排放设计账户，这些账户在 20 世纪 80 年代与能源账户构成了紧密的联系。

一个经济体中不同行业的互动表明，在计算行业排放量变化的全面影响时，应当考虑该经济的投入产出结构（Leontief，1970 年）。因此，在 20 世纪 90 年代，联合国环境规划署（UNEP）和世界银行试图将环境账户纳入国民经济核算体系（SNA），并在包含环境会计四大板块的经济环保会计制度（SEEA）中运用得最为到位。到了 2003 年，这一占据主导地位的环境会计标准有了修订版和更新版（联合国，2003 年）。到了 2013 年，为了获得国际上的广泛同意，联合国统计委员会采用 SEEA "中心框架" 作为国际通用的标准，只保留了原框架当中最无争议的内容。

SEEA 采用三种方法来评价自然资源的损耗和退化：市场价格、维护费用和条件价值（损害）评估（联合国，1993 年）。SEEA 还反映了 "可销售" 资源的损耗和退化情况，并通过市场价格予以转化，同时，像空气等不可销售的自然资产是未纳入其中（Hecht，2007 年）。

维护费用或者损耗成本可用来有效地对污染进行评估，特别是假设规章制度有效的情况下（Muller，Mendelsohn 等人，2011 年）。有些国家如韩国则重点实施了 "SEEA 1993" 对数项排放进行损耗成本估算（Kim，1998 年）。不过，1993 年框架中的维护成本是假定值，是资源退化后再计算出来的数值，并未考虑市场中的结构调整，而市场结构调整在发生维护成本的情况下是必然要产生的。此外，全部规章制度都有效的假定易招致批评。也许是出于这些原因，在随后的 SEEA 修订版里，维护成本的评估不再包含在内。

在经济分析中，污染的评估要么是评估其边际损耗成本，要么是边际损害（Nordhaus 和 Tobin，1972 年）。如果规章制度在信息对称的情况下完全有效，那这两项指标其实是完全一样的。如同 Muller 等人（2011 年）所指出的，环境对人类健康和福祉的影响还应包含损害评估，从而更好地实施污染控制政策，令其更有效地为人们带来更多福祉。损害评估的基础工作是测评人们是否愿意为减少损害埋单，或者接受因损害增加而给予的补偿。人们的这种主观意愿当然会因地方不同、收入不同以及偏好不同而不同。因为外部性无处不在，加上市场的种种不完善，这种关于主观意愿的测量结果常常与以价格为基准的国民经济核算所得出的结果不符，造成 SEEA 中不再包含损害评估。因此，SEEA 只反映经济活动所造成的环境损耗和退化损害成本的部分内容（Hecht，2007 年）。

在中国，对环境会计的系统研究始于 20 世纪 90 年代（Ding 等人，2014 年），并于 2006 年随着绿色 GDP 的发表达到高峰。除了环境会计方面的广泛研究，针对中国不同地区而开展的以环境损害货币化为内容的研究也非常多，这方面的代表性文献有：Wang 和 Mullahy（2006 年）、Huang 等人（2012 年）、Matus 等人（2012 年）以及 Zhang 等人（2010 年）。

美国和欧洲用于评估道德风险的通行做法是采用"生命统计价值"这一理念，这一理念是对生命价值的隐性测评，根据个人为降低过早死亡的风险而埋单的意愿而测算。在较早时期，大多数的中国学者，如 Yu、Guo 等人（2007 年）采用的是调整过的人力资本法，而不是使用"生命统计价值"。调整过的人力资本评估方法是中国官方所采用的方法，也是在评估污染成本时使用范围最广的方法，而且经常被用来为生命统计价值设定一个下限（世界银行，2007 年）。其他研究，特别是近年来的研究（Wang 和 Mullahy，2006 年），开始基于人们的平均埋单意愿度在中国的部分区域运用生命统计价值，以评估环境污染所带来的道德风险。

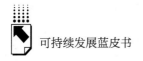
# 四 标定方法

对于污染控制的经济成本及经济效益的综合评估模型已在国家层面建立起来，开发这一模型的是哈佛大学和清华大学联合组成的一支研究团队（Ho 和 Nielsen 2007 年，Jing，Ho 等人，2009 年）。这一模型从国家层面，对各行业能源消耗、排放强度和损害估计对人体健康的影响提供了评估基准。此外，世界银行和环境保护部联合开展的一项研究（世界银行，2007年），就污染对人体健康及非人体健康（如粮食收成损失、物质损失和渔场损失）所造成的以货币为计量的损害做出了估算。本文对边际损害或者影子价格进行了实证估算，并尽可能地采用了以上这些方法。如表 3 所示，我们所采取的综合步骤是：将排放作为经济活动的一个函数进行计算；确定排放对受影响地区污染浓度的影响；通过估计剂量反应关系计算出排放对接触人群的物理影响；运用 VSL 或者埋单愿意度，将物理影响转化为以货币为单位的估算值。

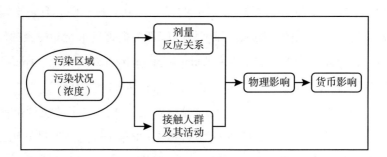

**图 3　污染影响测量流程**

资料来源：世界银行（2007 年）。

先来看济源市的相关数据。和许多中国其他城市一样，济源市也会发布各行业的产出、人员雇用和能耗情况。作为一个可持续发展实验区，济源市当前正在制作一份报告准备出版发行，预计报告中将反映各行业空气污染物的排放情况。本文的目标是设计一个算法，根据中国各城市的可用数据对各行业经济活动的边际损害进行估算。在算法构建过程中，我们重点参考了 Ho 和 Jorgenson（2007 年）所研发的步骤，在国家层面对边际损害估计值进行计算；同时，对算法进行调整以容纳城市层面的不同数据，并对典型的城市环保部门的分析和建模能力进行了阐述。

对济源而言，有色金属工业（主要是铅和锌）既是重要产业，也是造成当地污染的主要产业。然而，关于其具体影响，哈佛–清华研究团队未着手研究。Ho 和 Nielsen（2007 年）开展了一项研究，对五个重点污染行业的排放特点进行了具体评估，这些行业分别是：化工、非金属矿物产品、金属冶炼和钢、铁锻压、发电和运输。对于有色金属采矿和冶炼行业，重要的是采用基于实际行业层面的排放数据，这些数据济源市预计会于将来发布。同时，对于产出和排放（TSP 和 $SO_2$）的关系，我们采用了全国平均水平，它由 Ho 和 Nielsen（2007 年）所编制，在编制中采用了一个更为简单的评估程序来进行总值估算。

在将排放数据转化为损害估计值时，我们采用了吸入因子法（Ho 和 Nielsen，2007 年）。吸入因子（$iF$）法是一种简化的估算，用来估算某一特定污染源所排放的污染物在消散到空气前最终被吸入人体内的数量。这一方法充分反映了污染源一定半径范围内污染物大气传输、人口密度、人口分布等因素的影响。摄入因子的正式表达式是：

$$iF = \frac{\sum_{i=1}^{n} POP_i \times CONc_I \times BR}{EM}$$

其中，$POP_i$ 指网格单元 $i$ 的人口，$CONC_i$ 指网格单元 $i$ 环境浓度的变化，$BR$ 指平均呼吸率，$EM$ 指污染源的总排放量。

Ho 和 Nielsen（2007 年）计算了钢铁行业 PM10 的吸入因子，样本取自 187 个工厂。由于对有色金属行业尚无关于吸入因子方面的具体研究，我们对济源市的这一行业估算了平均值、最小值和最大值。不过，如其他研究所阐明过的，可以通过 $iF$ 回归分析得出相对精确的吸入因子；$iF$ 回归分析综合考虑了污染源的烟囱高度和污染源一定范围内居住人口的估算值（Levy

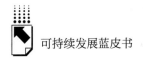

和 Greco，2007 年）。理想情况下，我们可以将 Ho 和 Nielsen（2007 年）所编制的国家层面的吸入因子标定为地方层面，办法是对关键污染源的实际烟囱高度以及人口密度、距离和收入等因素进行相应调整。我们预计，通过这样的调整，可以将国家层面的污染控制的成本效益分析转化为地方层面的减排边际成本和效益评估。

本文将为济源市构建一个按比例缩小的经济投入产出模型，对城市各行业的排放数据进行处理，并纳入 Ho 和 Jorgenson（2007 年）构建的包含 33 个行业的投入产出的模型中。下面，我们运用 Ho 和 Jorgenson（2007 年）的方法，对如何计算 PM10 和 $SO_2$ 排放所导致的死亡赔偿金做演示。得到济源市的工业排放数据后，我们的演示计算就能使用真正的排放系数进行构建（通过适当的映射或插值），以得出更为准确的每单位排放增加值的估算值。

## 五　结果说明

下面演示济源市各行业 PM10 和 $SO_2$ 排放所造成的损害估计值的计算。

济源市 2012 年制造业产生的 GDP 为 307 亿元，占全市 GDP 的 71%。制造业包括煤炭开采与加工、金属矿开采、有色金属矿产开采（包括铅和锌）。我们初步假定，济源市制造业排放系数是 Ho 和 Jorgenson（2007 年）所研究的 33 个行业中以上这 3 个行业的简单平均值。根据 Ho 和 Jorgenson（2007 年）使用的行业及排放因子，表 1 列举了行业 GDP 及行业构成。

**表 1　济源市各行业 GDP 及假设排放因子**

| 济源市<br>各行业 | 2012 年<br>GDP(万元) | 行业 | 排放因子<br>（千吨/10 亿元） | |
| --- | --- | --- | --- | --- |
| | | | TSP | $SO_2$ |
| 第一产业 | 195477 | 1　农业 | 0.0648 | 0.1487 |
| 第二产业 | 3258449 | | | |
| 制造业 | 3079285 | 2,5,6　煤炭开采和加工、采金属矿和有色金属 | 0.6984 | 0.5195 |

| 济源市<br>各行业 | 2012 年<br>GDP(万元) | 行业 | 排放因子<br>(千吨/10 亿元) | |
|---|---|---|---|---|
| | | | TSP | SO₂ |
| 建筑业 | 179164 | 25　建筑 | 0.0696 | 0.2381 |
| 第三产业 | 854717 | | | |
| 交通、仓储、通信 | 137375 | 26,27 交通、仓储、邮电、通信 | 0.5139 | 0.8754 |
| 商业和餐饮 | 301132 | 28 商业和餐饮 | 0.0835 | 0.1933 |
| 金融与保险 | 30972 | 29 金融与保险 | 0.0362 | 0.0779 |
| 房地产 | 83577 | 30 房地产 | 0.3881 | 0.6685 |
| 其他 | 301661 | 31,32,33　社会服务、健康、教育、公共事业 | 0.4501 | 0.8227 |
| 总　计 | 4308643 | | | |

资料来源：Ho 和 Jorgenson（2007 年）与作者的计算。

Ho, M. S. and D. W. Jorgenson（2007）. Sector Allocations of Emissions and Damage. M. S. Ho and C. P. Nielsen, eds. Clearing the Air: The Health and Economic Damages of Air Pollution in China. Cambridge, MA, MIT Press.

根据以上排放因子可构建济源市各行业的估计排放。我们注意到，出于各种原因，济源市真正的排放有可能与以上所演示的估计值相差甚远。特别是 Ho 和 Jorgenson（2007 年）根据 1997 年中国的经济情况，在其排放因子中嵌入了行业间结构。显然，过去 16 年里中国不同行业的 GDP 排放强度已经发生很大变化。因而，当前各行业的排放数据构成了地方层面环境会计体系的必要条件。

为进一步阐明这一方法，我们继续使用 Ho 和 Jorgenson（2007 年）排放因子的排放估算值。我们注意到，如同所预料的，排放因子表明制造业的排放强度比其他行业更高，其次是交通业和房地产业。Ho 和 Jorgenson（2007 年）为各行业编制了吸入因子，我们加以采用，从而计算出排放剂量及其对人体健康的影响。本文使用了 Ho 和 Jorgenson（2007 年）第 9.4 章中所描述的方法，计算了济源市在全国统计的过早死亡人数中的比例。

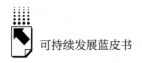

表2 济源市经济活动对全国生命统计过早死亡的估计影响率

| 行业 | 吸入因子<br>(Ho-Jorgenson) | | | 估计影响率<br>(生命统计数) | | |
|---|---|---|---|---|---|---|
| | 二次型颗粒 | | | PM10 | SO$_2$ | 总计 |
| | TSP | SO$_2$ | PM | | | |
| 第一产业 | 1.54E – 06 | 3.32E – 07 | 4.40E – 06 | 0 | 0 | 0 |
| 第二产业 | | | | | | |
| 制造业 | 1.05E – 05 | 1.66E – 05 | 4.40E – 06 | 19 | 26 | 45 |
| 建筑业 | 5.79E – 05 | 1.66E – 05 | 4.40E – 06 | 1 | 1 | 1 |
| 第三产业 | | | | | | |
| 交通、仓储、通信 | 5.74E – 05 | 1.66E – 05 | 4.40E – 06 | 3 | 2 | 5 |
| 商业和餐饮 | 5.49E – 05 | 1.66E – 05 | 4.40E – 06 | 1 | 1 | 2 |
| 金融与保险 | 3.86E – 05 | 1.66E – 05 | 4.40E – 06 | 0 | 0 | 0 |
| 房地产 | 3.86E – 05 | 1.66E – 05 | 4.40E – 06 | 1 | 1 | 2 |
| 其他 | 3.86E – 05 | 1.66E – 05 | 4.40E – 06 | 4 | 4 | 8 |
| 总　计 | | | | 28 | 34 | 62 |

资料来源：Ho 和 Jorgenson（2007 年）与作者的计算。

Ho, M. S. and D. W. Jorgenson（2007）. Sector Allocations of Emissions and Damage. Clearing the Air: The Health and Economic Damages of Air Pollution in China. M. S. Ho and C. P. Nielsen. Cambridge, MA, MIT Press.

这一计算结果表明，济源市各行业的 PM10 和 SO$_2$ 排放造成了约 62 人死亡，而据 Ho 和 Jorgenson（2007 年）估算，同期全国范围内的这一死亡数字为 94000。显然，其所占比例为 0.07%。根据 Ho 和 Jorgenson（2007 年）的 37 万元人民币的 VSL 来计算（1997 年的币值），62 条人命相当于同年的 2300 万元，或者今天的 3700 万元，相当于整个济源市 GDP 的 0.1%。这一计算还不包括 PM10 和 SO$_2$ 排放的其他影响，比如活动天数的减少、慢性支气管炎、急诊等，这些方面的影响可以用 Ho 和 Jorgenson（2007 年）的框架来估算。此外，我们的计算中也不包含世界银行研究中所估算的对作物及其他非人类方面的影响。借助各行业实际的排放数据，我们可以对 SO$_2$ 和 PM10 排放的影响做出一个全面的成本估算。

通过结合城市附近污染排放最多的地方的烟囱高度和人口密度等因素，可以以相对较低的成本对这一方法进行大幅改进。这些增加的变量（因素）

可以大幅提升吸入因子估算的准确率，精确到和现场仔细测量值的差距不超过 15%。

# 六　结论和讨论

济源市政府在其 2013 年 7 月 12 日的工作报告中就环境保护工作列出了三个关键难题。

（1）有限的环境（承载）能力和经济增长之间的矛盾。济源市人多地少，因此，持续的经济增长对环境造成了损害，每单位土地所需承载的资源消耗相对较高。

（2）旧产业结构与节能/减排之间的矛盾。济源市的经济严重依赖资源消耗型的重化工行业，而这一局面短期之内难以改变。

（3）尽管取得了不少进步，环境质量和人们的期待仍有差距。

建立一个针对当地情况的环境会计体系有助于提升经济投入和产出的透明度，从而推动土地使用政策和交通政策的改变。该体系有助于阐明这些政策变化对经济损失的改变。借助于这一会计体系的帮助，这一综合性的"如果……将……"的情境分析将有助于政策制定者找到解决问题的方案，通过施行新的土地使用政策、为特定行业制定激励措施等举措，减少城市对资源的消耗、降低污染程度，同时实现经济增长和充分就业。该体系还有助于济源市制定出更为精准的政策，将经济增长建立在更少的资源消耗上。

因为数据有限，特别是各行业的排放数据有限，本研究目前尚不能对济源市全部 33 个产业部门的损害水平做出精确计算。不过，一旦有了各行业排放数据，我们就能继续以济源市为对象深化这一研究，对第二产业各行业进行更为精确的评级，并与邻近地区的对应行业进行横向比较。此外，缺少足够的排放数据也限制了对健康损害以外其他各项损害的估算，这些损害其实是污染影响的重要组成部分。更重要的是，本文使用了 Ho 和 Jorgenson（2007 年）基于 1997 年中国经济结构而编制的排放因子，这与济源的实际排放水平可能大相径庭。因此，当前各行业的排放水平是构建地方环境会计

体系不可或缺的数据。

但是，我们所阐述的方法也展现出，它可以运用涵盖整个经济的总体模型（Ho 和 Nielsen 2007 年，世界银行 2007 年）来大幅减少指标的数量，以较少的指标来完成对中国中小城市或者地区各行业每单位排放增加值的简单估算。这一方法需要以各行业的 TSP 和 $SO_2$ 排放为基础，这些排放数据在不久的将来有望在中国各座城市都能获取。

在美国，产生最小增加值的企业已被确定为：垃圾清洁焚烧、污水处理、石料开采、游船码头、燃油和煤电厂。我们初步的期望是，有了详细的排放数据之后，通过为济源市或者中国其他城市、地区各行业构建环境会计体系，能够确定哪些采掘业、哪些制造业是产生最低增加值的企业。同时，也希望市政府能够着手收集关于关键污染源烟囱高度的信息，以及关于市郊人口密度和地理距离等方面的信息，这样就能提高吸入因子计算的准确度，从而对排放损害作出更加精准的估算。

因此，我们希望本文所列出的框架能够帮助市一级环保部门开发出简化版的环境会计体系，以便于开展经济成本效益分析，便于对经济活动变化、产业结构调整以及当地人口变化等进行情境分析。这样构建起来的会计体系将构成中国以及全球城市可持续发展计划的核心内容。

## 部分参考文献

Ayres, R. U. and A. V. Kneese（1969）. "Production, Consumption, and Externalities." American Economic Review59（3）：282 – 297.

Bartelmus, P.（2013）. "Environmental-Economic Accounting：Progress and Digression in the SEEA Revisions." Review of Income and Wealth.

China National Bereau of Statistics（2010）. *The 2010 Population Census of The People's Republic of China. China National Bereau of Statistics：Department of Population and Employment Statistics.* Beijing, China Statistics Press.

Department of Environmental Protection Jiyuan. Jiyuan Ecology and Environmental Protection Working Report（in Chinese）.

Hammitt, J. and Y. Zhou (2006). "The Economic Value of Air-Pollution-Related Health Risks in China: A Contingent Valuation Study." *Environmental and Resource Economics33* (3): 399 – 423.

Hao, H. (2011). "Jiyuan Urban Sustainable Development SWOT Analysis." *Science, Technology and Industry* (in Chinese) 11 (4).

Hecht, J. E. (2007). "National Environmental Accounting: A Practical Introduction." *International Review of Environmental and Resource Economics1* (1): 3 – 66.

Ho, M. S. and D. W. Jorgenson (2007). Sector Allocations of Emissions and Damage. *Clearing the Air: The Health and Economic Damages of Air Pollution in China*. M. S. Ho and C. P. Nielsen. Cambridge, MA, MIT Press.

Ho, M. S. and C. P. Nielsen, eds. (2007). *Clearing the Air: The Health and Economic Damages of Air Pollution in China*. Cambridge, MA, MIT Press.

Huang, D., J. Xu and S. Zhang (2012). "Valuing the health risks of particulate air pollution in the Pearl River Delta, China." *Environmental Science & Policy15* (1): 38 – 47.

Jing, C., M. S. Ho and D. W. Jorgenson (2009). "The Local and Global Benefits of Green Tax Policies in China." *Review of Environmental Economics & Policy3* (2): 189 – 208.

Jiyuan Bureau of Science and Technology (2013). Jiyuan—National Sustainable Development Experimental Zone 32 Metrics Performance Review (2010 – 2013) (in Chinese).

Jiyuan Bureau of Statistics (2013). *Jiyuan Statistical Yearbook 2013*, Jiyuan Bureau of Statistics.

Jiyuan Municipal Government. (2013). "Economic Development of Jiyuan." Retrieved May 28th, 2014, from http: //www. jiyuan. gov. cn/zjjy/201305/t20130530_ 106619. html.

Jiyuan Municipal Government. (2013). "Jiyuan Encyclopedia (In Chinese)." Retrieved May 28th, 2014, from http: //www. jiyuan. gov. cn/zjjy/jybk/201305/t20130529_ 106438. html.

Kamal-Chaoui, L. and A. Robert (2009) "Compeitive Cities and Climate Change."

Kim, S. -W. (1998). "Pilot Compilation of Environmental-Economic Accounts: Republic of Korea."

Krupnick, A., S. Hoffmann, B. Larsen, X. Peng, R. Tao, C. Yan and M. McWilliams (2006). "The Willingness to Pay for Mortality Risk Reductions in Shanghai and Chongqing, China." *Resources for the Future*, The World Bank: Washington, DC.

Lacy, P., M. Ding, M. Shi, G. Li and X. Chen (2013). *Creating Prosperous and Livable Chinese Cities: The New Resource Economy City Index Report*, Accenture & Chinese Academy of Sciences.

Leontief, W. (1970). "Environmental Repercussions and the Economic Structure: An Input-Output Approach." *Review of Economics and Statistics52* (3): 262 – 271.

Levy, J. I. and S. L. Greco (2007). Estimating Health Effects of Air Pollution in China: An Introduction to Intake Fraction and the Epidemiology. *Clearing the Air: The Health and Economic Damages of Air Pollution in China.* M. S. Ho and C. P. Nielsen. Cambridge, MA, MIT Press.

Li, X. and J. Pan, Eds. (2013). *China Green Development Index Report 2011. Current Chinese Economic Report Series.* New York and Heidelberg, Springer.

Matus, K., K.-M. Nam, N. E. Selin, L. N. Lamsal, J. M. Reilly and S. Paltsev (2012). "Health Damages from Air Pollution in China." *Global Environmental Change22* (1): 55 – 66.

Ministry of Environmental Protection of China and National Bureau of Statistics of China (2006). China Green National Accounting Study Report 2004.

Muller, N. Z., R. Mendelsohn and W. Nordhaus (2011). "Environmental Accounting for Pollution in the United States Economy." *American Economic Review101* (5): 1649 – 1675.

Nordhaus, W. D. and J. Tobin (1972). Is Growth Obsolete? *Economic Research: Retrospect and Prospect Vol 5: Economic Growth*, Nber: 1 – 80.

Sustainable Development Experimental Zone Working Committee Jiyuan. Constructing National Sustainable Development Zone: Establish Prosperous and Harmonized New Jiyuan (in Chinese).

Sustainable Development Experimental Zone Working Committee Jiyuan. (2010). Jiyuan National Sustainable Development Experimental Zone Master Plan 2010 – 2015 (in Chinese).

The World Bank (2007). Cost of Pollution in China: Economic Estimates of Physical Damages. Washington, DC, The World Bank.

United Nations (1993). Handbook of National Accounting: Integrated Environmental and Economic Accounting. Studies in Methods. New York, United Nations.

United Nations (2003). Handbook of National Accounting: Integrated Environmental and Economic Accounting 2003. Studies in Methods. New York, United Nations.

Wang, H. and J. Mullahy (2006). "Willingness to Pay for Reducing Fatal Risk by Improving Air Quality: A Contingent Valuation Study in Chongqing, China." Science of The total Environment367 (1): 50 – 57.

Yu, F., X. Guo, Y. Zhang, X. Pan, Y. Zhao, J. Wang, D. Cao, M. Cropper and K. Aunan (2007). "Assessment on Economic Loss of Health Effect from Air Pollution in China in 2004." *J Environ Health24*: (12) 999 – 1003.

Zhang, D., K. Aunan, H. Martin Seip, S. Larssen, J. Liu and D. Zhang (2010). "The Assessment of Health Damage Caused by Air Pollution and Its Implication for Policy Making in Taiyuan, Shanxi, China." *Energy Policy 38* (1): 491 – 502.

# 附　录

**Appendices**

## 附录一　中国可持续发展评价指标<br>体系设计与应用

### 一　可持续发展的测度

我们构建的中国可持续发展指标体系（China Sustainable Development Indicator System，CSDIS）将融合以上两种思想，设计一套新的指标体系，以主题领域为主要形式，同时考虑领域之间的因果关系。这个框架由 5 个主题构成。五个主题分别是：经济发展、社会民生、资源环境、消耗排放和治理保护。其中可持续发展中最常见的三个主题社会（社会民生）、经济（经济发展）和自然（资源与环境）都包含进来，在此基础上，针对自然主题，增加两个因果或者关联主题：消耗排放与保护治理。环境与资源描述的是自然存量，包括了资源环境的质量和水平。消耗排放是人类的生产和消费活动对自然的消耗和负面影响，是自然存量的减少。治理保护是人类社会为治理和保护大自然所做出的努力，是自然存量的增加。社会民生的增长和资源环境的不断改善又属于人类

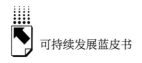

社会发展的动力。经济的稳定增长是保障社会福利、可持续治理的前提和基础。

构建这样一个指标体系，我们希望达到三个方面的目标。一是能够支撑中国参与全球可持续发展的国际承诺，为中国更好地参与全球环境治理提供决策依据。二是对中国宏观经济发展的可持续程度进行监测和评估，为国家制定宏观经济政策和战略规划提供决策支持。三是对省、市的可持续发展状况进行考察和考核，为健全政绩考核制度提供帮助。

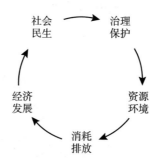

**附图1　中国可持续发展指标关系示意**

## 二　中国可持续发展指标体系构架的思想

### 1. 秉承"共同但有区别的责任"原则

1992年的《里约环境与发展宣言》（Rio Declaration），提出了可持续发展的二十七项原则。经过二十多年的实践和认知，这些原则大部分已经形成各国共识。但其中有一条原则，在近年来受到一些国家刻意的忽视。原则七指出，"各国应本着全球伙伴精神，为保存、保护和恢复地球生态系统的健康和完整进行合作。鉴于导致全球环境退化的各种不同因素，各国负有共同的但是又有差别的责任。发达国家承认，鉴于他们的社会给全球环境带来的压力，以及他们所掌握的技术和财力资源，他们在追求可持续发展的国际努力中负有责任。"共同但有区别的责任在这次会议上被明确地提出来，作为一项国际环境法基本原则被正式确立。尽管《巴黎协定》也体现了发达国家和发展中国家的区分，但在减排责任上的划分不是太明确。CSDIS 的设计和使用需要秉承共同但有区别的责任这一原则。例如，CSDIS 包括了温室气体方面的相关指标，这些指标既有效率指标，如能源强度，二氧化碳强度，也有总量指标，如能源消费总量，碳排放总量。作为一个发展中国家，中国通过总量指标来约束经济社会发展行为，这充分展现了中国政府和人民在应对全球变化这个全球共同性问题上的巨大决心和诚意。但是，在这些指标的目标设定上，需要充分考虑中国是一个发展中国家的事实。

2. 着眼于从"效率控制"到"容量控制"①

气候变化、环境污染、生态破坏已对人类的健康和经济社会发展提出了严峻的挑战。在中国，由于摆脱贫困、缩小城乡居民收入和区域发展差距的任务繁重，这一挑战就显得更加迫切和明显。同时，中国还受到发展能力与水平、自然资源禀赋条件的制约。《中共中央、国务院关于加快推进生态文明建设的意见》是一部体现中国可持续发展理念的纲领性文件。文件有一个重要的内容，可看作是对改善政府管理的刚性要求，即"严守资源环境生态红线。树立底线思维"。同时，要配套建立起"领导干部任期生态文明建设责任制，完善目标责任考核和问责制度"。要建立起一整套与之配套的指标和绩效考核体系，需要将现行的标准控制向总量、质量和容量控制渐次推进。即标准控制—— > 总量控制—— > 质量控制—— > 容量控制。考虑到评估对象的横向可比较性，CSDIS在选择的基础指标，大部分指标是标准指标，也有一些总量指标。为了在应用过程中，可以发挥质量控制和容量控制的作用，CSDIS 纳入了一些涉及资源和环境生态红线的关键指标，还有在可持续治理领域能够发挥关键约束作用的指标。

3. 反映"可持续性生产"与"可持续性消费"

从 18 世纪 60 年代的工业革命到现在，已经过去了大约 250 年的时间，而人类真正关注并一致行动起来保护环境，才二三十年的时间，如果从 1962 年《寂静的春天》出版算起，也才 50 多年。也就是说，在工业化的大部分时间

---

① 本部分节选自：张大卫：《不断改善政府管理促进可持续供应链发展》，《"可持续发展政策与实践——促进可持续供应链的发展"论坛》2015年5月8日。

里，我们都是不考虑资源环境约束和代价的生产和消费。在这样的背景下，从20世纪70年代开始，人类进入了全球生态超载状态，人类的生态足迹超出了地球生物承载力，在2010年人类的生态足迹已经大到需要1.5个地球才能提供人类所需要的生物承载力的程度[1]。在投资和出口拉动型的经济模式中，中国面临着巨大的来自生产端的资源环境压力[2]。但是，从长远看，随着中国经济内需型转型和持续中高速增长，消费端面临的生态压力将逐步增大。在CSDIS设计中，充分考虑了可持续性生产和可持续性消费。比如人类的影响里，既有生产活动的影响指标，又有消费活动指标。在可持续治理方面也是这样，既有生产方面的治理投入、目标和行动，也有消费方面的约束。

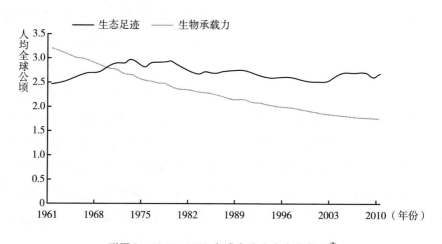

**附图2　1961~2010全球人均生态赤字状况[3]**

4. 反映"增长"和"治理"两轮驱动

在CSDIS里，"稳定的经济增长"和"可持续治理"是两个核心主题。如果没有稳定的经济增长，社会福利水平将难以保障，也没有更多的能力来做生态修复和环境保护的工作。同时，要认识到可持续治理与经济增长是相辅相成。研究表明，单纯依靠GDP的增加很难推动绿色经济综合指数的上

---

① WWF：《中国生态足迹报告》，2015。

② CCIEE—WWF：《超越GDP——中国省级绿色经济指数研究报告》。

③ WWF：《中国生态足迹报告》，2015。

升，经济发展带来的资源环境压力更趋紧迫，生产端和消费端产生的压力阻碍绿色经济沿着原来的轨道前进（附图3）。可持续治理是人类对自然的正反馈，是积极的影响，不仅仅是成本投入，也是增长的重要动力。

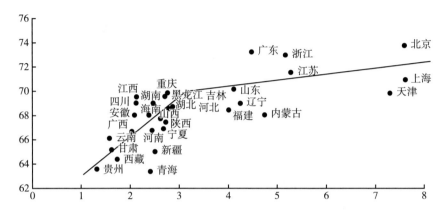

**附图3 人均GDP与绿色经济指数**[①]

5. 体现"人"与"自然"和谐发展

工业革命以来，随着科学技术水平的不断发展，人类认识自然和改造自然的能力持续提高，享用了巨大的自然的馈赠，但是，对自然的破坏也达到了相当严重的程度。可持续发展最终的表现是人类和自然的共同发展。在这样的发展模式下，人类社会福利不断提高，自然环境日益改善，不但传统的生产资本积累不断增加，自然资本也能持续得到投入。在CSDIS里，人的发展包含了社会福利增加和经济稳定的增长，自然的发展体现在资源的高效利用、生态得到修复、环境得到治理和保护。

6. 既"立足当下"又"面向未来"

可持续发展是一个长期的过程，不是一时一地的项目，而是全局性、战略性、共同性的巨大工程。因此在CSDIS指标的选取中，既要立足当下，着眼于当前能够做、必须要做的事情，同时也要放眼未来，考虑一些将来可

---

① CCIEE－WWF：《超越GDP——中国省级绿色经济指标体系研究报告》，2012。

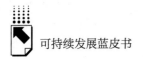
以做、应当做的事情。比如，在指标选取中，为了评估对象的横向比较，需要选取的指标可测量、可报告和可核查。同时，一些指标按照现在的统计口径无法获得，但我们认为比较重要，具有代表性，通过一定的努力未来可以获得，也将其纳入 CSDIS。

# 三　可持续发展指标体系设计

## 1. 前提与基础——经济发展

经济发展是实现可持续发展的前提和基础。可持续的经济发展包含三个方面：稳定的经济增长，结构优化升级和创新驱动发展。稳定的经济增长是人类社会发展的根本保障。结构优化升级不但是经济健康发展的需要，本身也是对资源环境利益模式的转变。创新驱动不但要成为经济持续增长的动力源泉，也为人类更加有效、合理、恰当的利益自然资本提供了技术和手段。稳定的增长包括城镇登记失业率、人均国内生产总值、城镇化率和全社会劳动生产率四个指标。这几个指标也是反映一国或地区经济发展水平及健康程度的重要指标。结构优化方面，主要体现服务业，高技术产业以及消费对经济的拉动作用。创新驱动从研发投入、科技人员数量、高技术产值、专利数量等几个方面来刻画。

附表1　经济发展

| 一级指标<br>（权重） | 二级<br>指标 | 三级指标<br>（ * 代表目前难以获得数据，<br>但期望未来加入的指标） | 单位 | 指标数 |
|---|---|---|---|---|
| 经济发展<br>（15分） | 创新驱动 | 科技进步贡献率* | % | 1 |
| | | 研究与试验发展经费支出与 GDP 比例 | % | 2 |
| | | 万人口有效发明专利拥有量 | 件 | 3 |
| | 结构优化 | 高技术产业主营业务收入与 GDP 比例 | % | 4 |
| | | 信息产业增加值与 GDP 比例 | % | 5 |
| | 稳定增长 | GDP 增长率 | % | 6 |
| | | 城镇登记失业率 | % | 7 |
| | | 全员劳动生产率 | 元/人 | 8 |

2. 美好生活的向往——社会民生

社会民生包含了四类指标，分别是教育文化、社会公平、社会保障和卫生健康。在社会公平方面，除了传统的基尼系数来测度全面居民的收入差距，还考虑了中国经济的二元结构特征，用农村与城镇人均财政指出比来反映城乡享受国家财政的差异。在教育获得方面，由于九年制义务教育已经普及，主要考虑高中阶段和高等教育阶段的毛入学率情况。同时，创新性引入一个万人拥有公共文化设施数，来刻画大众文化普及程度。实际上，我们希望用万人拥有公共文化设施面积指标，但是这个指标在目前的统计体系中很难找到，一些地方政府的公告中会设计。但是如前所述，我们认为这样的指标更具有代表性，在未来的统计体系完善中建议纳入，后面还有一些类似的指标，这实际上是 CSDIS 的一个功能，目的是督促可持续发展指标统计体系的改进。

附表 2　社会民生

| 一级指标（权重） | 二级指标 | 三级指标（＊代表目前难以获得数据，但期望未来加入的指标） | 单位 | 指标数 |
|---|---|---|---|---|
| 社会民生（15 分） | 教育文化 | 人均教育经费 | 元/人 | 1 |
| | | 劳动年龄人口平均受教育年限 | 年 | 2 |
| | | 万人拥有公共文化设施面积（个数） | 平方米 | 3 |
| | 社会保障 | 基本社会保障覆盖率 | % | 4 |
| | | 人均社会保障财政支出 | 元 | 5 |
| | 卫生健康 | 人口平均预期寿命 | 岁 | 6 |
| | | 卫生总费用占 GDP 比重 | % | 7 |
| | | 每万人拥有卫生技术人员数 | 人 | 8 |
| | 均等程度 | 贫困发生率 | % | 9 |
| | | 基尼系数＊ | | 10 |

3. 坚守生态红线——资源环境

资源环境指标主要描述当前自然界的一个状况，包含数量、质量和环境。资源方面，涵盖了主要的可量化评估的资源，包括森林、草原、湿地、土地、矿藏、海洋、水等，同时把自然保护区作为一个重要资源类别纳入。除了传统的自然领地，城市环境作为人类活动的重要场所，也作为环境考察的一个指标。需要说明的是，作为某个国家或者地区，可能没有一些自然资源，比如内陆地区，没有海洋资源。但我们这里将其纳入，是为了更加全面地刻画可持续发展对自然保护的需求，在具体指标体系的应用中，可做一些技术上的处理，来保证不同地区横向比较的公平性。

附表3　资源环境

| 一级指标（权重） | 二级指标 | 三级指标 | 单位 | 指标数 |
|---|---|---|---|---|
| 资源环境（20分） | 国土资源 | 人均碳汇* | 吨二氧化碳 | 1 |
| | | 绿地（含森林、耕地、湿地）覆盖率 | % | 2 |
| | | 土壤调查点位达标率 | % | 3 |
| | 水环境 | 人均水资源量 | 立方米 | 4 |
| | | 水质指数 | % | 5 |
| | 大气环境 | 市区环境空气质量优良率 | % | 6 |
| | | 监测城市平均 P2.5 年均浓度 | 微克/立方米 | 7 |
| | 生物多样性 | 生物多样性指数* | | 8 |

注：代表目前难以获得数据，但期望未来加入的指标。本文以下各表中的"＊"意义同此。

4. 日益增长的消费与生产——消耗排放

消耗排放主要反映人的生产和生活活动对资源的消耗、污染物和废弃物排放、温室气体排放等三个方面组成。资源的消耗包括对土地、水、能源的消耗。污染物的排放包括了固体废物、废水和废气。生活垃圾作为单独一个指标，主要反映人的消费对环境的影响。温室气体作为人类对自然影响的一个重要部分纳入，包含了碳强度及碳排放总量两个指标。

附表 4　消耗排放

| 一级指标<br>（权重） | 二级指标 | 三级指标 | 单位 | 指标数 |
|---|---|---|---|---|
| 消耗排放<br>（25 分） | 土地消耗 | 单位建成区面积二三产业增加值 | 万元/平方公里 | 1 |
| | 水消耗 | 单位工业增加值水耗 | 立方米/万元 | 2 |
| | 能源消耗 | 单位 GDP 能耗 | 吨标煤/万元 | 3 |
| | 主要污染物<br>排放 | 单位 GDP 主要污染物排放（单位化学需氧量排放、氨氮、二氧化硫、氮氧化物） | 吨/万元 | 4 |
| | | | 吨/万元 | 5 |
| | | | 吨/万元 | 6 |
| | | | 吨/万元 | 7 |
| | 工业危险废物<br>产生量 | 单位 GDP 危险废物排放 | 吨/万元 | 8 |
| | 温室气体排放 | 非化石能源占一次能源比例 | % | 9 |
| | | 碳排放强度* | 吨二氧化碳/<br>万元 | 10 |

## 5. 决策与行动——治理保护

治理保护是实现人类对自然正影响的主要手段。治理包括资金上的投入、主要环境治理目标的设定。在治理投入上，既考虑了财政上的环保支出，也考虑了整个社会的环境污染治理投资。在环境治理目标方面，在水、空气、固体废物、生活垃圾、温室气体方面均提出了可考察的指标。

附表 5　治理保护

| 一级指标<br>（权重） | 二级指标 | 三级指标 | 单位 | 指标数 |
|---|---|---|---|---|
| 治理保护<br>（25 分） | 治理投入 | 生态建设资金投入与 GDP 比* | % | 1 |
| | | 环境保护支出与财政支出比 | % | 2 |
| | | 环境污染治理投资与固定资产投资比 | % | 3 |
| | 废水利用率 | 再生水利用率 | % | 4 |
| | | 污水处理率 | % | 5 |
| | 固体废物处理 | 工业固体废物综合利用率 | % | 6 |
| | 危险废物处理 | 工业危险废物处置率 | % | 7 |

续表

| 一级指标<br>（权重） | 二级指标 | 三级指标 | 单位 | 指标数 |
|---|---|---|---|---|
| 治理保护<br>（25分） | 垃圾处理 | 生活垃圾无害化处理率 | % | 8 |
| | 废气处理 | 废气处理率 | | 9 |
| | 减少温室<br>气体排放 | 碳排放强度年下降率* | % | 10 |
| | | 能源强度年下降率 | % | 11 |

# 四　可持续发展指标体系总体考虑

国家、省、市等不同空间尺度上，个别指标会有调整。从国内来看，对不同主体功能区在目标值设定上也要有差异化考虑。在后面的国内外相关城市的可持续发展实践案例中可以看到，很多城市根据自身的发展状况和禀赋特点，提出了各自不同的可持续发展指标体系。这对于我们下一步设计区域性的可持续发展指标体系提供了很好的借鉴。一些指标，还找不到可靠的统计来源，这除了需要做大量的工作，来做好统计指标的设定与采集，也需要相关部门的配合。在后续工作中，还会进一步完善。例如，一些指标可能由于相关性较强，可以合并或者用一个指标来代替。还将重点研究生物承载力、自然资产负债表等一些相关研究最新成果，选择一些指标作为容量指标纳入 CSDIS，以更好地体现"容量控制"思想。同时，还要进一步深入研究联合国可持续发展目标（SDG），在设计理念和具体关键指标的选择期望能够更好地与之对接。

附表6　中国可持续发展指标体系（CSDIS）

| | 一级指标<br>（权重） | 二级指标 | 三级指标 | 单位 | 指标数 |
|---|---|---|---|---|---|
| 可持续<br>发展指标<br>体系 | 经济发展<br>（15分） | 创新驱动 | 科技进步贡献率* | % | 1 |
| | | | 研究与试验发展经费支出与 GDP 比例 | % | 2 |
| | | | 万人口有效发明专利拥有量 | 件 | 3 |

续表

| 一级指标<br>（权重） | 二级指标 | 三级指标 | 单位 | 指标数 |
|---|---|---|---|---|
| 可持续<br>发展指标<br>体系 | 经济发展<br>（15分） | 结构优化 | 高技术产业主营业务收入与GDP比例 | % | 4 |
| | | | 信息产业营收与GDP比例 | % | 5 |
| | | 稳定增长 | GDP增长率 | % | 6 |
| | | | 城镇登记失业率 | % | 7 |
| | | | 全员劳动生产率 | 元/人 | 8 |
| | 社会民生<br>（15分） | 教育文化 | 人均教育经费 | 元/人 | 9 |
| | | | 劳动年龄人口平均受教育年限 | 年 | 10 |
| | | | 万人拥有公共文化设施面积（个数） | 平方米 | 11 |
| | | 社会保障 | 基本社会保障覆盖率 | % | 12 |
| | | | 人均社会保障财政支出 | 元 | 13 |
| | | 卫生健康 | 人口平均预期寿命 | 岁 | 14 |
| | | | 卫生总费用占GDP比重 | % | 15 |
| | | | 每万人拥有卫生技术人员数 | 人 | 16 |
| | | 均等程度 | 贫困发生率 | % | 17 |
| | | | 基尼系数* | | 18 |
| | 资源环境<br>（20分） | 国土资源 | 人均碳汇* | 吨二氧<br>化碳 | 19 |
| | | | 绿地（含森林、耕地、湿地）覆盖率 | % | 20 |
| | | | 土壤调查点位达标率 | % | 21 |
| | | 水环境 | 人均水资源量 | 立方米 | 22 |
| | | | 水质指数<br>（集中式饮用水水源地水质达标率、优良-良好-较好水质的监测点比例、功能区水质达标率、达到或好于二类海水水质标准的海域面积比例为等四个指标平均数） | % | 23 |
| | | 大气环境 | 市区环境空气质量优良率 | % | 24 |
| | | | 监测城市平均PM2.5年均浓度 | 微克/<br>立方米 | 25 |
| | | 生物多样性 | 生物多样性指数* | | 26 |

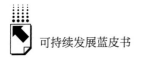
续表

| 一级指标<br>（权重） | 二级指标 | 三级指标 | 单位 | 指标数 |
|---|---|---|---|---|
| 可持续<br>发展指标<br>体系 | 消耗排放<br>（25分） | 土地消耗：单位建成区面积二三产业增加值 | 万元/<br>平方公里 | 27 |
| | | 水消耗：单位工业增加值水耗 | 立方米/<br>万元 | 28 |
| | | 能源消耗：单位 GDP 能耗 | 吨标煤/<br>万元 | 29 |
| | | 主要污染物<br>排放：单位 GDP 主要污染物排放<br>（单位化学需氧量排放、氨氮、二氧化硫、氮氧化物） | 吨/万元 | 30 |
| | | | | 31 |
| | | | | 32 |
| | | | | 33 |
| | | 工业危险<br>废物产生量：单位 GDP 危险废物排放 | 吨/万元 | 34 |
| | | 温室气体<br>排放：非化石能源占一次能源比例 | % | 35 |
| | | 碳排放强度* | 吨二氧<br>化碳/<br>万元 | 36 |
| | 治理保护<br>（25分） | 治理投入：生态建设资金投入与 GDP 比* | % | 37 |
| | | 环境保护支出与财政支出比 | % | 38 |
| | | 环境污染治理投资与固定资产投资比 | % | 39 |
| | | 废水利用率：再生水利用率 | | 40 |
| | | 污水处理率 | % | 41 |
| | | 固体废物处理：工业固体废物综合利用率 | % | 42 |
| | | 危险废物处理：工业危险废物处置率 | % | 43 |
| | | 垃圾处理：生活垃圾无害化处理率 | % | 44 |
| | | 废气处理：废气处理率 | % | 45 |
| | | 减少温室<br>气体排放：碳排放强度年下降率* | % | 46 |
| | | 能源强度年下降率 | % | 47 |

指标解释如下。

1. 科技进步贡献率

指广义技术进步对经济增长的贡献份额，它反映在经济增长中投资、劳动和科技三大要素作用的相对关系。其基本含义是扣除了资本和劳动后科技等因素对经济增长的贡献份额。

2. 研究与试验发展经费支出与 GDP 比例

指研究与试验发展（R&D）经费支出占地区生产总值（GDP）的比率。R&D 是"科学研究与试验发展"的英文缩写。其含义是指在科学技术领域，为增加知识总量，以及运用这些知识去创造新的应用进行的系统的创造性的活动，包括基础研究、应用研究和试验发展三类活动。

3. 万人发明专利拥有量

是指每万人拥有经国内外知识产权行政部门授权且在有效期内的发明专利件数。是衡量一个国家或地区科研产出质量和市场应用水平的综合指标。

4. 高技术产业主营业务收入与 GDP 比例

根据国家统计局《高技术产业（制造业）分类（2013）》，高技术产业（制造业）是指国民经济行业中 R&D 投入强度（即 R&D 经费支出占主营业务收入的比重）相对较高的制造业行业，包括：医药制造，航空、航天器及设备制造，电子及通信设备制造，计算机及办公设备制造，医疗仪器设备及仪器仪表制造，信息化学品制造等 6 大类。

5. 信息产业营收与 GDP 比例

按照国家统计局界定，信息相关产业主要是指与电子信息相关联的各种活动的集合。信息相关产业主要活动包括：电子通信设备的生产、销售和租赁活动；计算机设备的生产、销售和租赁活动；用于观察、测量和记录事物现象的电子设备、元件的生产活动；电子信息的传播服务；电子信息的加工、处理和管理服务；可通过电子技术进行加工、制作、传播和管理的信息文化产品的服务①。

6. GDP 增长率

国内生产总值（GDP）增长率是指 GDP 的年度增长率，需用按可比价格计算的国内生产总值来计算。

---

① 国家统计局：《统计上划分信息相关产业暂行规定》，2012 – 05 – 02，http：//www. stats – sh. gov. cn/tjfw/201103/94586. html。

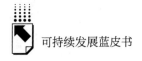
7. 城镇登记失业率

在报告期末城镇登记失业人数占期末城镇从业人员总数与期末实有城镇登记失业人数之和的比重。分子是登记的失业人数，分母是从业的人数与登记失业人数之和。城镇登记失业人员是指有非农业户口，在一定的劳动年龄内（16 岁以上及男 50 岁以下、女 45 岁以下），有劳动能力，无业而要求就业，并在当地就业服务机构进行求职登记的人员。

8. 全员劳动生产率

全员劳动生产率指根据产品的价值量指标计算的平均每一个从业人员在单位时间内的产品生产量。全员劳动生产率有各种测算方式，按照统计局的计算方法，即为国内生产总值与全部就业人员的比率。

9. 人均教育经费

教育经费指国家财政性教育经费（主要包括公共财政预算教育经费，各级政府征收用于教育的税费，企业办学中的企业拨款，校办产业和社会服务收入用于教育的经费等）与其他教育经费的合计。

10. 劳动年龄人口平均受教育年限

劳动力平均受教育年限是指一个国家或地区，在一定时期内，劳动力受教育年限的平均数，这是一项反映劳动力文化教育程度的综合指标，表现劳动力文化教育程度的现状和发展变化．按照现行各级教育年数的一般规定，大专及以上文化程度为 16 年、高中 12 年，初中为 9 年、小学为 6 年、文盲为 0。

11. 万人拥有公共文化设施面积

公共文化设施面积包括公共文化馆、图书馆、博物馆、纪念馆、美术馆、文化站、村社区公共文化活动室面积（目前统计中主要是公共文化设施个数，包括文化馆、图书馆等）。

12. 基本社会保障覆盖率

国家统计局推出的《全面建设小康社会统计监测方案》中的计算方法：指已参加基本养老保险和基本医疗保险人口占政策规定应参加人口的比重。计算公式为：基本社会保险覆盖率＝已参加基本养老保险的人数/应参加基本养老保险的人数＊50% ＋已参加基本医疗保险的人数/应参加基本医疗保险的人数＊50%，官方各个省份的基本社会保险覆盖率都用的这个公式。

13. 人均社会保障财政支出

社会保障支出是指政府通过财政向由于各种原因而导致暂时或永久性丧失劳动能力、失去工作机会或生活面临困难的社会成员提供基本生活保障的支出。

14. 人口平均预期寿命

是指假若当前的分年龄死亡率保持不变，同一时期出生的人预期能继续生存的平均年数。它以当前分年龄死亡率为基础计算，但实际上，死亡率是不断变化的，因此，平均预期寿命是一个假定的指标。这个指标与性别、年龄、种族有着紧密的联系，因此常常需要分别计算。平均预期寿命是我们最常用的预期寿命指标，它表明了新出生人口平均预期可存活的年数，是度量人口健康状况的一个重要的指标。

15. 卫生总费用占 GDP 比重

卫生总费用是指一个国家或地区在一定时期内（通常是一年）全社会用于医疗卫生服务所消耗的资金总额。是以货币作为综合计量手段，从全社会角度反映卫生资金的全部运动过程，分析与评价卫生资金的筹集、分配和使用效果。卫生总费用是由政府卫生支出、社会卫生支出和个人卫生支出三部分构成，从全社会角度反映卫生资金的全部运动过程，分析与评价卫生资金的筹集、分配和使用效果。卫生总费用标志一个国家整体对卫生领域的投入高低，作为国际通行指标，卫生总费用被认为是了解一个国家卫生状况的有效途径之一，按照世卫组织的要求，发展中国家卫生总费用占 GDP 总费用不低于 5%。

16. 每万人拥有卫生技术人员数

卫生技术人员又称医务人员或护士，指卫生事业机构支付工资的全部职工中现任职务为卫生技术工作的专业人员。包括中医师、西医师、中西医结合高级医师、护师、中药师、西药师、检验师、其他技师、中医士、西医士、护士、助产士、中药剂士、西药剂士、检验士、其他技士、其他中医、护理员、中药剂员、西药剂员、检验员和其他初级卫生技术人员。

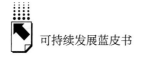

17. 贫困发生率

指贫困人口占全部总人口的比重，它反映地区贫困的广度。

18. 基尼系数

基尼系数是 1943 年美国经济学家阿尔伯特·赫希曼根据劳伦茨曲线所定义的判断收入分配公平程度的指标。基尼系数是比例数值，在 0 和 1 之间，是国际上用来综合考察居民内部收入分配差异状况的一个重要分析指标。

19. 人均碳汇

碳汇，一般是指从空气中清除二氧化碳的过程、活动、机制。包括森林碳汇、草地碳汇、耕地碳汇等。

20. 绿地覆盖率

这里的绿地包含全域范围内森林、耕地、湿地。

21. 土壤调查点位达标率

土壤超标点位的数量占调查点位总数量的比例，比如检查 1000 个点位，有 5 个超标的，点位超标率就是 0.5%。

22. 人均水资源量

在一个地区（流域）内，某一个时期按人口平均每个人占有的水资源量。

23. 水质指数

一个地区集中式饮用水水源地水质达标率、优良 - 良好 - 较好水质的监测点比例、功能区水质达标率、达到或好于二类海水水质标准的海域面积比例为等四个指标综合计算。

24. 市区环境空气质量优良率

一年当中市区环境空气质量优良天数的占比。

25. 监测城市平均 P2.5 年均浓度

监测城市 P2.5 年均浓度的平均值。

26. 生物多样性指数

应用数理统计方法求得表示生物群落的种类和数量的数值，用以评价环境质量。20 世纪 50 年代，为了进行环境质量的生物学评价，开始研究生物群落，并运用信息理论的多样性指数进行析。多样性是群落的主要特征。在清洁的条件下，生物的种类多，个体数相对稳定。

27. 单位建成区面积二三产业增加值

区域第二产业和第三产业增加值的和与区域建成区面积的比。

28. 单位工业增加值水耗

地区工业水耗与地区工业增加值比。

29. 单位 GDP 能耗

单位 GDP 能耗是反映能源消费水平和节能降耗状况的主要指标，一次能源供应总量与国内生产总值（GDP）的比率，是一个能源利用效率指标。该指标说明一个地区经济活动中对能源的利用程度，反映经济结构和能源利用效率的变化。

30~33. 单位 GDP 主要污染物排放

是单位 GDP 化学需氧量、单位 GDP 氨氮、单位 GDP 二氧化硫、单位 GDP 氮氧化物等值的综合计算数。

34. 单位 GDP 危险废物排放

根据《中华人民共和国固体废物污染防治法》的规定，危险废物是指列入国家危险废物名录或者根据国家规定的危险废物鉴别标准和鉴别方法认定的具有危险特性的废物。这里的危险废物排放指的是排放量，即由于工业事故导致的排放量。

35. 非化石能源占一次能源比例

非化石能源包括当前的新能源及可再生能源，含核能、风能、太阳能、水能、生物质能、地热能、海洋能等可再生能源。发展非化石能源，提高其在总能源消费中的比重，能够有效降低温室气体排放量，保护生态环境，降低能源可持续供应的风险。

36. 碳排放强度

碳排放强度是指每单位国民生产总值的增长所带来的二氧化碳排放量。该指标主要是用来衡量一国经济同碳排放量之间的关系，如果一国在经济增长的同时，每单位国民生产总值所带来的二氧化碳排放量在下降，那么说明

该国就实现了一个低碳的发展模式。

37. 生态建设资金投入与 GDP 比

对生态文明建设和环境保护所有投入与 GDP 的比。

38. 环境保护支出与财政支出比

指用于环境污染防治、生态环境保护和建设投资占当年国内生产总值（GDP）的比例。以上海为例，环保投入，是指在上海市行政辖区内污染源治理、生态保护和建设、城市环境基础设施建设、环境管理能力建设等方面的资金投入中，用于形成固定资产的资金和环保设施运转费等。

39. 环境污染治理投资与固定资产投资比

环境污染治理投资包括老工业污染源治理、建设项目"三同时"、城市环境基础设施建设三个部分。例如，2012 年，我国环境污染治理投资总额为 8253.6 亿元，占国内生产总值（GDP）的 1.59%，占社会固定资产投资的 2.20%，比上年增加 37.0%。其中，城市环境基础设施建设投资 5062.7 亿元，老工业污染源治理投资 500.5 亿元，建设项目"三同时"投资 2690.4 亿元，分别占环境污染治理投资总额的 61.3%、6.1%、32.6%。

40. 再生水利用率

再生水是指将城市污水经深度处理后得到的可重复利用的水资源。污水中的各种污染物，如有机物、氨、氮等经深度处理后，其指标可以满足农业灌溉、工业回用、市政杂用等不同用途。在目前我国水资源短缺的状况下，开发和利用再生水资源是对城市水资源的重要补充，是提高水资源利用率的重要途径。

41. 污水处理率

经过处理的生活污水、工业废水量占污水排放总量的比重。

42. 工业固体废物综合利用率

指工业固体废物综合利用量占工业固体废物产生量的百分率。计算公式为：工业固体废物综合利用率＝工业固体废物综合利用量÷（工业固体废物产生量＋综合利用往年贮存量）×100%。

43. 危险废物处置率

指工业危险废物处理量占工业危险废物产生量的百分率。

44. 生活垃圾无害化处理率

是指无害化处理的城市市区生活垃圾数量占市区生活垃圾产生总量的百分比。

45. 废气处理率

经过处理的有毒有害的气体量占有毒有害的气体总量的比重。

46. 碳排放强度年下降率

单位 GDP 碳排放量比上年下降率。

47. 能源强度年下降率

单位 GDP 能源消耗相比上年下降率。

# B.14
# 附录二　中国省级可持续发展指标说明

## 附表 1　CSDIS 中国省级指标集及权重

| 类别 | # | 指标 |
|---|---|---|
| 经济发展（20.9%） | 1 | 城镇登记失业率 |
| | 2 | GDP 增长率 |
| | 3 | 第三产业增加值占 GDP 比例 |
| | 4 | 全员劳动生产率 |
| | 5 | 研究与发展经费支出占 GDP 比例 |
| 社会民生（24.4%） | 6 | 城乡人均可支配收入比 |
| | 7 | 每万人拥有卫生技术人员数 |
| | 8 | 互联网宽带覆盖率 |
| | 9 | 财政性教育支出占 GDP 比重 |
| | 10 | 人均社会保障和就业财政支出 |
| | 11 | 公路密度 |
| 资源环境（7.7%） | 12 | 空气质量指数优良天数 |
| | 13 | 人均水资源量 |
| | 14 | 人均绿地（含森林、耕地、湿地）面积 |
| 消耗排放（13.5%） | 15 | 单位二三产业增加值所占建成区面积 |
| | 16 | 单位 GDP 氨氮排放 |
| | 17 | 单位 GDP 化学需氧量排放 |
| | 18 | 单位 GDP 能耗 |
| | 19 | 单位 GDP 二氧化硫排放 |
| | 20 | 每万元 GDP 水耗 |
| 环境治理（33.4%） | 21 | 城市污水处理率 |
| | 22 | 生活垃圾无害化处理率 |
| | 23 | 工业固体废物综合利用率 |
| | 24 | 能源强度年下降率 |
| | 25 | 危险废物处置率 |
| | 26 | 财政性节能环保支出占 GDP 比重 |

# 一　经济发展

1. 城镇登记失业率

定义：城镇登记失业率。

计量单位:%

资料来源及方法：

- 资料源于中国国家统计局。

- 计算：直接获得；无须计算。

政策相关性：

失业者是目前没有工作但有工作能力且正在寻找工作的经济活跃人口。根据定义，如果失业率一直走高，就代表资源分配效率很低。一座城市的失业率是劳动市场反映出来的经济活动最广泛的指标。该指标能表示人口或劳动力的经济活跃程度及能力，其可作为与可持续发展相关的重要的社会经济变量，同时也是导致贫穷的主要原因之一。许多衡量可持续发展的体系都一直包含对失业率的衡量（联合国，2007）。通过衡量失业率，我们可以推断出有多少人能通过税收增加政府收入并促进社会事业及环保活动。

2. GDP 增长率

定义：国民生产总值增长率。

计量单位:%

资料来源及方法：

- 资料源于中国国家统计局。

- 该指标是用各省份当年的 GDP 指数减去 100 计算得出的。

政策相关性：

GDP 是指所有生产商贡献的增加值的总和，代表的是国内生产总值。因此，GDP 仍然是目前最主要的经济指标。在中国，GDP 增长率是衡量地方政府年度成果的主要指标。许多其他可持续发展指标集都包括 GDP

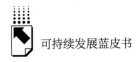

增长率。一般来说，高经济增长率是经济发展的积极迹象，但同时也与较高的能源消耗、自然资源开发和对环境资源的负面影响有关（联合国，2017）。

3. 第三产业增加值占 GDP 比例

定义：服务业增加值占国民生产总值（GDP）的比例。

计量单位：%

资料来源及方法：

• 资料源于中国知网；

• 该指标是用各省份服务业创造的总价值除以该省份的年度 GDP 计算得出的。

政策相关性：

经济由三大产业构成：第一产业（农业）、第二产业（建筑与制造业）和第三产业（服务业）。鉴于经济发展水平的提高一般与劳动力从农业及其他劳动密集型活动向工业、并最终向服务业流动的情况有关，一个国家的经济发展阶段与就业人口的明显转移相关。由于更多的人员目前在高工资行业工作，所以，这一转移是代表经济发展的指标之一（江，2004）。由于服务业的回报率在输出和就业方面都比农业和制造业要高，所以，中国不断向服务业（包括零售业、酒店、餐饮、信息技术、金融、教育、社会福利工作、娱乐、公共管理等）的转移表明了中国经济的不断发展。

4. 全员劳动生产率

定义：平均受雇人员所对应的 GDP 数额。

计量单位：万元/人。

资料来源及方法：

• 资料源于省级统计年鉴。

• 该指标是用各省份的年度 GDP 除以每个省份平均受雇人数计算得出的。

政策相关性：

一座城市的经济能力和经济效率可通过查看该市单位受雇人员 GDP 进行评估。GDP 衡量的是经济的输出量；全员劳动生产率可以增加社会生产力，减少贫困，实现经济发展。通过将总生产量分配给单位人口或人均，可衡量各人生产率促进经济发展的程度。它表示的是人均收入增长的速度及资源消耗的速度（联合国，2017）。衡量全员劳动生产率的优点在于可以帮助我们确定获得有经济能力、社会责任心及爱护环境人口所需的工资福利的增加情况。在中国等国家，Kuzent 关于富裕及可持续发展的假设已得到证实。一旦人口生产率提高且收入增加，经济发展与更加持续进步的政策之间存在直接关联（Apergis，2014）。

5. 研究与发展经费支出占 GDP 比例

定义：政府在研究与实验发展方面投入占 GDP 总额的比例。

计量单位:%

资料来源及方法：

- 资料源于中国知网。

- 该指标是用各省的研究与发展经费支出除以年度 GDP 计算得出的。

政策相关性：

是指研究与发展经费支出占地区 GDP 的比例。研究与发展是"研究与实验发展"的简称，一般是指新思想及技术的学术性和非学术性研究与发展。它指的是科学技术领域的创新活动，旨在增加知识量，并使用这些知识创造新应用，包括基础研究、应用研究和实验发展。研究与发展经费支出的增加可实现必要的新型技术创新，为中国的农业机械化、制造业及服务性行业提供支持并促进这些行业的发展。由于现在技术可被用于使经济发展更为透明、更易实现，环境更具弹性，社会福利体系得到改进，通过这些新技术可进一步扩大可持续发展目标的三重底线，从而实现生活方式及卫生事业向上发展。增加的研究与发展经费可以创造新领域的就业机会，带来更大的知识储备，支持教育发展，并以对社会问题更加科学的理解方式改进社会文化实践。通过衡量某个省份的该指标，我们可以评估该省份是如何以更为包罗万象的方式来帮助其发展的。

# 二 社会民生

6. 城乡人均可支配收入比

定义：某省份城市地区总体/平均人均收入与农村地区总体/平均人均收入的比值。

计量单位：比值

资料来源及方法：

● 资料源于中国国家统计局。

● 计算：人均收入（城市）/人均收入（农村）

政策相关性：

农村地区收入的不断增加也说明了该地区经济活动及发展的不断提升。通常，随着工农业发展，农村地区修建越来越多的公路、铁路等，该地区及其人口会变得更加富足，在社会体系及社会福利方面所占的份额也就越大。由于人们的可支配收入增加，他们可以将资金用于孩子的教育，增加医疗保健支出以及对健康、幸福和获得良好教育起到关键作用的基础设施支出。如果与城市地区收入相比，农村地区收入在不断增加，则表示经济结构更加公平，居民可以享受到更加优质的生活。所有这些要素对于实现可持续发展至关重要。一旦人们实现了经济和社会富足，他们接受的良好教育可促使其在环境改善方面做出投入。同时，有了更多的可支配收入，他们可以参与环境保护活动，由于优先考虑事项不同，该活动通常不会在贫困地区执行。于是，可支配收入比指标能以一种定量方式解释经济公平是如何帮助实现可持续发展目标的。

7. 每万人拥有卫生技术人员数

定义：每万人拥有卫生技术人员数。

计量单位：人数

资料来源及方法：

● 资料源于中国国家统计局。

● 计算：卫生技术人员的数量除以居民人数再乘以 10，000。

政策相关性：

卫生技术人员的分布情况是可持续发展的一个重要指标。许多需求相对较低的发达地区拥有的卫生技术人员数量较多，而许多疾病负担大的欠发达地区必须设法应付卫生技术人员数量不足的问题。随着中国城市化的发展，许多卫生技术人员由农村转向城市，导致这些人员在农村地区的大量缺失。因此，通过采取具体措施（如下面的措施）可为城市提供公共卫生服务打造新环境，这会对城市工作者及居民的长期健康起到关键作用。衡量居民人均卫生技术人员数量的另一个方面就是该指标与环境卫生之间的关联程度。该数字可以帮助我们了解对抑制环境退化所需的更有效的政治及技术措施的需要正导致对卫生技术人员以及对创建避免环境污染带来健康问题的可持续健康地区的工作的更大需求。最后，每万人拥有卫生技术人员数还是衡量一个国家经济发展或下滑的一个指标。当经济明显发展时，政府有能力增加医疗支出，而且可使公民平等享受卫生技术人员的服务及医疗护理。所以，该指标向我们概述了中国各地区的发展情况。

8. 互联网宽带覆盖率

定义：利用互联网宽带普及率衡量的互联网宽带覆盖率。

计量单位:%

资料来源及方法：

● 资料源于中国国家统计局。

● 该指标是用可接入互联网的家庭数目除以总家庭数（包括集体户）获得的。

政策相关性：

互联网宽带覆盖率代表某省份可接入互联网的人数。在中国，互联网接入受到严格管控，但上网在公众相互交流、参与经济活动及获得福利及娱乐（如医疗保健和接触社会媒体及娱乐）方面发挥着重要作用。由于宽带可实现新产品及服务的创新，打造新市场通道，所以接入互联网可带来宏观经济、微观经济甚至是个人收益。企业利用互联网可获得更加高效、自动化的生产方法，从而降低运作成本。个人可获得更多知识，了解对其发展必要的权利和授权。通过衡量一省（或其人民）的互联网接入程度，我们可以衡量该省份及其人民是否能够基本接入对宏观－微观－个人经济发展起关键作用的公用设施，这是衡量可持续发展情况的重要指标。

9. 财政性教育支出占 GDP 比重

定义：政府在教育方面的支出占 GDP 总额的比例。

计量单位：%

资料来源及方法：

- 资料源于中国国家统计局。

- 该指标是用财政性教育支出除以年度 GDP 计算得出的。

政策相关性：

政府财政性教育支出代表政府致力于投资人力资本发展，可用于评估与其他公共投资相比，政府对教育的优先考虑程度如何。基础教育的发展可以增加就业，缓解贫困，而投资中等教育可以增加服务行业的参与度，从而促进经济的发展。联合国认为教育是促进社会各方面可持续发展的催化剂，迫切需要增加教育事业方面的投资。根据世界银行和联合国教科文组织，2010年，中国报告的识字率高达95%。尽管识字率看起来很高，但绝大多数受教育群体都受雇于农业和对专业技术及教育有要求的制造业。通过对未来劳动力进行教育投入（15～24 岁的人群，占人口比例的 14% 左右），政府也在增加可能更了解目前全球市场状况、环境，以及对建设可持续发展地区必要的社会文化服务的极大需要的人口数量。教育支出可决定一个普通大众是否更有可能在不断发展的服务业中获得高收入工作。这本身就是对经济发展的促进，而且人们的高收入又能以税收及社会服务费形式回到社会中来。受过良好教育的劳动力群体可增加在可持续发展方面拥有更多专长的教育工作者、医疗工作者及法律和经济分析师的数量。

10. 人均社会保障和就业财政支出

定义：社会保障及就业方面的人均支出。

计量单位：元/人

资料来源及方法：

• 资料源于中国知网。

• 该指标是用各省份市政府在社会保障和就业方面的财政支出除以常驻居民的数量计算得出的。

政策相关性：

该指标衡量的是社会保障网覆盖的人口数并指明退休后可获得国家养老金的对象。它代表的是在一个富裕的社会里，许多人都可以将资金投入养老金系统和/或政府投入相应资源来对那些在资金投入方面能力有限或无能力的人员提供支持。政府在社会服务方面的支出对于那些处于劣势地位人群来说至关重要，包括低收入家庭、老人、残疾人、病人及失业者。在中国城市化迅速发展的进程中，大量农村劳动力涌向城市，许多实体和企业必须进行结构重组和改革，这就导致了大量人口失业。因此，政府在社会保证和养老金方面的支出就显得非常重要（ILO，2015）。该指标与失业率和GDP指标一样，代表着中国的社会财富及经济发展情况，可用于确定由于财务障碍、甚至年老或身体残疾原因而无法进入社会企业的人员数，及整体的可持续发展情况。与失业率不同，对社会保障支出的衡量不仅可以揭示目前失业人口的数量，还可表明因缺乏能力而无法对经济发展做出贡献，无法对卫生、教育及环境改善做出贡献，事实上还会导致社会收入减少的人口比例。

11. 公路密度

定义：单位土地面积对应的公路里程数。

计量单位：公里/百平方公里

资料来源及方法：

• 资料源于中国知网和中国国家统计局。

• 该指标是用各省份的公路里程数除以对应土地总面积计算得出的。

政策相关性：

公路密度是表示某个省份开通公路里程数的指标。由于公路开通量表示的是一个地区物资、知识及文化的交流情况，同时也代表其境内居民的可达性，因此其对一个省的整体发展至关重要。公路密度增加，可通过交易和运输来增加经济活动，同时实现文化观念及知识的交流。公路开通可以使许多农村居民到达经济区，在那里担任劳动者、技术人员/工人，甚至可以交换家庭手工业制品，从而增加值占比了对经济活动的参与度。随着公路面积增加，人们可以享受医院、学校等社会体系资源以及对人们的整体福利必不可少的娱乐基础设施。尽管公路预示着经济及社会发展的美好前景，但公路也会对环境造成直接和间接的负面影响。在公路建设中，水泥的使用会造成大量温室气体的产生，对生物多样性及生态系统的正常运作起关键作用的自然景观的减少，车辆拥堵情况增加，进而产生有害烟雾及空气污染物，增加与碳相关的气候变化。这样，尽管公路面积的增加意味着经济和社会发展的进步，但也预示着负面的环境影响，可以让我们更好地了解一个省可持续发展的情况。

# 三 资源环境

12.空气质量指数优良天数

定义：空气质量指数达到优良标准的天数。

计量单位：天数

资料来源及方法：

• 资料源于中国知网。

• 计算：采用加权平均法，使用各省现有的人口数据及城市空气质量指数达到优良标准的天数。

政策相关性：

空气污染是重要的公共健康威胁。在中国，自1982年以来开始对环境空气质量进行监管，对总悬浮颗粒物、二氧化硫、二氧化氮、铅和苯并芘的排放加以限制。在1997年和2000年，分别对该标准做了改进。2012年，中国发布了一项新的环境空气质量标准，将PM2.5列在受限名单中。如果人们长期暴露在高浓度的细微颗粒和其他物质环境，会对健康造成不利影响（包括死亡），对中低收入人群、儿童及老人等弱势群体的影响尤为严重。

由于政府必须在污染减轻设施方面投入资金，并设法应对有空气污染相关疾病治疗需求的较多人群，空气污染还会造成经济成本的增加。通过查看可持续发展的三重底线，空气污染（或满足空气质量标准的天数）可表明在环境保护方面的进步，使我们了解管制手段，同时帮助预测社会福利甚至是经济发展的退化情况。空气质量差和空气污染与肺病、健康状况不佳及生产力下降直接相关（张等人，2010）。由于房地产市场疲软、劳动生产率下降、城市经济活动减弱，环境污染甚至会减缓经济发展的速度（陈等人，2008）。

13. 人均水资源量

定义：人均可用水资源量。

计量单位：立方米水/人

资料来源及方法：

● 资料源于中国知网。

● 计算：各省份的总水量除以居民数。

政策相关性：

人均水资源量是指在一定时期内某地区通过降雨及地下水重新补充可使每个人获得的地表水径流量，不包括过境水（李＆潘，2012）。对水资源的可持续及有效管理至关重要。为提供人口所需的水资源，政府需要对各个部门做出规划。对水资源的适当管理是保证可持续发展、减少贫困及实现公平的重要因素，而且方便使用供水装置与民生改善息息相关。因此，了解个人获取水资源量的增加或减少是非常有益的，它可以向我们表明政府是否拥有经济能力提供用水装置并不惜费用成本对其进行维护。除经济繁荣程度之外，使用水资源还是一项重要的人权，因此该指标可帮助确定享受这一基本权利的人口数。人均水资源，或水资源的增加还预示对环境资源的开发情况，该量化及上面描述的其他量化对于了解可持续发展至关重要（如果存在对水资源提供的社会生态服务的过度开采）。

14. 人均绿地面积

定义：城市人均绿地面积。

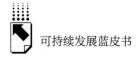
计量单位：公顷/万人

资料来源及方法：

● 资料源于中国知网。

● 计算：用森林、湿地和耕地的面积总和除以居民数量再乘以10000。

政策相关性：

根据世界卫生组织，城市绿地面积是社会活动参与、娱乐及民生保障的基础。《中国统计年鉴》定义了绿色工程的总面积，包括公园绿地、生产绿地、受保护的绿地以及附属于各机构的绿地。城市绿地可以过滤空气污染，方便体育运动，改进心理健康。由于城市中心需要投入相应的财力和物力来维持绿地环境，作为维持生物多样性和防治污染及随机事件的乐土，绿地面积的变化预示着一座城市经济重点的变化，会对城市给人们的生活及生态服务带来的社会活力造成正面或负面影响。由于树木可以产生氧气，帮助过滤有害的空气污染（包括空中悬浮颗粒物），所以绿地还具有卫生及环境效益，是保持生物多样性的避风港，还可保证必要及重要生态系统的有效运行。

# 四 消耗排放

15. 单位二三产业增加值所占用建成区面积

定义：单位二三产业增加值所占用的建成区面积。

计量单位：平方千米/十亿元

资料来源及方法：

● 资料源于中国国家统计局。

● 计算：用省份建成区面积除以单位二三产业增加值总额。

政策相关性：

"建成区面积"是指包括人们开发或改造的地点及空间在内的环境，如建筑、公园及交通系统。近年来，公共卫生研究扩大了"建成区"的定义，将健康的食品通道、社区花园及精神健康可走性和可骑行性包含在内（李等人，2012）。中国经济主要由三大产业组成：农业、建筑及制造业和服务业。随着向更为专业的行业及技术岗位的不断转变，制造和服务行业企业所需的基础设施也在成比例地增加。每增加1元人民币对应的建成区面积是指这些行业所带来的单位收入对应的工业和商业面积数。该指标可帮助我们了解一个地区的经济发展情况以及经济发展帮助人们获得享受社会服务的公平机会的方式，同时其还可指示通过景观利用及改造对环境带来的直接影响。

16. 单位 GDP 氨氮排放

定义：单位人民币增加值对应的氨氮排放量。

计量单位：吨/万元

资料来源及方法：

- 资料源于中国国家统计局。
- 计算：用各省的氨氮排放总量除以其年度 GDP。

政策相关性：

氨氮排放物是大气中空气污染及温室气体的重要组成部分。氨氮排放会造成各种各样的空气污染问题，从雾霾到酸雨，甚至会严重危害人类健康。氨氮氧化物还是危害极大的温室气体，所带来的温室气体影响是二氧化碳气体的若干倍。随着工业及农业活动的增加，氨氮排放量也在不断增多。尽管经济活动意味着经济增长，但它们会带来负面的环境影响。这些环境影响对经济活动和社会福利而言都是不利的。因为，对环境造成的不利影响越多，各省份就必须在基础设施、医疗保健及应对措施方面增加支出，社会经济繁荣也因此会受到极大阻碍。尽管该指标非常具体，但却陈述了是否存在对经济增长有害的副产品的更为有效的输出/管理方法。

17. 单位 GDP 化学需氧量排放

定义：单位人民币增加值对应的化学需氧量排放。

计量单位：吨/万元

资料来源及方法：

- 资料源于中国国家统计局。
- 计算：用各省的化学需氧量排放总量除以其年度 GDP。

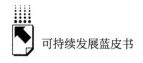

政策相关性：

化学需氧量（COD）是衡量水在有机物质分解及无机化学物质（如氨氮）氧化过程中消耗氧气的能力。进入水体的化学废物/无机废物越多，分解化学物质所需的氧气也就越多。在农业及工业经济活动不断增加的同时，GDP 也在随之增加，但废物所造成的污染很可能也在增加。尽管经济得到发展，废物却成为制约可持续发展的负面外因。因此，如果 COD 随着 GDP 的增加而增多，中国就必须学习如何以更有效、经济的方式控制排放量。反之，如果 COD 能够保持在原水平，这就意味着各省份已实现有效及可持续的废物处理及处置了。

18. 单位 GDP 能耗

定义：单位 GDP 能耗。

计量单位：吨/万元

资料来源及方法：

• 资料源于省级统计年鉴。

• 计算：部分数据是未进行计算直接获取的；部分数据是用各省消耗的能源总量（单位：吨）除以其年度 GDP 计算得出的。

政策相关性：

能源是城镇及城市发展的必要资源。但就可持续发展而言，协调能源的必要性及需求是一项挑战。由于绝大多数能源产生自不可再生来源，需要进行大量的自然资源开采，所以，能源产生及利用会造成严重的环境及健康影响。通过衡量一座城市的人均能源消耗量，我们可以了解关于该城市发展进程的若干问题。一般来讲，对于中国等工业化国家，城市地区的经济增长及发展与较高的人均能源消耗量直接相关（Tamazian 等人，2009）。随着对商品及能源需求的增加，对自然资源和不可再生能源（如化石燃料）的开采量也会达到同样多的程度，因为这样可以较为方便地满足更高需求。这些资源消耗量的增加实际上通过多种方式对一个地区的整体可持续发展造成了不利影响。首先，化石燃料消耗产生的排放物不仅会对与全球变暖相关的长期环境健康造成危害，而且还会因短期污染的危害及不利影响而对人类健康及社会发展构成直接影响（Gregg 等人，2008）。作为生产力提高指征的能源消耗量的增加还可表示高度建成的城市区域（参见"单位二三产业增加值所占用建成区面积"），基础设施和建成区密度的增加使可通行能力增加，但会降低生活质量（Steemers，2003）。由此来看，人均能源消耗量可表示经济发展，但也可作为代表有害的城市扩张及可再生自然资源过度开采的指标之一。

19. 单位 GDP 二氧化硫排放

定义：单位人民币增加值对应的二氧化硫排放量。

计量单位：吨/万元

资料来源及方法：

- 资料源于中国国家统计局。

- 计算：用各省份的二氧化硫总排放量除以其年度 GDP。

政策相关性：

二氧化硫一般是在发电及金属冶炼等工业生产过程中产生的。含硫的燃料（如煤和石油）在燃烧时就会释放二氧化硫。高浓度的二氧化硫与多种健康及环境影响相关，如哮喘及其他呼吸疾病。二氧化硫排放是导致 PM2.5浓度较高的罪魁祸首。二氧化硫还能影响能见度，造成雾霾，而雾霾是存在于中国城市的一个非常猖獗的问题。高浓度的二氧化硫会对人体健康及环境卫生造成危害。最终，这些排放物会对城市的可持续发展带来负面影响。该指标之所以被采用，是因为它重点指明了：1）满足日益富裕的不断增多人口需求的工业部门的发展；2）与二氧化硫污染相关的健康问题及医疗保健相关的支出在不断增加；3）由于与相关烟雾排放的增多及空气质量的恶化，导致城市活动受到阻碍。尽管这些变量代表经济增长，但由于卫生质量及城市活动的下降，以及工业活动不利影响的增加，最终阻碍了一个地区的整体可持续发展。

20. 每万元 GDP 对应的水耗

定义：每万元 GDP 对应的水耗。

计量单位：立方米/万元。

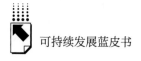
资料来源及方法：

• 资料源于中国知网。

• 计算：用各省份的水资源总消耗量（单位：立方米）除以其年度GDP。

政策相关性：

该指标衡量的是一座城市水资源的利用效率，等于其消耗的总水量除以GDP。无论城市规模如何，城市都会消耗大量的自然资源，包括水资源。由于水是有限资源，对于健康的生态系统及人类生存至关重要，所以如果能更加有效地使用水资源，就可以促使城市发展更具持续性。对于全面可持续发展而言，水资源消耗会对环境造成影响，但同时也是经济发展和社会进步的指征。人们有了更强的经济能力之后，就能更方便地使用必要的基础设施，但在对自然资源过度消耗的过程中，也会对环境造成负面影响。

# 五　环境治理

21. 城市污水处理率

定义：城市污水处理率。

计量单位:%

资料来源及方法：

• 资料源于中国知网。

• 计算：直接获得；无须计算。

政策相关性：

污水处理率是指报告期内由污水处理厂处理的生活污水与污水量的比值。处理方式包括氧化、生物气体消化及湿地处理系统。中国城市化的加速发展导致水消耗速度加快，反过来又导致城市污水排放量的增加。因此，废水或污水处理是走环境友好发展之路的重要环节。如果废水和废物得不到处理，就会造成多种环境及健康危害。随着中国的经济增长及城市空间的增加，未经处理的生活废物的增多会对可持续发展造成阻碍（何等人，

2006）。通过将该指标应用于框架，可以清晰地看到城市发展发展情况以及与废物相关的直接的社会及环境影响。

22. 生活垃圾无害化处理率

定义：生活垃圾处理率。

计量单位：%

资料来源及方法：

- 资料源于中国国家统计局。

- 计算：直接获得；无须计算。

政策相关性：

当生活垃圾被丢入垃圾场或水道时，会对环境卫生造成严重影响并构成对社区的危害（特别是城市人口密集的地方）（段等人，2008）。无害化处理的目的是在废物送入环境之前，从生活废物中清除所有固体和有害的废物元素。从性质上来看，这种将这些元素送入环境的方式是纯有机、无污染且可进行生物降解的。随着中国城市人口的不断增加，赚取高额工资的人口的需求也在不断增加，自然资源的开采数量和所产生的废物量直接相关（刘等人，2015）。这反过来会对环境寿命产生重大的不利影响，而且由于污染加剧，还会严重影响城市空间。如果该等废物的处理量增加，城市水道及绿地被污染的可能性就会降低，并会减轻直接影响城市空间社会福利的污染对人口健康的负面影响。该指标还详细衡量了城市居住压力是如何阻碍或加快可持续发展的。

23. 工业固体废物综合利用率

定义：工业固体废物的综合利用率。

计量单位：%

资料来源及方法：

- 资料源于中国知网。

- 计算：用各省使用的工业废物总量除以所产生的工业废物总量。

政策相关性：

工业固体废物包括工业企业在生产过程中产生的液体残留物，包括危险废物、灰、尾料、放射性残留物及其他废物。综合利用率是指通过再利用、处理及回收方式可提取有用材料或可转化为有用资源、能源或其他材料的固体废物的数量（李 & 潘，2012）。由于在工业生产会产生成吨的固体废物，所以对某些废物的回收再利用可降低自然资源的消耗程度，减少成本并减轻固体废物处理对环境的影响。由于工业化的不断发展，中国制造业不断占据农业的地位。随着不断增长人口及中产阶级的需求的不断增加，工业对自然资源的开采及废物产出。这些固体废物再利用量的增加可抵消之前的废物产出，并降低因废物而带来的环境和城市压力，从而促进城市的可持续发展并减少自然资源的开采量。

24. 能源强度年下降率

定义：单位 GDP 对应的能源强度下降率。

计量单位：%

资料来源及方法：

• 资料源于中国国家统计局、省级统计年鉴及 2015 年各省能源强度公告。

• 计算：部分数据是未进行计算直接获得的；部分数据是利用下列公式计算得出的：（1 – GDP 的能源消耗强度）／（1/GDP 增长率 + 1）。

政策相关性：

能源强度下降可使能源系统更有效，从而保证能源输出高于能源消耗，且人均资源利用率保持稳定，即使人口出现增长。在加利福尼亚，有一个名为"罗森菲尔德效应"的现象，这是一个经验事实而非理论：自 20 世纪 70 年代到 21 世纪中期，加利福尼亚的人均用电量一直保持平稳，尽管整个国家的人均用电量增加了将近 50%。根据罗森菲尔德博士，随着时间推移，新的技术突破使得电器与其之前的同等产品相比变得更加高效和耐用。例如，1974 年冰箱问世时，该冰箱产品型号耗电量是 2001 年生产冰箱的四倍。由于电器效率更高，可以节省更多的能源，因此降低了电器运行所需的人均电费。如果中国的各省份通过技术改进来提高所有能源系统的效率，经济发展和人口增长就不会构成潜在的负面环境影响。能源系统有效性的提高意味着公用设施组织及个人的能源成本降低，进而减少公共支出。这样来看，能源强度下降指标有助于衡量一个省份在提高能源基础设施效率方面的进展，是降低环境及自然资源消耗的指征之一。

25. 危险废物处理率

定义：工业危险废物处理率。

计量单位:%

资料来源及方法：

- 资料源于中国知网。

- 计算：用各省份处理的危险废物总量除以其产生的危险废物总量。

政策相关性：

危险废物是指因其毒性、传染性、放射性或可燃性等属性对人类、其他生物体或环境的健康构成实际危险或潜在危害的废物。该等废物的处置对于保持清洁、健康的环境至关重要，危险废物的产出减少会预示着一个国家工业活动的减少、工业流程中清洁生产的引入、消费者习惯的改变或国家危险废物法律的变化。对环境无害的危险废物管理系统的引进意味着降低了危险废物暴露程度，从而对健康及环境风险也减轻了。该指标可用于衡量一个省份实施废物管理以及执行有效的长期政策从而实现更佳的社会公平及环境正义性的方式。

26. 财政性节能环保支出占 GDP 比重

定义：政府的财政性节能环保支出占 GDP 总额的比重。

计量单位:%

资料来源及方法：

- 资料源于中国知网。

- 计算：各省的财政性节能环保支出除以其年度 GDP。

政策相关性：

环保支出包括在环境管理、监控、污染控制、生态保护、植树造林、能源效率方面的支出及对可再生能源的投资。环境保护是可持续发展的重要组成部分。随着中国城市化的发展，产生了许多环境问题，包括空气污染、水

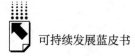

污染及水土流失。这些问题不仅危害公众健康，而且自然资源的消耗会限制未来的经济发展。正如我们之前提到的，Kuzent 关于富裕及可持续发展的假设在中国等国得以证明。因此，如果环保支出增加，则表示对环保工作的倾向增加。从长远来看，环保支出是一项有利的投资。因为，随着环境弹性及寿命的增加，环境得到了更加有效的保护，能够再生并提供自然资源、生态系统服务，进而防止造成随机及灾难性的环境事件。

# B.15

附录三　中国100座大中城市
可持续发展指标说明

附表1　CSDIS 指标集及权重

| 类别 | # | 指标 |
|------|---|------|
| 经济发展<br>(27.44%) | 1 | 人均 GDP |
| | 2 | 第三产业增加值占 GDP 比重 |
| | 3 | 城镇登记失业率 |
| | 4 | 财政性科学技术支出占 GDP 比重 |
| | 5 | GDP 增长率 |
| 社会民生<br>(26.72%) | 6 | 房价 – 人均 GDP 比 |
| | 7 | 每万人拥有卫生技术人员数 |
| | 8 | 人均社会保障和就业财政支出 |
| | 9 | 财政性教育支出占 GDP 比重 |
| | 10 | 人均城市道路面积 |
| 资源环境<br>(10.87%) | 11 | 每万人城市绿地面积 |
| | 12 | 人均水资源量 |
| | 13 | 空气质量指数优良天数 |
| 消耗排放<br>(26.75%) | 14 | 每万元 GDP 水耗 |
| | 15 | 单位 GDP 能耗 |
| | 16 | 单位二三产业增加值占建成区面积 |
| | 17 | 单位工业总产值二氧化硫排放量 |
| | 18 | 单位工业总产值废水排放量 |
| 环境治理<br>(8.22%) | 19 | 污水处理厂集中处理率 |
| | 20 | 财政性节能环保支出占 GDP 比重 |
| | 21 | 工业固体废物综合利用率 |
| | 22 | 生活垃圾无害化处理率 |

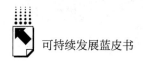

# 一　经济发展指标

1. 人均 GDP

定义：人均国内生产总值。

计量单位：元/人。

资料来源及方法：

● 数据源于 CNKI《中国城市统计年鉴》。

● 该指标是用每座城市的年度 GDP 除以该城市的年末常住人口数计算得出的。

政策相关性：通过查看某市平均每人所对应的 GDP，可评估该市的经济能力和经济效率。GDP 是衡量一座城市经济规模最直接的数据，而人均 GDP 是能反映出人民生活水平的一个标准。通过将总生产量分配给单位人口或计算人均值，可衡量个人产出率促进经济发展的程度。它表示的是人均收入的增长及资源消耗的速度（联合国，2017）。衡量人均 GDP 的优势在于其可以帮助我们确定获得有经济能力、社会责任心和环保意识的人口所需工资福利的增加情况。

2. 第三产业增加值占 GDP 比重

定义：第三产业增加值占国民生产总值（GDP）的比重。

计量单位：%

资料来源及方法：

● 数据源于 CNKI 各省统计年鉴；

● 该指标是用每座城市的第三产业增加值除以该城市的年度 GDP 计算得出的。

政策相关性：经济由三个产业构成：第一产业（农业）、第二产业（建筑与制造业）和第三产业（服务业）。一个国家的经济发展阶段与广泛的就业转移相关，较高的经济发展水平一般与从农业及其他劳动密集型产业活动向工业及最终服务业转移的劳动力的流动情况有关。由于有更多的人员目前在高工资行业就业，所以，该转变是代表经济发展的指标之一（江，2004）。由于服务业的回报率在输出和就业方面都比农业和制造业要高，所以，中国不断向服务业（包括零售业、酒店、餐饮、信息技术、金融、教育、社会工作、娱乐、公共管理等）的转变代表着中国经济在不断发展。

3. 城镇登记失业率

定义：城镇登记失业率。

计量单位：%

资料来源及方法：

• 数据源于 CNKI 各省统计年鉴、各市统计公报。

• 计算方法：直接获得；未计算。

政策相关性：失业者是目前没有工作但有工作能力且正在寻找工作的经济活跃人口。根据定义，如果失业率一直很高，则表明资源分配效率低下。一座城市的失业率是衡量经济活动最广泛的指标，并通过劳动市场反映出来。由于其可指示人口或劳动力的经济活跃及强大程度，该指标可作为与可持续性相关的重要的社会经济变量，同时它也是导致贫穷的主要原因之一。许多可持续发展指标体系都一直在衡量失业率（联合国，2007）。失业率可进一步被用于推断有多少人会通过税收增加政府收入进而促进社会事业及环境保护活动的发展。

4. 财政性科学技术支出占 GDP 的比例

定义：政府在科学技术方面支出对应的国民生产总值（GDP）份额。

计量单位：%。

资料来源及方法：

• 数据源于 CNKI《中国城市统计年鉴》。

• 该指标是用各市市政府的财政性科学技术支出总额除以该城市的年度 GDP 计算得出的。

政策相关性：在衡量政府在财政性科学技术方面是否有意愿进行更多投资时（基于任何之前衡量比例的增减），我们可以说明城市是如何在这些领域支持就业并优先发展对经济、社会及环境进步起支持作用的技术的。通过把科学领域的突破转化为对产品和服务的创新，这些产品和服务有可能带来商业机遇，促进长期可持续发展。中国已宣布将在下一轮的五年计划（2016～2020）中加大财政性科学技术支出。通过移除阻碍创新的繁文缛节，消除官僚主义障碍，有望将权利授予科技工作者，进而带来科技发展的迅速转变，帮助推进中国经济的各个领域（黄等人，2004）。

5. GDP 增长率

定义：国民生产总值增长率。

计量单位：%

资料来源及方法：

- 数据源于 CNKI《中国城市统计年鉴》。
- 计算方法：直接获得；未计算。

政策相关性：GDP 是指所有生产行业贡献的增加值总和，说明的是国内生产总值。因此，GDP 仍然是目前最主要的经济指标。中国的 GDP 增长率是衡量地方政府年度成果的主要手段。一般来说，高经济增长率被看作经济发展的积极表现，但同时也与高能耗、自然资源开发及对环境资源的负面影响有关（联合国，2017）。因此，将经济增长率评估包含在可持续发展指标体系及许多指标集中是非常重要的，但该指标应该与可持续发展指标相平衡。

# 二 社会民生指标

6. 房价－人均 GDP 比

定义：房价与人均 GDP 的比率。

计量单位：房价/人均 GDP（元/元）

资料来源及方法：

- 数据源于中国指数研究院。
- 计算方法：用各城市的年均房价除以人均国内生产总值。

政策相关性：该指标衡量了居民对城市住房的支付能力。城市中不断增长的中产阶级，以及数百万涌入城市的农民工，对住房形成了巨大需求，并推动许多大城市中心住房价格的不断攀升。与普通工人收入相比过高房价给居民带来了沉重的负担，使他们在参加其他社会和经济活动时处于劣势。此外，高昂的房价也会削弱技术工人迁往城市的积极性，从而降低了城市的劳动力和生产力水平。

7. 每万人拥有卫生技术人员数

定义：每万人拥有卫生技术人员数量。

单位：人

资料来源及方法：

- 数据源于CNKI各省市统计年鉴、各市统计公报。
- 计算方法：卫生技术人员的数量除以年末常住人口数获得。

政策相关性：卫生技术人员的分布是可持续发展的重要指标。许多需求相对较低的发达地区拥有的卫生技术人员数量较多，而许多疾病负担大的欠发达地区必须设法应付卫生技术人员数量不足的问题。随着中国城市化的发展，许多卫生技术人员由农村转向城市，导致农村相关人员的大量缺失。因此，通过采取具体措施可为城市公共服务的提供打造新环境，这对城市劳动者及居民的长期健康至关重要。

8. 人均社会保障和就业财政支出

定义：在社会保障体系及就业方面的人均支出

单位：元/人

资料来源及方法：

- 数据源于CEIC（数据经核对各省市年鉴、各市财政预算公告进行检查）。
- 该指标是用每座城市市政府的社会保障和就业财政支出除以年末常住人口的数量计算得出的。

政策相关性：该指标衡量的是社会保障体系覆盖的人员数目，并指明退休后可获得国家养老金的对象。它代表的是在一个富裕的社会里，许多人都可以将资金投入养老金系统，和/或政府投入相应资源来为那些在资金投入方面能力有限或无能力的人员提供支持。政府在社会服务方面的支出对于那些处于劣势地位人群来说至关重要，包括低收入家庭、老人、残疾人、病人及失业者。随着中国城市化的迅速发展，大量农村劳动力涌向城市，许多实体和企业必须进行重组及结构改革，这就导致大量人口失业。因此，政府在社会保证和养老金方面的支出就显得非常重要（ILO 2015）。

9. 财政性教育支出占 GDP 比重

定义：政府在教育方面的支出占 GDP 总额的比例。

计量单位:%

资料来源及方法：

- 数据源于 CNKI《中国城市统计年鉴》。

- 该指标是用财政性教育支出除以年度 GDP 总值计算得出的。

政策相关性：政府财政性教育支出代表政府在人力资本发展方面付出的努力，可用于评估与其他公共投资相比，政府在教育方面的优先考虑程度。基础教育的发展可以增加就业率，缓解贫困，而中等教育投资可以增加服务行业参与度，从而促进经济发展。尽管中国报告的识字率高达 95%（世界银行，2017），但绝大多数受教育的人群都受雇于农业和对专业技术及教育有要求的制造业。通过对未来劳动力提供教育投入，政府在不断增加很可能会在不断发展的服务业获得高收入工作的人员数量。

10. 人均城市道路面积

定义：人均铺筑道路面积。

计量单位：平方米/人

资料来源及方法：

- 数据源于 CNKI《中国城市统计年鉴》。

- 计算方法：直接获得；未计算。

政策相关性：居住在城市中的富裕中产阶级在日常出行中越来越多地使用汽车，导致大城市的交通拥堵愈加严重。交通拥堵会降低经济的整体效率，因其不仅延误工作、增加运输成本，而且加剧了排放问题，这些都对可持续发展产生了消极影响。由于缺乏直接反映城市交通拥堵的指标，人均道路面积可以作为一个指标，替代任何给定城市中居民可实际使用的道路面积。道路面积大则表示城市发展良好，拥有相互关联更为紧密的基础设施，也预示着其整体的社会经济流动性。

# 三　资源环境指标

11. 每万人城市绿地面积

定义：每万市民对应的城市绿地面积。

计量单位：公顷/万人

资料来源及方法：

• 数据源于 EPS 中国城市建设统计年鉴。

• 使用市辖区城市公园或绿地面积除以市辖区年末户籍人口数量获得。

政策相关性：根据《中国统计年鉴》定义，绿地面积指的是绿色项目的总占地面积，包括公园绿地、生产绿地、保护绿地，以及机构周边绿地。根据世界卫生组织，城市绿地是社区参与活动、娱乐和生活的基础。城市绿地还能产生氧气，过滤有害空气污染，促进体育锻炼、增进心理健康，是实现生物多样性的乐土。由于城市中心地带为保持绿地面积需要投入大量的资金和资源，该指标的变化可反映城市经济重点的变化，会产生正面或负面的社会和环境影响。

12. 人均水资源量

定义：人均可用水资源量。

单位：立方米水/人

资料来源及方法：

• 数据源于各省市统计年鉴及各省市水资源公报。

• 计算方法：每座城市的总水量除以年末常住人口总数。

政策相关性：人均水资源量是指在指定时期内某地区通过降雨及地下水重新补充可使平均每个人获得的地表水径流量，不包括过境水（李 & 潘，2012）。对水资源的可持续及有效管理至关重要。为提供人口所需的水资源，政府需要跨多个部门进行规划。大部分水用于农业，但用于公共用途的

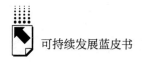

水资源如果管理不善，将不得不通过更高的能耗和资源消耗方式来满足饮用水的需要。水资源管理得当，是实现可持续增长、减少贫困和增进公平的关键保障。用水问题能否解决，直接关系人们的生活。

13. 空气质量指数优良天数

定义：空气质量指数达到优良标准的天数。

计量单位：天数

资料来源及方法：

• 数据源于各市环境质量状况公报、各市统计公报。

• 计算方法：直接获得；未计算。

政策相关性：国家空气质量指数优良表示空气质量对于大多数人口来说可以接受，属于中等水平。不过，某些污染物会给少数敏感人群带来健康危险。空气污染严重威胁着公共健康，特别是在中国。自 1982 年以来，中国一直对环境空气质量进行管控，同年，中国设定了总悬浮微粒、二氧化硫、二氧化氮、铅和苯二苯乙烯的限额标准。该标准在 1997 年和 2000 年得到进一步完善。2012 年，中国发布了一项新的环境空气质量标准，该标准设定了 PM2.5 的限额。长期接触高浓度的细颗粒物和其他物质会对健康造成不利影响，甚至会导致死亡，对处于劣势的中低收入人群、儿童及老人的影响更为严重。空气污染也会增加政府在消除及减轻污染的基础设施方面以及与空气污染相关的疾病治疗方面的支出，甚至会因劳动生产率下降及城市经济活动减弱而减缓经济发展速度（陈等人，2008）。

## 四　消耗排放指标

14. 每万元 GDP 水耗

定义：每万元 GDP 对应的水耗。

单位：吨/万元

资料来源及方法：

• 数据源于各省市统计年鉴及各省市环境质量公报。

● 计算方法：用消耗的总水量除以 GDP。

政策相关性：该指标通过消耗的总水量除以 GDP 的计算，来衡量一座城市水资源的利用效率。无论城市规模如何，城市都会消耗大量的自然资源，包括水资源。由于水是有限资源，对于健康的生态系统及人类生存至关重要，所以如果能够更加有效地使用水资源，就可以使城市发展更具可持续性。

15. 单位 GDP 能耗

定义：单位 GDP 对应的能量消耗。

计量单位：吨/万元

资料来源及方法：

● 数据源于省市统计年鉴和各市统计公报。

● 计算方法：直接获得；未计算。

政策相关性：能源是城市和城市发展的重要资源，但在城市的可持续发展方面，调和能源的必要性和需求是一个挑战。能源生产和使用具有不利的环境和健康影响，在所有可用能源中，煤炭的温室气体排放和健康影响最严重。尽管中国在可再生能源方面取得一些进展，但其绝大多数能源仍来自于煤炭和其他化石燃料（Göss，2017）。一般来讲，对于中国这样的工业化国家，经济增长直接与人均能耗增加挂钩（Tamazian，2009），且直接导致自然资源开采量提高以及对气候及环境构成破坏的排放物增加。因此，能耗的减少可指示一座城市社会及环境质量的改善。

16. 单位二三产业增加值所占建成区面积

定义：单位二三产业增加值所占建成区面积

计量单位：平方千米/十亿元

资料来源及方法：

数据源于 EPS 中国城市建设统计年鉴。

计算方法：用城市的市辖区建成区面积除以市辖区二三产业增加值。

政策相关性：尽管中国仍然是世界上最大的农业经济体，但随着中国城市化的逐渐发展，人们不断从农村和农业地区转向城市，在第二和第三产业工作，或在建筑、制造及服务业工作。这就意味着，我们有必要扩建制造业和服务业企业所需的基础设施。"建成区面积"是指包括人们开发或改造的地点及空间在内的环境，如建筑、公园及交通系统。单位二三产业增加值对应的建成区面积表示二三产业单位价值增加值对应建成区面积数。从经济学角度来看，所创造的增加值越高，则表明离农业经济更远，土地利用更高效且经济绩效得到改进。

17. 单位工业总产值二氧化硫排放量

定义：每增加 1 元人民币对应的二氧化硫排放量。

计量单位：吨/万元

资料来源及方法：

• 数据源于 CNKI《中国城市统计年鉴》。

• 用工业产生的二氧化硫排放量除以年度工业生产总值。

政策相关性：二氧化硫一般是在发电及金属冶炼等工业生产过程中产生的。含硫的燃料（如煤和石油）在燃烧时就会释放出二氧化硫。高浓度的二氧化硫与多种健康及环境影响相关，如哮喘及其他呼吸道疾病。二氧化硫排放是导致 PM2.5 浓度较高的主要因素。二氧化硫可影响能见度，造成雾霾，而雾霾是存在于中国城市的一个非常猖獗的问题。因此，如果二氧化硫排放量增加，则表示该城市的可持续性较差。

18. 单位工业总产值废水排放量

定义：每 1 元工业增加值对应的工业废水排放量。

计量范围：吨/万元

资料来源及方法：

• 数据源于 CNKI《中国城市统计年鉴》。

• 计算方法：用工业废水排放量除以工业总产值。

政策相关性：所排放的绝大多数废水来自化工、电力和纺织工业，从而导致地下水、湿地和其他自然水体的污染。这种污染会导致水质下降及对环境和健康的不利影响。如果废水排放率高，则表示一座城市优先考虑工业发展，而忽视了生态系统及社区的健康。另一方面，提高单位增加值工业废水排放量表示废水的排放效率得到提升。

# 五　环境治理指标

19. 污水处理厂集中处理率

定义：生活污水处理率。

资料来源及方法：

• 数据源于 EPS 中国城市建设统计年鉴。

• 计算方法：直接获得；个别数据计算获得：污水处理总量/污水排放量。

政策相关性：生活污水处理率是指在报告期内污水处理厂处理的生活污水与污水量的比值。处理方式包括氧化、生物气体消化及湿地处理系统。中国城市化的加速发展导致水耗速度加快，反过来又导致城市污水排放量的增加。因此，污水处理是走环境友好型发展之路的重要途径。如果废水和垃圾得不到处理，就会导致严重的环境及健康危害。随着中国经济增长及城市空间的增加，未经处理的生活废物的增加会对可持续发展造成阻碍（何等人，2006）。

20. 财政性节能环保支出占 GDP 比重

定义：政府的财政性节能环保支出占 GDP 的比重。

计量单位：%

资料来源及方法：

• 数据源于 CNKI 各省市统计年鉴和各市财政预算执行公告。

• 计算方法：每座城市的财政性节能环保支出除以其年度 GDP。

政策相关性：环保支出包括环境管理、监控、污染控制、生态保护、植树造林、能源效率方面的支出及可再生能源投资。环境保护是可持续发展的重要组成部分。随着中国城市化的发展，产生了许多环境问题，包括空气污染、水污染及水土流失。这些问题不仅危害公共健康，而且自然资源的消耗还会限制未来的经济发展。因此从长远来看，环保支出是一项有利的投资，其可以提高环境的回弹性和寿命，这样环境得到更加有效的保护，能够再生并提供自然资源、生态系统服务，甚至能防止产生随机及灾难性事件。

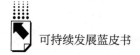

21. 工业固体废物综合利用率

定义：工业固体废物的综合利用率。

计量单位：%

资料来源及方法：

• 数据源于 CNKI《中国城市统计年鉴》。

• 计算方法：直接获得；未计算。

政策相关性：工业固体废物包括工业企业在生产过程中产生的液体残留物，包括危险废物、灰、尾料、放射性残留物及其他废物。综合利用率是指通过回收、处理及循环利用方式可提取有用材料或可转化为有用资源、能源或其他材料的固体废物的数量（李 & 潘，2012）。由于工业化的发展，在中国，农业的地位正逐渐被制造业取代，而在工业生产中会产生成吨的固体废物，所以对这些废物的回收及重新利用可降低对自然资源的消耗，并减轻因固体废物处理带来的环境影响。

22. 生活垃圾无害化处理率

定义：生活垃圾无害化处理率。

计量单位：%

资料来源及方法：

• 数据源于 EPS 中国城市建设统计年鉴。

• 计算方法：直接获得；个别数据计算获得：无害化处理量/垃圾清运量。

政策相关性：当生活垃圾被丢入垃圾填埋地或水道时，会对环境卫生造成严重影响并构成对社区的危害（特别是城市人口分布密集的区域）（段等人，2008）。无害化处理的目的是在废物进入环境之前，清除其含有的所有固体和危险废物元素。从性质上来看，这种将这些元素送入环境的方式是纯有机、无污染且可进行生物降解的。生活垃圾的随意丢放反过来会对环境寿命产生重大的不利影响，而且会由于污染加剧，还会严重影响城市空间。如果增加该等废物的处理量，城市水道及绿地被污染的可能性就会降低，直接影响城市空间社会福利的污染的负面健康影响也会随之减小。因此该指标还可用于仔细衡量城市压力阻碍或加快可持续发展的程度。

# Abstract

This report makes a comprehensive and systematic verification and analysis of the sustainable development status data of China, its provinces and 100 large-and medium-sized cities in 2018 and ranks them based on the basic framework for China's sustainable development evaluation index system. By reference to the 17 sustainable development goals listed in the 2030 Agenda for Sustainable Development of the UN, this report introduces in detail China's progress in implementing the sustainable development goals of the UN, important policies and measures adopted, as well as its significant achievements in social, economic and environmental aspects. Also, the report proposes several suggestions on how to further implement the agenda for sustainable development. This report gives an overall description of the sustainable development index systems and frameworks formulated by organizations and governments for the purpose of facilitating development and transformation by reviewing a large number of international literatures. Also, by selecting some cities from both the developed and developing countries, this report makes a comparative analysis of their sustainable development indices. These cities include New York, Sao Paulo, Barcelona, Paris, Hong Kong and Singapore. It also makes an analysis of several cases by focusing on several topics, including green finance, green logistics, data intelligence, smart cities and the simple city-level environment performance index of Jiyuan, Henan.

**Keywords:** Sustainable development, evaluation index system, sustainable governance, ranking in sustainable development, balance level, sustainable development agenda, green development concept, ecological and environmental policies

# Contents

## I    General Report

**Abstract:** This report makes a comprehensive and systematic verification and analysis of the sustainable development status data of China, its provinces and large- and medium-sized cities in 2018 and ranks them based on the basic framework for China's sustainable development evaluation index system. The data verification and analysis results for the national sustainable development index system show that China has witnessed the steady improvement in sustainable development and continuous rise in sustainable development indices. The data verification and analysis results for the provincial sustainable development index system show that the four municipalities directly under the central government and eastern coastal regions of China ranked among the top in terms of sustainable development. The provinces and cities including Beijing, Shanghai, Zhejiang, Jiangsu, Guangdong, Chongqing, Tianjin, Shandong, Hubei and Anhui ranked among the top 10. With regard to five major classification indices including economic development, people's wellbeing, resources and environment, consumption and emission and environmental governance, provincial regions featured obvious imbalance of sustainable development. The data verification and analysis results for the urban sustainable development index system indicate that, as the most economically developed regions in China, Shenzhen, Beijing, the Pearl River Delta city cluster and eastern coastal cities remained to rank among the top in terms of sustainable development. The top 10 cities in terms of sustainable development in 2018 included Zhuhai, Shenzhen, Beijing, Hangzhou, Guangzhou, Qingdao, Changsha, Nanjing, Ningbo and Wuhan. By reference to the 17 sustainable development goals listed in the 2030 Agenda for Sustainable Development of the UN, this report makes a detailed introduction of China's progress in implementing the sustainable development goals of the UN, important policies and measures adopted to advance the sustainable development agenda, as well as its significant achievements in social, economic and environmental aspects. Also, the report proposes several suggestions on how to further implement the agenda for sustainable development.

**Keywords:** Sustainable development, evaluation index system, sustainable governance, rankings in sustainable development, balance level

# II  Sub-reports

B. 2  Data Verification and Analysis of China's National Sustainable
       Development Index System              *Zhang Huanbo* / 024

**Abstract:** The data verification and analysis results for China's national sustainable development system indicate the following aspects: first, China has made steady progress in sustainable development. The overall index for the years 2010 to 2017 first decreased and then maintained steady growth year by year. It reached the bottom in 2011 and witnessed sustained growth in the following years, which was due to the emphasis on resources and environment, consumption and emission, governance and protection, etc. and continuous growth of sustainable development index after 2011. Second, China is improving in economic development. During the years from 2014 to 2017, China maintained a growth rate of above 18% in economic development index. It means that China's

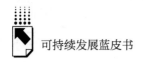
economic development has tended to bounce during these years; further reflects the fact that China has gained a new momentum of economic growth through years of economic restructuring and shows that China is becoming better in economic structure and growth after entering the new normal. Third, China has made significant progress in improving people's wellbeing. Fourth, there remains a big disadvantage in terms of resource and environment carrying capacity. Fifth, consumption and emission arising from China's social and economic activities remain to produce a big impact on environment. Sixth, China is making gradual improvement in the governance effect in the field of governance and protection.

**Keywords:** National sustainable development evaluation index system, data analysis, rankings in sustainable development

## B. 3　Data Verification and Analysis of China's Provincial Sustainable Development Index System

*Zhang Huanbo, Guo Dong, Wang Jia and Ma Lei / 040*

**Abstract:** The data verification and analysis results for China's provincial sustainable development index system in 2018 show that the four municipalities directly under the central government and eastern coastal provinces ranked among the top in terms of sustainable development. Beijing, Shanghai, Zhejiang, Jiangsu, Guangdong, Chongqing, Tianjin, Shandong, Hubei and Anhui ranked among the top 10 in this respect. Beijing, Shanghai, Zhejiang, Jiangsu and Tianjin ranked among the top in terms of economy, society, environmental governance, etc. except resources and environment. Heilongjiang, Jilin, Qinghai and other provinces ranked among the bottom in terms of sustainable development. Beijing and Shanghai, two municipalities directly under the central government in the east, and Zhejiang Province ranked among the top three. In the central part of China, Hubei ranked the top and rose from the 11th place in 2017 to the 9th place in 2018. Except Chongqing, which ranked 6th, the other western regions ranked beyond top 10 in terms of sustainable development competitiveness. With regard to five major classification indices including economic development, people's wellbeing, resources and environment, consumption and emission, environmental governance, provincial regions featured obvious imbalance of sustainable development. The imbalance is measured at the absolute value of the difference between the maximum and minimum values for primary index rankings of different regions. Provincial regions with high imbalance ( difference value >20) included: Beijing, Tianjin, Anhui, Henan, Hainan, Guizhou, Hebei, Yunnan, Inner Mongolia and Qinghai; those with medium imbalance ( 10 < difference value ≤ 20) included: Shanghai, Zhejiang, Jiangsu, Guangdong, Shandong, Hubei, Fujian, Hunan, Guangxi, Jiangxi, Shaanxi, Liaoning, Shanxi, Ningxia, Gansu, Xinjiang, Heilongjiang and Jilin; those relatively balanced ones ( difference value ≤ 10) included Chongqing and Sichuan. Most provincial regions were weak in sustainable development and had a large space for sustainable development.

**Keywords:** Provincial sustainable development evaluation index system, data analysis, rankings in sustainable development, sustainable development balance level

B. 4   Data Verification and Analysis of Sustainable Development

Index System for China's 100 large-and Medium-sized Cities

*Guo Dong, Kelsie DeFrancia, Ma Lei, Wang Jia and Wang Anyi / 053*

**Abstract:** The data verification and analysis results for the sustainable development system in China's 100 large-and medium-sized cities in 2018 show that Shenzhen, Beijing, the Pearl River Delta city cluster and eastern coastal cities, as the most economically developed regions of China, remained to rank among the top in terms of sustainable development. The cities ranked among the top 10 in terms of sustainable development competitiveness included Zhuhai, Shenzhen, Beijing, Hangzhou, Guangzhou, Qingdao, Changsha, Nanjing, Ningbo and Wuhan. Zhuhai had ranked top in the previous two consecutive years. Compared with inland industrial cities, coastal cities had higher environment quality. While vigorously accelerating economic growth, cities of middle and western regions were faced with severe environmental pressure and backward in terms of resources and environment, consumption and emission, environmental governance and other indices, resulting in their last rankings in terms of sustainable development.

**Keywords**: Urban sustainable development evaluation index system, data analysis, rankings in sustainable development, sustainable development balance level

# Ⅲ Topics

B. 5 China's Implementation of Policies and Practice Listed in the 2030 Agenda for Sustainable Development of the UN

*Liu Xiangdong* / 094

**Abstract**: Since the release of the 2030 Agenda for Sustainable Development of the UN in September 2015, China has attached great importance to the advancement and implementation of the sustainable development agenda and formulated a series of important moves including accelerating ecological civilization building, promoting green development and increasing ecological and environmental protection efforts. By reference to the 17 sustainable development goals, China has made remarkable achievements to varying degrees in social, economic and environmental aspects and advanced in two batches the construction of innovative demonstration zones listed in the national sustainable development agenda for Taiyuan, Guilin, Shenzhen, Chenzhou, Lincang and Chengde. The six cities have made initial progress in implementing the sustainable development agenda. In the future, China should follow the requirements of sustainable development goals and the overall deployment of the State Council, push local governments to conscientiously fulfill the requirements of the sustainable development agenda, combine in an organic way the requirements with high-quality development goals, and gradually explore and update the ways and modes of realizing the sustainable development goals in terms of economy, society and environment.

**Keywords**: Sustainable development agenda, green development concept, ecological and environmental policies, innovative demonstration zones

## B. 6  Comparative Study of Domestic and International Green

Finance Standards                          *Wang Jun*, *Sheng Huifang* / 130

**Abstract**: The 19th CPC National Congress raised the "ecological civilization building" to the national "five-in-one" layout level. As an important part of ecological civilization building, green finance has attached increasingly importance to its system and standard building. Through comparative analysis of domestic and international green financial standards and systems, this report explores the obvious difference between China and the rest of the world in development mode: first, with rapid progress and mature development, western countries have established complete green finance legal system while the domestic legal system has not covered the green finance concept; second, international green standards are mainly driven by market demand and initiated by NGOs. And Chinese green standards are initiated and established by national government authorities from top to bottom. Third, a set of complete green finance standards have been established in the world, but China has no fixed green finance standards in terms of project recognition, evaluation, certification, etc. China may, by reference to international successful experience, build a uniform green finance standard system as soon as possible and regulate China's green finance practice.

**Keywords**: Green finance, green finance standards, green credit, green bond, green insurance, ESG investment

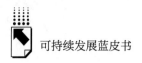

# Ⅳ  Experiences

B. 7  International Urban Sustainable Development Index Overview

and Cases  *Allison Bridges*, *Liu Ziyi and Liao Xiaoyu* / 149

**Abstract**: This report seeks connotations of social, economic and environment development in combination with sustainable development; and makes a brief review of the index system and framework formulated by organizations and governments for promoting development and transformation and a brief introduction of major assessment systems within a global range. Principally, some indices are in line with the triple bottom line principle regarding social, economic and environmental development while other index systems deviate from the TBL framework and offer higher weight to other development dimensions as focus of assessment. The full reference to the existing assessment index system may provide important implications for the improvement, development and transformation of China's sustainable development index system. In order to better understand urban sustainable development status, by selecting some cities from both developed and developing countries, this report makes an analysis of their sustainable development indices and compares them with those of the advanced cities in China. These selected cities include New York, Sao Paulo, Barcelona, Paris, Hong Kong and Singapore.

**Keywords**: International city, sustainable development index, international city case

# Ⅴ  Cases

B. 8  China's Green Logistics Practices and Cases  *Pan Jiali* / 189

**Abstract**: In the era of rapid development of e-commerce, the issues of traffic jam and packaging wastes following the logistics development at the simultaneous growth rate have been paid increasingly attention to. It has become an inevitable trend to develop green logistics for cities in logistics transformation and upgrading. Green logistics city building refers to the building of green logistics mode in a scientific way in combination with urban planning or top-level design and in terms of all logistics links including warehousing, distribution, packing, recycling so as to contribute to coordinated development of economy and environment and build a logistics basis for sustainable development against the increasing challenges for e-merchants.

**Keywords:** Green logistics, green packing, green recycling, green warehousing, green distribution

## B. 9    Data Intelligence Drives Urban Sustainable Development

*Yang Jun /* 196

**Abstract:** In the digital economy era, data has become a new resource for urban development and data intelligence a new technology in urban sustainable development. How to exploit the value of urban data is an important topic for the development of new smart cities. New smart city means a system that integrates both digital infrastructure and traditional infrastructure, and urban brain is the digital infrastructure that supports urban sustainable development. Just like a data intelligence operating system, its key is to optimize urban public resources by using the full real-time urban data resources in a complete way. In terms of internet + government services, refined urban governance, public security, transport and other fields, urban digital infrastructure has created data value for cities.

**Keywords:** Data intelligence, emerging smart city, digital infrastructure, data intelligence operating system, urban brain

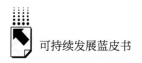
B. 10   From "Connect" to "Empower": Gaode Map Creates a
Way of "Smart +" for Smart Cities

*Dong Zhenning, Su Yuelong and Tao Huizhu* / 205

**Abstract**: There are more than 400 types of road information on the Gaode Map platform. The 3D model data covers more than 7, 500 km²; services cover 31 provinces, cities and autonomous regions, as well as Macau and Hong Kong. POI has a data volume of about 70 million and the address database has a data volume of 35 million that covers more than 6. 5 million kilometers. Based on the time and space big data for Gaode's man-land attribute, men, vehicles and roads are empowered. Gaode Map makes an in-depth analysis of people's driving behavior, green travel and shared travel, supports the control, emission and travel time prediction research when vehicles travel, and provides all-round data support for urban planning, road traffic health diagnosis and signal optimization, thus helping to realize China's dream of becoming a power in transportation.

**Keywords**: Intelligent transportation, smart transportation, urban brain, shared travel

B. 11   Domestic and International Practice and Cases of

Green Finance          *Wang Jun, Liu Yuanyuan* / 218

**Abstract**: The green finance practice originates from the Superfund Act of the USA in the 1980s. The Act requires companies to be responsible for the environment pollution caused by them so that banks attach great importance to and guard against credit risks caused by potential environmental pollution. With the popularization of ecological responsibility and low-carbon environmental awareness, more and more countries, represented by the UK and the USA, solve the issue of market failures in the field of environmental resources with the aid of green finance. Currently, China combines "from top to bottom: top-level design to effective advancement" and "from bottom to top: from pilot operation to standard advancement" in its green finance development, making it a leader in the world in terms of practice guidance and policy commitment. It is found through research on domestic and international green finance practices, that China's green financial system remains to be improved. It is required that green efforts should be made in terms of laws and regulations, environmental information disclosure, professional green institution development, market-oriented green business operation and risk management in the financial market so as to promote the further development of China towards green finance.

**Keywords:** Green finance, green finance standards, green credit, green bond, green insurance, ESG investment

## B. 12   Simple City-level Environmental Performance Indices of Jiyuan, Henan                                  *Guo Dong, Satyajit Bose* / 236

**Abstract:** Due to the potential conflicts between both goals of environmental protection and economic growth, it is required that Chinese cities should make an assessment of the economic impact on urban pollution at the regional level. The report applies city-level indices including economic input-output analysis, economic activities and environment impact as well as available estimates of economic output and environmental pollution benchmark relationship in all industries, and works out a method to make a quantitative analysis of the air pollution caused by industries to their cities with currency as unit. We apply the environmental accounting framework to Jiyuan, a medium-or small-sized city of Henan Province, show the local government authorities how to trace and manage air pollution with currency as unit according to basic economic activities, and provide a set of most basic indices for Chinese small-and medium-sized cities to estimate the currency value of air pollution caused by different industries. The method we use applies the overall model that covers the whole economy so as to

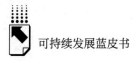

reduce the number of indices required to a large extent when small-and medium-sized Chinese cities make a rough estimate of the relative increase in the emissions per unit waste by industry.

**Keywords**：Simple type, city-level environmental performance index, Jiyuan in Henan Province

## ❖ 皮书起源 ❖

"皮书"起源于十七、十八世纪的英国,主要指官方或社会组织正式发表的重要文件或报告,多以"白皮书"命名。在中国,"皮书"这一概念被社会广泛接受,并被成功运作、发展成为一种全新的出版形态,则源于中国社会科学院社会科学文献出版社。

## ❖ 皮书定义 ❖

皮书是对中国与世界发展状况和热点问题进行年度监测,以专业的角度、专家的视野和实证研究方法,针对某一领域或区域现状与发展态势展开分析和预测,具备原创性、实证性、专业性、连续性、前沿性、时效性等特点的公开出版物,由一系列权威研究报告组成。

## ❖ 皮书作者 ❖

皮书系列的作者以中国社会科学院、著名高校、地方社会科学院的研究人员为主,多为国内一流研究机构的权威专家学者,他们的看法和观点代表了学界对中国与世界的现实和未来最高水平的解读与分析。

## ❖ 皮书荣誉 ❖

皮书系列已成为社会科学文献出版社的著名图书品牌和中国社会科学院的知名学术品牌。2016年,皮书系列正式列入"十三五"国家重点出版规划项目;2013~2019年,重点皮书列入中国社会科学院承担的国家哲学社会科学创新工程项目;2019年,64种院外皮书使用"中国社会科学院创新工程学术出版项目"标识。

# 中国皮书网

（网址：www.pishu.cn）

发布皮书研创资讯，传播皮书精彩内容
引领皮书出版潮流，打造皮书服务平台

## 栏目设置

关于皮书：何谓皮书、皮书分类、皮书大事记、皮书荣誉、
　　　　　皮书出版第一人、皮书编辑部

最新资讯：通知公告、新闻动态、媒体聚焦、网站专题、视频直播、下载专区

皮书研创：皮书规范、皮书选题、皮书出版、皮书研究、研创团队

皮书评奖评价：指标体系、皮书评价、皮书评奖

互动专区：皮书说、社科数托邦、皮书微博、留言板

## 所获荣誉

2008 年、2011 年，中国皮书网均在全
国新闻出版业网站荣誉评选中获得"最具
商业价值网站"称号；

2012 年，获得"出版业网站百强"称号。

## 网库合一

2014 年，中国皮书网与皮书数据库端
口合一，实现资源共享。

# 权威报告・一手数据・特色资源

# 皮书数据库
## ANNUAL REPORT(YEARBOOK)
## DATABASE

## 当代中国经济与社会发展高端智库平台

### 所获荣誉

● 2016年，入选"'十三五'国家重点电子出版物出版规划骨干工程"

● 2015年，荣获"搜索中国正能量 点赞2015""创新中国科技创新奖"

● 2013年，荣获"中国出版政府奖・网络出版物奖"提名奖

● 连续多年荣获中国数字出版博览会"数字出版・优秀品牌"奖

### 成为会员

通过网址www.pishu.com.cn访问皮书数据库网站或下载皮书数据库APP，进行手机号码验证或邮箱验证即可成为皮书数据库会员。

### 会员福利

● 已注册用户购书后可免费获赠100元皮书数据库充值卡。刮开充值卡涂层获取充值密码，登录并进入"会员中心"—"在线充值"—"充值卡充值"，充值成功即可购买和查看数据库内容。

● 会员福利最终解释权归社会科学文献出版社所有。

数据库服务热线：400-008-6695
数据库服务QQ：2475522410
数据库服务邮箱：database@ssap.cn
图书销售热线：010-59367070/7028
图书服务QQ：1265056568
图书服务邮箱：duzhe@ssap.cn

社会科学文献出版社 皮书系列
SOCIAL SCIENCES ACADEMIC PRESS (CHINA)

卡号：728118731898
密码：

**中国社会发展数据库**（下设 12 个子库）

全面整合国内外中国社会发展研究成果,汇聚独家统计数据、深度分析报告,涉及社会、人口、政治、教育、法律等 12 个领域,为了解中国社会发展动态、跟踪社会核心热点、分析社会发展趋势提供一站式资源搜索和数据分析与挖掘服务。

**中国经济发展数据库**（下设 12 个子库）

基于"皮书系列"中涉及中国经济发展的研究资料构建,内容涵盖宏观经济、农业经济、工业经济、产业经济等 12 个重点经济领域,为实时掌控经济运行态势、把握经济发展规律、洞察经济形势、进行经济决策提供参考和依据。

**中国行业发展数据库**（下设 17 个子库）

以中国国民经济行业分类为依据,覆盖金融业、旅游、医疗卫生、交通运输、能源矿产等 100 多个行业,跟踪分析国民经济相关行业市场运行状况和政策导向,汇集行业发展前沿资讯,为投资、从业及各种经济决策提供理论基础和实践指导。

**中国区域发展数据库**（下设 6 个子库）

对中国特定区域内的经济、社会、文化等领域现状与发展情况进行深度分析和预测,研究层级至县及县以下行政区,涉及地区、区域经济体、城市、农村等不同维度。为地方经济社会宏观态势研究、发展经验研究、案例分析提供数据服务。

**中国文化传媒数据库**（下设 18 个子库）

汇聚文化传媒领域专家观点、热点资讯,梳理国内外中国文化发展相关学术研究成果、一手统计数据,涵盖文化产业、新闻传播、电影娱乐、文学艺术、群众文化等 18 个重点研究领域。为文化传媒研究提供相关数据、研究报告和综合分析服务。

**世界经济与国际关系数据库**（下设 6 个子库）

立足"皮书系列"世界经济、国际关系相关学术资源,整合世界经济、国际政治、世界文化与科技、全球性问题、国际组织与国际法、区域研究 6 大领域研究成果,为世界经济与国际关系研究提供全方位数据分析,为决策和形势研判提供参考。

# 法律声明